长江设计文库
水资源工程与调度全国重点实验室
水利部水网工程与调度重点实验室

南水北调中线一期工程技术丛书

超大型输水渡槽工程设计与研究

钮新强　谢向荣　郑光俊　等　著

科学出版社
北　京

内 容 简 介

本书是"南水北调中线一期工程技术丛书"之一。本书主要围绕南水北调中线超大型输水渡槽设计与施工，系统总结工程建设实践成果。全书共分6章，内容涵盖超大型输水渡槽关键技术研究、典型渡槽设计、超大型输水渡槽施工与运行等，重点介绍南水北调中线超大型输水渡槽设计关键技术。

本书可供从事引调水工程科研、设计、施工、运行管理等的技术工作者参考阅读，也可作为大专院校水利水电专业的教学参考用书。

图书在版编目（CIP）数据

超大型输水渡槽工程设计与研究/钮新强等著.—北京：科学出版社，2024.8
（南水北调中线一期工程技术丛书）
ISBN 978-7-03-077906-9

Ⅰ.① 超… Ⅱ.① 钮… Ⅲ.①南水北调-水利工程-输水-渡槽-研究
Ⅳ.①TV672

中国国家版本馆 CIP 数据核字（2023）第 250625 号

责任编辑：何 念 张 湾/责任校对：刘 芳
责任印制：彭 超/封面设计：苏 波

科 学 出 版 社 出版
北京东黄城根北街 16 号
邮政编码：100717
http://www.sciencep.com

武汉精一佳印刷有限公司印刷
科学出版社发行 各地新华书店经销
*
开本：787×1092 1/16
2024 年 8 月第 一 版 印张：15
2024 年 8 月第一次印刷 字数：351 000
定价：188.00 元
（如有印装质量问题，我社负责调换）

钮新强

钮新强，中国工程院院士，全国工程勘察设计大师。现任长江设计集团有限公司首席科学家，水利部水网工程与调度重点实验室主任，博士生导师，曾获全国杰出专业技术人才、全国优秀科技工作者、全国五一劳动奖章、全国先进工作者、全国创新争先奖、国际杰出大坝工程师奖、国际咨询工程师联合会（International Federation of Consulting Engineers，FIDIC）百年优秀咨询工程师等荣誉。

长期从事大型水利水电工程设计和科研工作，主持和参与主持长江三峡、南水北调中线、金沙江乌东德水电站、引江补汉等国家重大水利水电工程设计项目20余项，主持或作为主要研究人员参与国家重点研发计划项目、重大工程技术研究项目100余项。2002年起负责南水北调中线工程总体可研和各阶段设计研究工作，主持完成了丹江口大坝加高、穿黄工程等重点项目的设计研究，提出了"新老混凝土有限结合"等重力坝加高设计新理论，研发了"盾构隧洞预应力复合衬砌"新型输水隧洞，攻克了南水北调中线工程多项世界级技术难题。目前正在负责南水北调中线后续工程——引江补汉工程的勘察设计工作，为新时期国家水资源优化配置和水利行业发展做出了重要贡献。先后荣获国家科学技术进步奖二等奖5项，省部级科学技术奖特等奖10项，主编/参编国家和行业标准5项，出版《水库大坝安全评价》《全衬砌船闸设计》等专著11部。

谢向荣

谢向荣，1961 年生于湖南冷水江，毕业于武汉水利电力学院水利水电工程建筑专业，2001 年获武汉大学水工结构专业硕士学位。现为长江设计集团有限公司高级咨询专家，教授级高级工程师，水利部 5151 人才工程部级人选，国务院特殊津贴专家。主持或参加了长江三峡、南水北调中线、葛洲坝水利枢纽、白鹤梁水下博物馆及长江重要堤防隐蔽工程、深圳机场等数十项大中型工程的设计工作，是南水北调中线一期工程设计总工程师。先后获得国家科学技术进步奖二等奖 1 项，省部级科学技术奖特等奖 1 项、一等奖 3 项，著有《大中型水利水电工程招标文件实例》《水利水电工程施工设计指南》《水下文化遗产保护：白鹤梁题刻原址水下保护工程》等专著，发表了《长江三峡永久船闸高边坡施工技术研究》等多篇论文。

郑光俊

郑光俊，正高级工程师，国家一级注册建造师、注册咨询工程师，长江设计集团有限公司枢纽院副总工程师，兼重庆分公司总工程师，中国水力发电工程学会堆石混凝土坝专业委员会委员，中国土木工程学会混凝土及预应力混凝土分会理事。

先后参加南水北调中线工程、拉洛水利枢纽工程、井冈山航电枢纽工程等 10 余项国家、省、市重大水利水电项目的勘察设计、科研和技术管理工作；参加"十一五"国家科技支撑计划项目"丹江口大坝加高工程关键技术研究"和"大流量预应力渡槽设计和施工技术研究"、"十二五"国家科技支撑计划项目"南水北调中线工程膨胀土和高填方渠道建设关键技术研究与示范"等国家重大科研。获发明专利 4 项、实用新型专利 12 项；参编团体标准 1 部、著作 1 部；获省部级科技奖励 8 项。

《超大型输水渡槽工程设计与研究》

钮新强　谢向荣　郑光俊　等　著

写 作 分 工

章序	章名	撰稿	审稿
第1章	中线一期工程超大型输水渡槽设计概况	谢向荣、游万敏、宁昕扬、张国强	吴德绪
第2章	超大型输水渡槽关键技术	钮新强、郑光俊、潘　江、颜天佑、武　芳、柳雅敏、宁昕扬	吴德绪、杨一峰
第3章	湍河U形渡槽设计	谢向荣、郑光俊、尤　岭、柳雅敏、曾　俊、潘天文	吴德绪、曾令华
第4章	澧河矩形渡槽槽体结构设计	颜天佑、张传健、刘权庆、梅润雨	吴德绪、曾令华
第5章	青兰高速梯形渡槽设计	郑光俊、潘　江、刘　磊、柳雅敏、李建贺	吴德绪、杨一峰
第6章	超大型输水渡槽施工与运行	王　翔、简兴昌、张存慧、武　松	吴德绪、曾令华

序

  南水北调中线一期工程，是解决我国北方水资源匮乏问题，关系到北方地区城镇居民生产生活、国民经济可持续发展的战略性工程，是世界上最大的跨流域调水工程。早在 20 世纪 50 年代，毛泽东主席就提出："南方水多，北方水少，如有可能，借点水来也是可以的。"为实现这一宏伟目标，经过广大水利战线的勘察、科研、设计人员和大专院校的专家、学者几代人的不懈努力，南水北调中线一期工程于 2014 年 12 月建成通水，截至 2024 年 3 月，累计向受水区调水超 620 亿 m^3。工程已成为沿线大中城市的供水生命线，发挥了显著的经济、社会、生态和安全效益，从根本上改变了受水区供水格局，改善了供水水质，提高了供水保证率；并通过生态补水，工程沿线河湖生态环境得到改善，华北地区地下水超采综合治理取得明显成效，工程综合效益进一步显现。

  南水北调中线一期工程主要包括水源工程丹江口大坝加高工程、输水总干渠工程、汉江中下游治理工程等部分。其中，输水总干渠全长 1 432 km，跨越长江、黄河、淮河、海河 4 个流域，全程与河流、公路、铁路、当地渠道等设施立体交叉，全线自流输水。丹江口大坝加高工程是我国现阶段规模最大、运行条件下实施加高的混凝土重力坝加高工程；输水总干渠渠道穿越膨胀土、湿陷性黄土、煤矿采空区等不良地质单元，渠道与当地大型河流、高等级公路交叉条件复杂，渡槽工程、倒虹吸工程、跨渠桥梁等交叉建筑物的工程规模、技术难度前所未有。

  作者钮新强院士是南水北调中线一期工程设计主要负责人，由他率领的设计研究技术团队，与国内科研院所、建设单位等协同攻关，大胆创新突破，在丹江口大坝加高工程方面，由于特殊的运行环境，常规条件下新老坝体结构难以确保完全结合，首创性地提出了重力坝加高有限结合结构新理论，以及成套结合面技术措施，确保了大坝加高工程安全可靠；在大量科学试验研究的基础上揭示了膨胀土渠道边坡破坏机理，解决了深挖方、高填方膨胀土渠道工程施工开挖、坡面保护、边坡稳定分析、长大裂隙控制等边坡稳定问题；黄河为游荡性河流，为减少施工对黄河河势的影响，创新性提出了总干渠采用盾构法下穿黄河，研发了盾构法施工的双层衬砌预应力盾构隧道结构，较好地解决了穿黄隧洞适应高内水压力、黄河游荡带来的多变隧洞土压力等一系列问题；在超大型渡槽结构方面，针对不同槽型开展结构优化研究，发明的造槽机及施工新工艺等技术将超大规模 U 形渡槽设计、施工提升到一个新的水平，首次提出了梯形多跨连续渡槽新型槽体结构。技术研究团队取得了丰硕的创新成果，多项成果达国际领先水平。

  该丛书作者均为长期从事南水北调中线一期调水工程设计、科研的科技人员，他们将设计研究经验总结凝练，著成该丛书，可供引调水工程设计、科研人员借鉴使用，也可供大专院校水利水电工程输调水专业师生参考学习。

按照国家"十四五"规划，在未来几年国家将加快构建国家水网，完善国家水网大动脉和主骨架，推动我国水资源综合利用与开发，修复祖国大好河山生态环境，改善广大人民群众生产生活条件，为国民经济建设可持续发展提供动力，造福人民。为此，我国调水工程的建设必将迎来发展春天，并提出诸多新的需求，该丛书的出版，可谓恰逢其时。期待这部凝结了几代设计、科研人员智慧、青春的重要文献，对我国未来输调水工程建设事业的发展起到促进作用。

是为序。

中国工程院院士

2024 年 5 月 16 日

前　言

　　南水北调中线工程是解决我国北方地区水资源短缺问题的重大战略性工程，是世界上最大的跨流域调水工程，一期工程年调水量 95 亿 m^3，总干渠沿线共布置渡槽 27 座，最大流量为 420 m^3/s，工程规模巨大。湍河 U 形渡槽跨度为 40 m，单跨荷载为 4 800 t，分别是国内外现有水平的 1.7 倍和 3.7 倍；青兰高速梯形渡槽延米荷载为 735 t，单跨荷载达 1.84 万 t，是现有水平的 2 倍，设计及施工技术难度超出已有工程。由于当时超大型输水渡槽设计既无规程、规范可循，又无工程实践可供借鉴，研究意义重大。

　　根据南水北调中线一期工程建设总目标，依托"十五"国家重大技术装备研制计划课题"南水北调工程成套设备研制"、"十一五"国家科技支撑计划项目"大流量预应力渡槽设计和施工技术研究"等重大科研项目，采用专项技术攻关、现场 1∶1 物理模型试验和工程实践，在超大型输水渡槽设计理论方法和配套装备研究等方面开展了大量研究工作，取得了一系列创新成果，主要包括：构建了多参数方程极值求解的经济槽跨优选模型，为梁式渡槽经济槽跨优选提供了新的思路和方法；提出了单参数预应力损失计算理论和参数测试方法，简化了预应力损失计算和测试；提出了分区折线形温度荷载分布模型，解决了渡槽结构设计通常的加载模式不能反映实际情况的难题；研发了分体式扶壁梯形渡槽，解决了南水北调中线建设期新增青兰高速梯形渡槽水头分配少的难题；同时，研发了适应超大型输水渡槽的预应力锚固体系和止水等装备，解决了渡槽设计、施工和接缝止水等技术难题。本书重点介绍以上超大型输水渡槽的设计关键技术，并分章节针对南水北调中线湍河 U 形渡槽、澧河矩形渡槽和青兰高速梯形渡槽等典型工程设计，以及渡槽的施工与运行等进行介绍。目前，南水北调中线工程各渡槽运行平稳，安全可靠，发挥了巨大的经济、社会和生态效益。

　　本书结合南水北调中线一期工程实践，系统总结输水渡槽工程设计、施工、科研等成果，凝结了设计研究团队及众多前辈专家的心血和经验。为系统总结超大型输水渡槽的成功设计经验，特撰写本书，在工程实施及本书撰写过程中，得到了过迟、符志远、程德虎、生晓高等专家的指导和帮助，他们提出了很多宝贵的意见。在此，谨向所有参加设计研究的专家、科研人员表示衷心的感谢和崇高的敬意。

　　限于作者水平和超大型输水渡槽工程的复杂性，本书中的疏漏之处在所难免，衷心期待读者提出指正和修改意见。希望本书的出版能给从事引调水工程科研、设计、施工和运行管理等工作的技术人员提供参考和借鉴。

作　者

2024 年 5 月 20 日

南水北调中线一期工程简介

南水北调工程

1. 南水北调——国家水网骨干工程

　　南水北调构想最早可追溯至 20 世纪 50 年代初。1953 年 2 月，毛泽东主席视察长江，时任长江流域规划办公室（简称"长办"）主任的林一山随行陪同，在"长江"舰上毛泽东问林一山："南方水多，北方水少，能不能从南方借点水给北方？"毛泽东主席边说边用铅笔指向地图上的西北高原，指向腊子口、白龙江，然后又指向略阳一带地区，指到西汉水，每一处都问引水的可能性，林　山都如实予以回答，当毛泽东指到汉江时，林一山回答说："有可能。"1958 年 8 月，《中共中央关于水利工作的指示》明确提出："全国范围的较长远的水利规划，首先是以南水（主要是长江水系）北调为主要目的的，即将江、淮、河、汉、海河各流域联系为统一的水利系统的规划，……应即加速制订。"第一次正式提出了南水北调。

　　长江是我国最大的河流，水资源丰富且较稳定，特枯年水量也有 7 600 亿 m³，长江的入海水量占天然径流量的 94%以上。长江自西向东流经大半个中国，上游靠近西北干旱地区，中下游与最缺水的华北平原及胶东地区相邻，兴建跨流域调水工程在经济、技术条件方面具有显著优势。为缓解北方地区东、中、西部可持续发展对水资源的需求，从社会、经济、环境、技术等方面，在反复比较了 50 多种规划方案的基础上，逐步形成了分别从长江下游、中游和上游调水的东线、中线、西线三条调水线路，与长江、黄河、淮河、海河四大江河联系，构成以"四横三纵"为主体的国家水网骨干。

2. 东中西调水干线

1）东线工程

　　东线工程从长江下游扬州附近抽引长江水，利用京杭大运河及与其平行的河道逐级提水北送，并连通起调蓄作用的洪泽湖、骆马湖、南四湖、东平湖。出东平湖后分两路输水：一路向北，在位山附近经隧洞穿过黄河，通过扩挖现有河道进入南运河，自流到天津；另一路向东，通过胶东地区输水干线经济南输水到烟台、威海。解决津浦铁路沿线和胶东地区的城市缺水及苏北地区的农业缺水问题，补充山东西南、山东北和河北东南部分农业用水及天津的部分城市用水。

2）中线工程

中线工程从长江支流汉江丹江口水库陶岔引水，经唐白河流域西部过长江流域与淮河流域的分水岭方城垭口，沿华北平原西部边缘，在郑州以西李村处经隧洞穿过黄河，沿京广铁路西侧北上，可基本自流到北京、天津。解决沿线华北地区大中城市工业生产和城镇居民生活用水匮乏的问题。

3）西线工程

西线工程从长江上游通天河和大渡河、雅砻江及其支流引水，开凿穿过长江与黄河分水岭巴颜喀拉山的输水隧洞，调长江水入黄河上游。解决涉及青海、甘肃、宁夏、内蒙古、陕西、山西6省（自治区）的黄河中上游地区和关中平原的缺水问题。

中 线 工 程

南水北调中线工程是"四横三纵"国家水网骨干的重要组成部分，也是华北平原可持续发展的支撑工程。

中线工程地理位置优越，可基本自流输水；水源水质好，输水总干渠与现有河道全部立交，水质易于保护；输水总干渠所处位置地势较高，可解决北京、天津、河北、河南4省（直辖市）京广铁路沿线的城市供水问题，还有利于改善生态环境。近期从丹江口水库取水，可满足北方城市缺水需要，远景可根据黄淮海平原的需水要求，从长江三峡水库库区调水到汉江，使之有充足的后续水源。也就是说，中线工程分期建设，中线一期工程于2003年12月30日开工建设，2014年12月12日正式通水。

中线一期工程概况

中线一期工程从丹江口水库自流引水，多年平均调水量为95亿m^3，输水总干渠陶岔渠首设计至加大引水流量为350～420 m^3/s，过黄河为265～320 m^3/s，进河北为235～280 m^3/s，进北京为50～60 m^3/s，天津干渠渠首为50～60 m^3/s。中线一期工程主要建设项目包括丹江口大坝加高工程、输水总干渠工程、汉江中下游治理工程，为确保中线工程一渠清水向北流，还实施了丹江口水库库区及上游水污染防治和水土保持规划，且输水总干渠全线实行封闭管理。

一、丹江口大坝加高工程

　　南水北调中线一期工程研究了从长江三峡水库库区大宁河、香溪河、龙潭溪、丹江口水库引水等各种水源方案，并就丹江口大坝加高与不加高条件下，丹江口水库可调水量及调水后对汉江中下游的影响进行了综合分析。经技术经济比较，推荐丹江口大坝加高水源方案。丹江口水库实施大坝加高后，可调水量可满足 2010 年水平年中线受水区城市需求，调水对汉江中下游的影响可通过实施汉江中下游治理工程得以解决。

1. 大坝加高工程规模

　　丹江口大坝加高工程在初期大坝坝顶高程 162 m 的基础上加高 14.6 m 至 176.6 m，两岸土石坝坝顶高程加高至 176.6 m。正常蓄水位由 157 m 提高到 170 m，相应库容由 174.5 亿 m³ 增加至 290.5 亿 m³，校核洪水位变为 174.35 m，总库容变为 319.50 亿 m³，水库主要任务由防洪、发电、供水和航运调整为防洪、供水、发电和航运。实施丹江口大坝加高工程后，汉江中下游地区的防洪标准由不足 20 年一遇提高到近 100 年一遇，丹江口水库可向北方提供多年平均 95 亿 m³ 的优质水，航运过坝能力由 150 t 级提高到 300 t 级，发电效益基本不变。

2. 大坝加高方案

1) 关键技术问题研究

　　由于汉江中下游的防洪要求，丹江口大坝加高工程需要在正常运行条件下实施，多年现场试验和数值模拟结果表明：一方面，在外界气温年季变换的影响和作用下，大坝加高工程的新老混凝土难以结合为整体；另一方面，丹江口大坝自初期工程完建到实施加高工程已运行近 40 年，初期坝体不可避免地存在一些混凝土缺陷需要处理，同时还需要协调好初期大坝金属结构和机电设备的补强和更新与防洪调度的关系。因此，丹江口大坝加高工程的关键技术问题是需要妥善解决新老混凝土有限结合条件下新老坝体联合受力的问题；在运行条件下对初期大坝进行全面检测并妥善处理初期大坝存在的混凝土缺陷，并分析预测混凝土缺陷对加高工程的影响；加强大坝加高施工组织，协调好大坝加高施工场地、交通条件、金属结构和机电设备的加固更新与水库防洪调度之间的关系。

　　为系统解决丹江口大坝加高工程的关键技术问题，在工程前期设计中先后开展了 3 次现场试验，"十一五"国家科技支撑计划项目也针对丹江口大坝的新老混凝土结合问题、初期大坝混凝土缺陷处理、初期大坝基础渗控系统的耐久性评价与高水头条件下的帷幕补强灌浆等技术问题开展了研究，确立了系统的后帮有限结合大坝加高技术、初期大坝混凝土缺陷检查与处理技术、大坝基础防渗体系检测与加固技术。

2）重力坝加高方案

丹江口大坝混凝土坝段均采用下游直接贴坡加厚、坝顶加高方式进行加高。坝顶加高前对初期混凝土大坝进行全面检查，对存在的纵向、横向、竖向裂缝和水平层间缝等重要混凝土缺陷采用结构加固与防渗处理相结合的方式进行了处理。对大坝下游贴坡混凝土与初期大坝之间的新老混凝土结合面，采取凿除碳化层、修整结合面体型、设置榫槽、布置锚筋、加强新浇混凝土温控措施和早期混凝土表面保温等一系列措施进行处理。对大坝初期工程的基础渗控措施进行了改造，并进行了防渗灌浆加固处理。对表孔溢流坝段溢流面采用柱状浇筑方式进行坝顶和闸墩加高，加高后的堰面曲线基本相同，设计洪水条件下堰上泄洪能力维持不变，下游消能方式仍为挑流消能，对溢流坝闸墩采用植筋方式进行加固处理，并利用新浇的坝面梁形成框架体系，改善闸墩结构的受力条件；在新老混凝土结合面布置排水廊道，防止结合面内产生渗压，影响加高坝体的结构稳定和应力。

3）土石坝加高方案

丹江口水库的左岸土石坝采用下游贴坡和坝顶加高的方式进行加高，右岸土石坝改线重建，新建左坝头副坝和董营副坝。

3. 丹江口水库运行调度

丹江口大坝加高后，水库任务调整为防洪、供水、发电、航运；丹江口水库首先满足汉江中下游防洪任务，在供水调度过程中，优先满足水源区用水，其次按确定的输水工程规模尽可能满足北方的需调水量，并按库水位高低，分区进行调度，尽量提高枯水年的调水量。

1）水库运行水位控制

考虑到汉江中下游防洪要求，丹江口水库 10 月 10 日～次年 5 月 1 日可按正常蓄水位 170 m 运行；5 月 1 日～6 月 20 日水库水位逐渐下降到夏季防洪限制水位 160 m；6 月 21 日～8 月 21 日水库维持在夏季防洪限制水位运行；8 月 21 日～9 月 1 日水库水位由 160 m 向秋季防洪限制水位 163.5 m 过渡；9 月 1 日～10 月 10 日水库可逐步充蓄至 170 m。

2）运行调度方式

当水库水位超过夏季或秋季防洪限制水位或者超过正常蓄水位时，丹江口水库泄水设备的开启顺序依次为深孔、14～17 坝段表孔、19～24 坝段表孔；陶岔渠首按总干渠最大输水能力供水，清泉沟按需引水，水电站按预想出力发电；水库水位尽快降至相应时

段的防洪限制水位或正常蓄水位。

当水库水位在防洪调度线与降低供水线之间运行时，陶岔渠首按设计流量供水，清泉沟、汉江中下游按需水要求供水。当水库水位在供水线与限制供水线之间运行时，陶岔渠首引水流量分别为 300 m^3/s、260 m^3/s。当水库水位位于限制供水线与极限消落水位之间时，陶岔渠首引水流量为 135 m^3/s。

4. 加高后的丹江口水库运行

丹江口大坝加高工程 2005 年开工建设，2013 年通过了水库蓄水验收，2021 年通过了 170 m 正常蓄水位的考验，各项监测数据表明，加高后的大坝工作性态正常。

二、输水总干渠工程

南水北调中线一期工程输水总干渠自丹江口水库陶岔取水，经河南、河北自北拒马河进入北京团城湖，沿途向河南、河北、北京受水对象供水；自河北的西黑山分水至天津外环河，沿途向河北、天津用户供水。

由于总干渠输水流量大，为降低输水运行费用，结合总干渠沿线地形地质条件，经多方案技术经济比较，中线工程的输水总干渠以明渠为主，局部穿城区域采用压力管道，天津干线则采用地埋箱涵。由于中线工程的服务对象为沿线大中城市的工业生产和城镇居民生活，供水量大、水质要求高；总干渠沿线与其交叉的河流、渠道、公路、铁路均按立交方案设计。陶岔渠首与总干渠沿线控制点之间的水位差，可基本实现全线自流供水，北拒马河到团城湖的流量大于 20 m^3/s 时需用泵站加压输水。

1. 总干渠线路

中线工程的主要供水范围是华北平原，主要任务是向北京、天津及京广铁路沿线的城市供水。根据地形条件，黄河以南线路受陶岔枢纽、方城垭口、穿黄工程合适布置范围三个节点控制，依据渠道水位、地形地质条件，沿伏牛山、嵩山东麓，在唐白河及华北平原的西部顺势布置。黄河以北线路比较了新开渠和利用现有河渠方案，经技术经济比较，利用现有河渠方案不宜作为永久输水方案，新开渠方案具有全线能自流、水质保护条件好的特点，为中线工程优选线路方案，即黄河以北线路基本位于京广铁路以西，由南向北与京广铁路平行布置。天津干线研究过民有渠方案、新开渠淀南线、新开渠淀北线、涞水—西河闸线等多条线路方案；由于新开渠淀北线线路较短，占地较少，水质、水量有保证，推荐为天津干线输水路线。

2. 总干渠输水形式

总干渠输水形式比较了明渠、管涵、管涵渠结合多种方案。全线管涵输水虽便于管理、征地较少，但投资高、需要多级加压、运行费用高、检修困难；结合工程建设条件，推荐陶岔至北拒马河采用明渠重力输水，北京段和天津干线采用管涵输水。

3. 总干渠运行调度

中线工程的运行调度涉及丹江口水库、汉江中下游、受水区当地地表水、地下水及中线总干渠的输水调度，关系到全线工程调度的协调性和整体效益的发挥。总干渠工程的输水调度，需综合考虑受水区当地地表水、地下水与北调水联合运用及丰枯互补的作用。

1）北调水与当地水的联合调配

中线水资源配置技术是一项开创性的关键技术，其配置与调度模型包括丹江口水库可调水量、受水区多水源调度及中线水资源联合调配。

受水区已建的可利用的调蓄水库，根据其与输水总干渠的相对地理位置、水位关系等，分为补偿调节水库、充蓄调节水库、在线调节水库，分别在中线供水不足时补充当地供水的缺口，通过水库的供水系统向附近的城市供水，直接或间接调蓄中线北调水。

北调水与受水区当地水联合运用、丰枯互补、相互调剂，各水源的利用效率得以充分发挥，受水区供水满足程度一般在95%以上。

2）总干渠水流控制方式

为了有效控制总干渠水位和分段流量，总干渠建有60余座节制闸。输水期间采用闸前常水位控制方式。总干渠供水流量较小时，可利用渠道的水力坡降变化提供少许调节容量用于调节分水口门的取水量；大流量供水时渠道可提供的调蓄容量逐渐消失，分水口门供水量保持基本稳定或按总干渠安全运行要求进行缓慢调节。

总干渠全线采用现代集控技术，系统实现对总干渠各节制闸和沿线分水口门的联动控制。输水期间，依据水力学运动规律和总干渠安全运行要求，根据渠段分水量变化情况分段调整总干渠的供水流量，通过综合协调总干渠不同渠段内各分水口门之间的分水流量变化，减小影响范围和流量变化幅度，提高用户分水口门流量变化的响应速度；或者通过调整陶岔入渠水量，缩短用户供水需求变化的响应时间，避免水资源浪费。

总干渠供水期间，要求总干渠各用户提前一周到两周制订用水计划，由管理部门结合沿线分水口门用水量变化情况和安全供水要求进行审核，必要时在基本满足时段供水量的基础上对部分分水口门的供水过程进行适当调整，审批确认后执行。

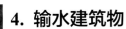

4. 输水建筑物

输水总干渠以明渠为主，北京段、天津干线采用管（涵）输水；中线一期工程总干渠总长 1 432 km，布置各类交叉建筑物、控制建筑物、隧洞、泵站等，总计 1 796 座，其中，大型河渠交叉建筑物 164 座，左岸排水建筑物 469 座，渠渠交叉建筑物 133 座，铁路交叉建筑物 41 座，公路交叉建筑物 737 座，控制建筑物 242 座，隧洞 9 座，泵站 1 座。

1）输水明渠

输水明渠按挖填情况分为全挖方、半挖半填、全填方渠道，为降低渠道过水表面粗糙系数，固化过水断面，过水断面采用混凝土衬砌。地基渗透系数大于 10^{-5} cm/s 的渠段和不良地质渠段，混凝土衬砌板下方设置土工膜防渗。对于设有防渗土工膜、地下水位高于渠道运行低水位的渠段，衬砌板下方设置排水系统，以降低衬砌板下的扬压力，保持衬砌板和防渗系统的稳定。对于存在冰冻问题的安阳以北渠道，在衬砌板下方增设保温板。当渠道地基存在湿陷性黄土时，一般采用强夯或挤密桩处理；存在煤矿采空区而无法回避时，采用回填灌浆处理；对于膨胀土挖方渠道和填方渠道，采用了坡面保护和深层稳定加固等措施。

中线一期工程总干渠沿线分布有膨胀岩土的渠段累计长 386.8 km。其中，淅川段的深挖方渠道开挖深度达 40 余米，膨胀土边坡问题尤为突出。"十一五"、"十二五"和"十三五"国家科技支撑计划项目针对膨胀土物理力学特性、胀缩变形对土体结构的影响、边坡破坏机理、坡面保护、多裂隙条件下的深层稳定计算、深挖方膨胀土渠道边坡加固、岩土膨胀等级现场识别、膨胀土开挖边坡临时保护、水泥改性土施工及检测等，开展了专项研究和现场试验，确定了膨胀土坡面采用水泥改性土或非膨胀土保护、地表水截流、地下水排泄、边坡加固的"防、截、排、固"膨胀土渠坡综合处理措施。总干渠通水运行以来，膨胀土渠道过水断面总体稳定。

2）穿黄工程

黄河是中国的第二大河流，泥沙含量大。穿黄工程所处河段河床宽阔，河势复杂，主河道游荡性强，南岸位于郑州以西约 30 km 的邙山李村电灌站附近，与中线工程总干渠荥阳段连接；北岸出口位于河南温县黄河滩地，与焦作段相连，全长 23.937 km；穿越黄河隧洞段长 3.5 km，经水力学计算隧洞过水断面直径为 7.0 m，最大内水压力为 0.31 MPa，是南水北调中线的控制性工程。

工程设计开展了河工模型试验，进行了多方案比较，由此确定了穿黄工程路线，选择隧洞作为穿越黄河的建筑物形式。穿黄隧洞采用双层衬砌结构，外衬为预制管片拼装形成的圆形管道，采用盾构法施工，内衬为现浇混凝土预应力结构，内外衬之间设置弹性排水垫层，是我国首例采用盾构法施工的软土地层大型高压输水隧洞。穿黄工程技术难度大，超出我国现有工程经验和规范适用范围。针对穿黄隧洞复杂的运行环境条件、特殊的结构形式设计和施工涉及的关键技术问题，"十一五"国家科技支撑计划项目开展了"复杂地质条件下穿黄隧洞工程关键技术研究"工作，进行了1:1现场模型试验，结合数值模拟分析，系统解决了施工及运行期游荡性河床冲淤变形荷载作用下穿黄隧洞双层衬砌结构受力与变形特性，隧洞外衬拼装式管片结构设计、接头设计与防渗设计，复杂地质条件盾构法施工技术，超深大型盾构机施工竖井结构及渗流控制等一系列前沿性的工程技术问题，取得了一系列重大创新成果。

3）超大规模输水渡槽

渡槽作为南水北调中线总干渠跨越大型河流、道路的架空输水建筑物，是渠系建筑物中应用最广泛的交叉建筑物之一。南水北调中线一期工程总干渠输水渡槽共27座，其中，梁式渡槽18座。渡槽断面形式有U形、矩形、梯形，设计流量以刁河渡槽、湍河渡槽的设计流量350 m³/s为最大。渡槽长度则主要根据河道行洪要求和渡槽上游壅水影响经综合比选确定。

三、汉江中下游治理工程

中线一期工程运行后，丹江口水库下泄量减少，对汉江中下游干流水情与河势、河道外用水等造成了一定的影响；需要通过兴建兴隆水利枢纽、引江济汉工程、部分闸站改（扩）建、局部航道整治等四项工程，减少或消除北调水产生的不利影响；汉江中下游治理工程是中线工程的重要组成部分。

1. 兴隆水利枢纽

兴隆水利枢纽是汉江干流渠化梯级规划中的最下一级，位于湖北潜江、天门境内，开发任务是以灌溉和航运为主，兼顾发电。枢纽正常蓄水位为36.2 m，相应库容为2.73亿 m³，规划灌溉面积为327.6万亩①，规划航道等级为III级，水电站装机容量为40 MW。枢纽由拦河水闸、船闸、电站厂房、鱼道、两岸滩地过流段及上部交通桥等建筑物组成。

兴隆水利枢纽坝址处河道总宽约2 800 m，河床呈复式断面，建筑物地基及过流面均为粉细砂层。其关键技术难题如下：①超宽蜿蜒型河道建设拦河枢纽需顺应河势，避免航道淤积，保障枢纽综合效益长期稳定发挥；②需要针对粉细砂地基承载能力低、沉降量大、允许渗透比降小，极易发生渗透变形、饱和砂土存在振动液化等特性的大面积地基处理技术；③粉细砂抗冲流速小，抗冲能力低，工程过流面积大，需要安全可靠的消能防冲设计。

为此，根据实际地形地质条件提出了"主槽建闸，滩地分洪；航电同岸，稳定航槽"

---

① 1 亩≈666.67 m²。

的枢纽布置新形式，解决了在超宽蜿蜒型河道建设大型水利枢纽如何稳定河势及保障安全通航的技术难题；并研发了"格栅点阵搅拌桩"多功能复合地基新形式、"H 形预制嵌套"柔性海漫辅以垂直防淘墙的多重冗余防冲结构，首次在深厚粉细砂河床上成功建设了大型综合水利枢纽。

2. 引江济汉工程

引江济汉工程从长江干流向汉江和东荆河引水，补充兴隆—汉口段和东荆河灌区的流量，以改善其灌溉、航运和生态用水要求。渠道设计引水流量为 350 m^3/s，最大引水流量为 500 m^3/s；东荆河补水设计流量为 100 m^3/s，加大流量为 110 m^3/s。工程自身还兼有航运、撇洪功能。引江济汉工程通过从长江引水可有效减小汉江中下游仙桃段"水华"发生的概率，改善生态环境。

干渠渠首位于荆州李埠龙洲垸长江左岸江边，干渠渠线沿北东向穿荆江大堤，在荆州城西伍家台穿 318 国道、于红光五组穿宜黄高速公路后，近东西向穿过庙湖、荆沙铁路、襄荆高速公路、海子湖后，折向东北向穿拾桥河，经过蛟尾北，穿长湖，走毛李北，穿殷家河、西荆河后，在潜江高石碑北穿过汉江干堤入汉江。

3. 部分闸站改（扩）建

汉江中下游干流两岸有部分闸站原设计引水位偏高，汉江处于中低水位时引水困难，需进行改（扩）建，据调查分析，有 14 座水闸（总计引水流量 146 m^3/s）和 20 座泵站（总装机容量 10.5 MW）需进行改（扩）建。

4. 局部航道整治

汉江中下游不同河段的地理条件、河势控制及浅滩演变有着不同特点。近期航道治理仍按照整治与疏浚相结合、固滩护岸、堵支强干、稳定主槽的原则进行。

四、工程效益

南水北调中线一期工程建成通水以来，运行平稳，达效快速，综合效益显著，基本实现了规划目标。中线工程向沿线郑州、石家庄、北京、天津等 20 多座大中城市和 100 多个县（市）自流供水，并利用工程富余输水能力相机向受水区河流生态补水，有效解决了受水区城市的缺水问题，遏制了地下水超采和生态环境恶化的趋势。汉江水源区水生态环境保护成效显著，中线调水水质常年保持 I～II 类。丹江口大坝加高工程和汉江中下游四项治理工程在供水、航运、发电、防洪、改善水环境等方面发挥了积极作用，实现了"南北两利"。

截至 2024 年 3 月 30 日，南水北调中线一期工程自 2014 年 12 月全面通水以来，已累计向受水区调水超 620 亿 m³，受益人口超 1.08 亿人。

1. 丹江口水利枢纽工程防洪效益、供水效益、生态效益显著

丹江口大坝加高以后，充分发挥了拦洪削峰作用，有效缓解了汉江中下游的防洪压力。从 2017 年 8 月 28 日开始，汉江流域发生了 6 次较大规模的降雨过程，最大入库洪峰流量为 18 600 m³/s，水库实施控泄，出库流量最大为 7 550 m³/s，削峰率为 59%，拦蓄洪量约 12.29 亿 m³，汉江中游干流皇庄站水位最大降低 2 m 左右，避免了蓄滞洪区的运用，有效缓解了汉江中下游的防洪压力。

2021 年汉江再次遭遇明显秋汛，从 8 月 21 日开始，汉江上中游连续发生 8 次较大规模的降雨过程，丹江口水库累计拦洪约 98.6 亿 m³。通过水库拦蓄，平均降低汉江中下游洪峰水位 1.5～3.5 m，超警戒水位天数缩短 8～14 天，避免了丹江口水库以下河段超保证水位和杜家台蓄滞洪区的运用。10 月 10 日 14 时，丹江口水库首次蓄至 170 m 正常蓄水位，汉江秋汛防御与汛后蓄水取得双胜利。

通过实施丹江口水库库区及上游水污染防治和水土保持规划，极大地促进了水源区生态建设，使丹江口水库水质稳定维持在 I～II 类，主要支流天河、竹溪河、堵河、官山河、浪河和滔河等的水质基本稳定在 II 类，剑河和犟河的水质分别由 IV～劣 V 类改善至 II～III 类。

2. 北调水已成为受水区城市供水的主力水源，并有效遏制了受水区地下水超采，生态环境明显改善

南水北调中线一期工程 2003 年开工新建，2014 年建成通水。自通水以来，输水规模逐年递增，到 2019～2020 年供水量为 86.22 亿 m³，运行 6 年基本达效。根据检测数据综合评价，南水北调中线水质稳定在 II 类以上。根据 2019 年 6 月资料分析统计，受水区县、市、区行政区划范围内现状水厂总数为 430 座，北调水受水水厂 251 座，其供水能力占受水区总水厂供水能力的 81%。黄淮海流域总人口 4.4 亿人，生产总值约占全国的 35%，中线一期工程累计向黄淮海流域调水超 400 亿 m³，缓解了该区域水资源严重短缺的问题，为京津冀协同发展、雄安新区建设、黄河流域生态保护和高质量发展等重大战略的实施及城市化进程的推进提供了可靠的水资源保障，极大地改善了受水区居民的生活用水品质。

南水北调中线工程通水后，受水区日益恶化的地下水超采形势得到遏制，实现地下水位连续 5 年回升。河南受水区地下水位平均回升 0.95 m，其中，郑州局部地下水位回升 25 m，新乡局部回升了 2.2 m。河北浅层地下水位 2020 年比 2019 年平均回升 0.52 m，深层地下水位平均回升 1.62 m。北京应急水源地地下水位最大升幅达 18.2 m，平原区地下水位平均回升了 4.02 m。天津深层地下水位累计回升约 3.9 m。

截至 2024 年 3 月，中线一期工程累计向北方 50 多条河流进行生态补水，补水总量近 100 亿 m³，为河湖增加了大量优质水源，提高了水体的自净能力，增加了水环境容量，在一定程度上改善了河流水质。

3. 汉江中下游四项治理工程实施后，灌溉、航运、生态环境保护成效显著

汉江中下游兴隆水利枢纽、引江济汉工程、部分闸站改（扩）建和局部航道整治四项治理工程均于 2014 年建成并投入运行，目前运行平稳，在供水、航运、发电、防洪、改善水环境等方面发挥了积极作用。

截至 2020 年兴隆水利枢纽累计发电 14.32 亿 kW·h；控制范围内灌溉面积由 196.8 万亩增加到 300 余万亩。引江济汉工程累计引水 205.29 亿 m³，连通了长江和汉江航运，缩短了荆州与武汉间的航程约 200 km，缩短了荆州与襄阳间的航程近 700 km；配合局部航道整治实现了丹江口—兴隆段 500 t 级通航，结合交通运输部门规划满足了兴隆—汉川段 1 000 t 级通航条件。

引江济汉工程叠加丹江口大坝加高工程后汉江中下游枯水流量增加，提高了汉江中下游生态流量的保障程度。根据 2011 年 1 月～2018 年 12 月实测流量数据，中线一期工程运行前后 4 年，皇庄断面和仙桃断面的生态基流均可 100%满足；皇庄断面最小下泄流量旬均保证率由 91.7%提升至 100%，日均保证率由 90.4%提升至 98.9%，2017～2019 年付家寨断面、闸口断面、皇庄断面、仙桃断面等主要断面各月水质稳定在 II～III 类，并以 III 类为主。

2016 年和 2020 年汛期，利用引江济汉工程实现了长湖向汉江的撇洪，极大地缓解了长湖的防汛压力。

目　录

序
前言
南水北调中线一期工程简介

第1章　中线一期工程超大型输水渡槽设计概况 ·················· 1

1.1　中线一期工程输水渡槽概况 ······························ 1

1.2　跨河输水渡槽线路选择 ·································· 3

　　1.2.1　槽下净空要求 ······································ 3

　　1.2.2　跨越河段河势 ······································ 4

　　1.2.3　河床断面 ·· 4

　　1.2.4　河床地质条件 ······································ 5

　　1.2.5　线路与总干渠协调 ·································· 5

1.3　输水渡槽几何尺寸 ····································· 5

　　1.3.1　渡槽上游河道壅水高度 ······························ 5

　　1.3.2　行洪口门宽度 ······································ 6

　　1.3.3　跨河渡槽长度 ······································ 7

1.4　超大型跨河渡槽选型 ··································· 7

　　1.4.1　各种槽式的适用性分析 ······························ 7

　　1.4.2　输水渡槽槽式选择 ·································· 9

　　1.4.3　简支箱体结构中承式渡槽断面与槽跨 ·················· 10

1.5　渡槽槽体设计 ······································· 11

　　1.5.1　渡槽输水断面 ······································ 11

　　1.5.2　渡槽结构断面 ······································ 13

　　1.5.3　渡槽输水通道数与跨度 ······························ 14

1.6　渡槽水流控制与建筑物设计 ···························· 15

　　1.6.1　河滩明渠 ·· 15

　　1.6.2　进出口渐变段 ······································ 16

　　1.6.3　进出口闸 ·· 17

1.6.4 渡槽连接段 18

1.6.5 下部结构 19

1.6.6 导流防冲裹头 20

1.7 超大型输水渡槽施工方案 20

1.7.1 造槽机施工 20

1.7.2 架槽机施工 21

1.7.3 满堂支架施工 21

1.7.4 土牛法施工 21

第 2 章　超大型输水渡槽关键技术 23

2.1 梁式渡槽经济跨度研究 23

2.1.1 梁板一体梁式渡槽特点 23

2.1.2 河道行洪要求 23

2.1.3 渡槽主体工程费用及其与跨度的关系 24

2.1.4 渡槽施工方法与跨度的关系 27

2.1.5 渡槽跨度选择与设计 27

2.2 单参数预应力损失计算理论及参数测试方法 29

2.2.1 单参数预应力损失计算理论 29

2.2.2 单参数（综合摩阻系数）测试方法 30

2.2.3 试验验证 31

2.3 分区折线形温度荷载分布模型 32

2.3.1 气温与水温及槽体温度的关系 32

2.3.2 运行工况温度梯度分布规律 34

2.3.3 空槽检修工况温度梯度分布规律 38

2.3.4 夏季与冬季温度梯度对比分析 40

2.3.5 温度荷载 43

2.4 U 形渡槽设计验证试验 50

2.4.1 试验任务与目的 50

2.4.2 模型设计 51

2.4.3 主要试验成果 52

2.5 青兰高速跨越方式研究 53

2.5.1 工程概况 53

2.5.2　处置方案研究 ···································· 54

2.5.3　分体式扶壁梯形渡槽结构特点 ·················· 71

2.5.4　分体式扶壁梯形渡槽的运行监测 ················ 72

2.5.5　分体式扶壁梯形渡槽的先进性 ·················· 74

2.6　超大型输水渡槽配套装备 ························· 74

2.6.1　预应力锚固体系 ······························· 74

2.6.2　渡槽止水新结构 ······························· 77

第3章　湍河U形渡槽设计 ·································· 79

3.1　湍河渡槽设计条件 ······························· 79

3.1.1　湍河水文条件 ································· 79

3.1.2　地质 ··· 80

3.1.3　渡槽规模 ····································· 81

3.1.4　总干渠设计参数 ······························· 81

3.1.5　交叉断面河道特征值 ··························· 82

3.2　湍河渡槽工程布置 ······························· 83

3.2.1　线路与槽身段长度 ····························· 83

3.2.2　槽体断面设计 ································· 84

3.2.3　工程布置方案 ································· 87

3.2.4　渡槽施工方案 ································· 93

3.3　渡槽设计标准与基本参数 ························· 95

3.3.1　工程等级与建筑物级别 ························· 95

3.3.2　渡槽结构设计标准 ····························· 95

3.3.3　荷载与基本参数 ······························· 96

3.4　纵向结构计算 ··································· 101

3.4.1　槽体纵向结构概化 ····························· 101

3.4.2　纵向结构内力计算 ····························· 103

3.4.3　槽体纵向预应力配筋设计 ······················· 104

3.4.4　槽体纵向承载能力复核 ························· 104

3.5　横向结构计算 ··································· 106

3.5.1　横向结构概化 ································· 106

3.5.2　结构内力计算 ································· 107

3.5.3　典型工况下横向结构内力 ································ 108

3.5.4　横向结构配筋计算 ····································· 109

3.5.5　横向截面抗弯承载能力复核 ···························· 110

3.6　三维有限元复核 ··· 111

3.6.1　结构模型与计算方法 ··································· 111

3.6.2　不同运行工况条件下计算结果 ·························· 113

3.6.3　U 形渡槽预应力钢筋布置优化 ························· 117

3.7　壳体稳定复核 ··· 119

3.7.1　计算理论 ··· 119

3.7.2　计算模型 ··· 120

3.7.3　计算结果 ··· 120

3.8　施工工况复核 ··· 123

3.8.1　造槽机过孔槽体应力复核 ······························ 123

3.8.2　槽身钢绞线张拉施工 ··································· 129

3.9　渡槽基础设计 ··· 139

3.9.1　渡槽基础的比选 ······································· 139

3.9.2　基础处理 ··· 139

第 4 章　澧河矩形渡槽槽体结构设计 ······························· 143

4.1　设计条件 ··· 143

4.1.1　水文气象 ··· 143

4.1.2　工程地质 ··· 145

4.1.3　工程规模 ··· 146

4.1.4　进出口水流衔接条件 ··································· 146

4.1.5　澧河交叉部位防洪标准 ································· 147

4.2　澧河渡槽工程布置 ··· 148

4.2.1　工程位置 ··· 148

4.2.2　建筑物轴线选择 ······································· 148

4.2.3　建筑物形式选择 ······································· 149

4.2.4　渡槽长度 ··· 149

4.2.5　渡槽布置与槽体断面选型 ································ 150

4.2.6　渡槽纵向结构 ··· 158

4.3　槽身结构体型设计 ·· 159

4.3.1　渡槽输水断面设计 ·· 159

4.3.2　渡槽结构断面设计 ·· 159

4.4　渡槽结构设计 ·· 160

4.4.1　纵向结构计算 ··· 160

4.4.2　横向结构计算 ··· 161

4.4.3　典型工况下横向结构内力 ·································· 164

4.4.4　横向结构配筋计算 ·· 165

4.5　槽体结构三维有限元复核 ·· 166

4.5.1　计算方法 ·· 166

4.5.2　计算模型 ·· 166

4.5.3　控制张拉应力及预应力损失 ································ 167

4.5.4　计算工况与荷载组合 ······································ 169

4.5.5　计算结果 ·· 169

第5章　青兰高速梯形渡槽设计 ······································· 175

5.1　设计条件 ·· 175

5.1.1　气象条件 ·· 175

5.1.2　工程地质 ·· 175

5.1.3　总干渠设计参数 ·· 178

5.2　渡槽工程布置 ·· 178

5.2.1　工程总体布置 ·· 179

5.2.2　槽体结构布置 ·· 179

5.3　分体式扶壁梯形渡槽结构设计 ···································· 180

5.3.1　挡水结构及其稳定应力计算 ································ 180

5.3.2　斜向布置分体式扶壁梯形渡槽的不平衡力偶分析 ·········· 184

5.3.3　分体式扶壁梯形渡槽整体三维有限单元法计算分析 ········ 185

5.3.4　渡槽的构造设计 ·· 188

5.4　下部结构与支座设计 ……………………………………………… 189

　　5.4.1　渡槽下部结构 ……………………………………………… 189

　　5.4.2　支座设计 …………………………………………………… 190

第6章　超大型输水渡槽施工与运行 ………………………………… 195

6.1　渡槽施工 ……………………………………………………………… 195

　　6.1.1　湍河渡槽造槽机施工 ……………………………………… 195

　　6.1.2　沙河渡槽架槽机施工 ……………………………………… 199

　　6.1.3　澧河渡槽满堂支架施工 …………………………………… 204

6.2　渡槽运行基本情况 ………………………………………………… 207

　　6.2.1　渡槽运行安全监测 ………………………………………… 207

　　6.2.2　渡槽工程安全性评价 ……………………………………… 208

参考文献 …………………………………………………………………… 209

第 1 章

中线一期工程超大型输水渡槽设计概况

🔢1.1 中线一期工程输水渡槽概况

南水北调中线输水工程总干渠自河南淅川九重陶岔渠首起（桩号 0+000），沿伏牛山南麓山前岗垅与平原相间地带，穿九重深挖方段，过刁河、湍河、潦河、白河，在方城城东八里沟（方城垭口）跨过江淮分水岭进入淮河流域；过澧河、沙河、北汝河、颍河、双洎河，在荥阳高村大张南沿淮黄分水岭进入黄河流域，由王村李村北穿过黄河，在温县徐堡东穿过沁河后进入海河流域；经太行山南麓山前平原从焦作东南、辉县北至潞王坟后，沿京广铁路西侧北上，先后穿过淇河、汤河、安阳河，在安阳施家河东过漳河进入河北。总干渠进入河北后继续沿京广铁路西侧北上，过滏阳河、洺河、南沙河、滹沱河、磁河、沙河（北）、唐河、漕河、瀑河、中易水、南拒马河、北拒马河南支，至北拒马河中支南岸止（桩号 1196+505），全自流明渠段长近 1 197 km。

总干渠从北拒马河中支南岸起（桩号 1196+505），由全自流明渠转为全管涵，从地下穿过北拒马河中支进入北京，向北穿山前丘陵区、房山城区西北关，过大石河，穿京广铁路，过小清河、永定河，穿丰台西铁路编组站北端进入市区，沿京石高速公路南侧向东，过莲花河、五棵松地铁、永定河引水渠，到达终点颐和园团城湖（桩号 1276+557），全管涵渠段全长约 80 km。

天津干线全管涵方案从河北保定徐水大王店西黑山西分水口门起（桩号 XW0+000），自西向东过曲水河、瀑河、鸡爪河，穿京广铁路，过三岔河、兰沟河、大清河、牤牛河，于辛店北庄头北过百米渠，在廊坊安次东沽港东进入天津，穿过子牙河、津浦铁路，至终点天津外环河（桩号 XW155+419.045），全长约 155 km。

南水北调中线输水工程总干渠、天津干线共穿过大小河流 701 条[1]，其中河渠交叉建筑物以上集水面积大于 20 km² 的河流（以下简称交叉河流）193 条，河渠交叉建筑物以上集水面积小于 20 km² 的河流（以下简称左岸排水）508 条。按流域划分，长江流域境内总干渠全长约 157 km，穿过交叉河流 22 条，左岸排水 60 条；淮河流域境内总干渠全长约 309 km，穿过交叉河流 42 条，左岸排水 134 条；黄河流域境内总干渠全长约 38 km，穿过交叉河流 7 条，左岸排水 2 条；海河流域境内全自流明渠段全长约 692 km，穿过交叉河流 86 条，左岸排水 267 条；北京全管涵渠段全长约 80 km，穿过交叉河流 14 条，左岸排水 19 条；天津干线全长约 155 km，穿过交叉河流 22 条，左岸排水 26 条。

跨河渡槽是南水北调中线一期工程总干渠与大型河流相交时采用的输水建筑物形式之一。跨河渡槽自河道上方跨越时，建筑物主体暴露在地面以上，工程管理、运行维护、检修方便，更主要的是输水渡槽耗用水头少，这一点对于水头十分宝贵的南水北调中线工程尤其重要，可将节约的水头分配给渠道或其他交叉建筑物，有利于工程建设投资优化。

然而，总干渠输水线路设计中，出于对供水对象的区域分布、工程投资节省、工程运行安全、降低当地防洪安全压力的考虑，总干渠沿丘陵与平原边界布线，渠道工程以挖方形式为主。因此，跨越的河道多为平原或低丘河道，总干渠渠道水面和与其交叉的河道的洪水位差别不大，且总干渠水位与交叉河道标准洪水位之间有高有低。交叉河道洪水位高于或接近于总干渠运行水位的河流，不具备布置输水渡槽的条件，设计多采用倒虹吸或涵洞穿越河流，只有部分河道标准洪水位低于总干渠底板的河流，才具备建设跨河渡槽的条件。在 193 条交叉河流中，具备建设输水渡槽条件的共 27 条，其中梁式渡槽 18 座、涵洞式渡槽 7 座、涵洞式渡槽和梁式渡槽组合的渡槽 2 座，为沙河渡槽和漕河渡槽。渡槽断面形式有 U 形、矩形、梯形。输水渡槽中刁河渡槽、湍河渡槽设计流量最大，为 350 m³/s，水北沟渡槽设计流量最小，为 60 m³/s，如表 1.1.1 所示。

表 1.1.1　南水北调中线一期工程总干渠输水渡槽统计表

序号	建筑物名称	结构形式	长度/m	槽数	设计流量/（m³/s）
1	刁河渡槽	矩形梁式渡槽	660	2	350
2	湍河渡槽	U 形梁式渡槽	1030	3	350
3	严陵河渡槽	矩形梁式渡槽	540	2	340
4	潦河渡槽	矩形涵洞式渡槽	363.6	2	340
5	十二里河渡槽	矩形梁式渡槽	241	2	340
6	贾河梁式渡槽	矩形梁式渡槽	370	2	330
7	草墩河梁式渡槽	矩形梁式渡槽	331	2	330
8	澧河渡槽	矩形梁式渡槽	860	2	320
9	澎河涵洞式渡槽	涵洞式渡槽	310	2	320
10	沙河渡槽	U 形梁式渡槽	1666	4	320
		涵洞式渡槽	3534	2	
		U 形梁式渡槽	500	4	
		涵洞式渡槽	1820	2	
11	肖河涵洞式渡槽	涵洞式渡槽	250	2	315

序号	建筑物名称	结构形式	长度/m	槽数	设计流量/（m³/s）
12	兰河涵洞式渡槽	涵洞式渡槽	260.2	2	315
13	双洎河支渡槽	矩形梁渡槽	345	4	305
14	双洎河渡槽	矩形梁式渡槽	810	4	305
15	索河涵洞式渡槽	涵洞式渡槽	400	2	265
16	淤泥河涵洞式渡槽	涵洞式渡槽	203.57	2	245
17	汤河涵洞式渡槽	涵洞式渡槽	294.3	2	245
18	滏阳河渡槽	矩形梁式渡槽	302	3	235
19	牤牛河南支渡槽	矩形梁式渡槽	424	3	235
20	青兰高速交叉渡槽	分体式梯形梁式渡槽	63	1	235
21	洺河渡槽	矩形梁式渡槽	930	3	230
22	泜河渡槽	矩形梁式渡槽	458	3	220
23	午河渡槽	矩形梁式渡槽	334	3	220
24	沛河渡槽	矩形梁式渡槽	440	3	220
25	放水河渡槽	矩形梁式渡槽	350	3	135
26	漕河渡槽	涵洞式渡槽	240	3	125
		矩形梁式渡槽	1940	3	
27	水北沟渡槽	矩形梁式渡槽	211	2	60

1.2　跨河输水渡槽线路选择

由于河道两岸地形、地基、防洪、当地居民及生产生活设施等对总干渠的制约因素较多，中线一期工程大型输水渡槽线路总体上需结合交叉部位河道特性，在适当范围内调整，并与两岸总干渠线路相互配合，最终线路需经技术经济比较确定[2]。跨越大型河流的输水渡槽选线应符合以下几个方面的基本条件。

1.2.1　槽下净空要求

在总干渠与当地河流、其他渠道工程或交通工程的交叉建筑物的设计中，以下两种情况均具备以渡槽跨越的条件。

（1）与总干渠交叉的河流的设计洪水位或其他功能设施的顶高程低于总干渠渠底高程一定高度时，总干渠可以渡槽跨越河道或其他功能设施。

（2）与总干渠交叉的河流的设计洪水位或其他功能设施的底高程高于总干渠水面线

一定高度时，河道或其他功能设施可以以渡槽跨越总干渠。

无论是哪一种渡槽跨越情况，为保证运行期间渡槽槽身不挡水，南水北调总干渠所跨越的大型河流均为非通航河道，设计中参照《公路桥涵设计通用规范》（JTG D60—2015）第3.4.3条中关于非通航河流的桥下净空规定执行，渡槽梁底以下净空高度由表1.2.1控制。

表 1.2.1　非通航河流桥下最小净空

桥梁的部位		高出计算水位/m	高出最高流冰面/m
梁底	洪水期无大漂浮物	0.50	0.75
	洪水期有大漂浮物	1.50	—
	有泥石流	1.00	—
支承垫石顶面		0.25	0.50
拱脚		0.25	0.25

注：表中计算水位应计入渡槽修建后河道上游壅水高度和风浪高，当槽下为交通通道或其他设施时，应满足相应工程设施的相关要求。

1.2.2　跨越河段河势

总干渠线路布置时，应适当兼顾渡槽工程建设需要，渡槽选线河段宜在总干渠既定输水线路附近。跨河渡槽线路与渡槽两端总干渠局部线路布置应通盘考虑，经技术经济比较确定。输水渡槽跨越河流的选线河段应具备以下条件。

（1）选线河段的河道应顺直，河道洪枯流量下水流摆动幅度小，河势相对稳定。

（2）河床相对稳定，河道游荡范围可限制在河道行洪宽度范围内。

（3）河道冲、淤变形范围可控，不具备长期单方向发展特点。

（4）渡槽轴线与交叉河段主流流向基本正交。

（5）洪水期间河道内无大型漂浮物。

1.2.3　河床断面

对于输水渡槽而言，渡槽长度越短，耗用水头越小，经济性越好。当河道河床断面由主槽和漫滩构成时，在满足交叉河道行洪要求的条件下，可采用河滩明渠适当收窄河道，具有如下特点的河道可进行适当收窄。

（1）河段水流相对集中，河道行洪宽度窄；主槽与漫滩地形分割明显、相对稳定。

（2）主河床贴近一岸，河漫滩位于河道另一侧；若渡槽轴线位于河岸矶头附近下游或节点处，则更为有利。

（3）交叉断面河道上游无堤防或堤防规模小。

（4）渡槽轴线宜优先选择无滩地或滩地和主槽分别位于河道两侧的断面。

（5）河岸、滩地岸坡稳定，河岸地基满足进出口建筑物要求；河滩地基条件较好，基本满足修建河滩明渠要求。

1.2.4　河床地质条件

由于南水北调中线工程跨河渡槽上部结构荷载巨大，河床覆盖层厚度、河床下伏基岩承载力大小直接关系到渡槽下部结构基础处理工程的费用。在跨河渡槽线路选择中，除河势、河道宽度外，河床地基条件也是重要因素，一般条件下，跨河渡槽线路上的河床地质条件优选如下。

（1）河床覆盖层厚度小，河床抗冲刷能力强，冲刷部位基本稳定，冲刷深度可控。

（2）河床可利用下伏基岩埋深小，基岩承载力高，风化深度小。

（3）基岩完整性好，无大规模断层和溶蚀性岩层。

（4）渡槽下部结构可利用基岩顶板高程起伏小。

1.2.5　线路与总干渠协调

一般条件下，渡槽线路选择不宜脱离两岸相邻渠道布置单独进行，应结合总干渠局部线路布局综合考虑。在总干渠线路布置时，应结合跨河渡槽选线基本条件，拟定不同的总干渠局部渠道线路和相应的跨河渡槽线路方案，确定相同的线路比较范围；布置参与比选的跨河渡槽、总干渠局部线路上的所有建筑物，进行技术经济比较。根据比选区段总体工程投资费用、施工技术难度、施工工期、工程对当地环境影响的大小、交叉河道规划条件、对当地防洪的影响等，综合确定跨河渡槽线路和总干渠的局部线路。

1.3　输水渡槽几何尺寸

1.3.1　渡槽上游河道壅水高度

渡槽跨越河流时，令在渡槽上游一定范围的河道内造成壅水，壅水高度大小与渡槽修建后槽墩对洪水水流的阻碍作用、渡槽行洪断面宽度等因素有关。壅水高度可根据水力学计算确定。

在进行渡槽上游壅水高度计算时，将渡槽槽下行洪通道视为若干孔无坎宽顶堰，渡槽下游水位采用交叉断面处相应洪水流量下天然河道的水位，渡槽上游水位则根据洪水流量按宽顶堰堰流公式计算得到上下游水头差并与下游水位叠加确定，对于小型河道可直接按式（1.3.1）计算确定：

$$H_{上} = \sqrt[3]{\frac{Q^2}{2g \cdot \sigma^2 \cdot m^2 \cdot n^2 \cdot b^2}} - \frac{v_{上}^2}{2g} + H_s \qquad (1.3.1)$$

式中：Q 为渡槽输水流量；g 为重力加速度；σ 为无坎宽顶堰淹没系数；m 为无坎宽顶堰、槽墩侧收缩自由出流流量系数；n 为河道行洪口门被渡槽槽墩分隔的孔数；b 为槽墩之间的净间距；$H_{上}$ 为渡槽上游水位；$v_{上}$ 为渡槽上游与水位对应的断面平均流速；H_s 为渡槽下游水位，由渡槽断面天然河道水位流量关系确定。

对于宽浅型河流，当渡槽对河道行洪断面有所收窄时，可将渡槽上游河道视为"水库"，考虑一定的滞洪效应，采用流体力学的连续方程经调洪计算确定上游河道壅水高度，渡槽槽下行洪能力仍采用宽顶堰流量按式（1.3.2）、式（1.3.3）计算：

$$\frac{Q_1 + Q_2}{2}\Delta t - \frac{q_1 + q_2}{2}\Delta t = V_2 - V_1 = \Delta V \qquad (1.3.2)$$

$$q = \sigma \cdot m \cdot n \cdot b \cdot \sqrt{2g(H_0 - H_s)^3} \qquad (1.3.3)$$

式中：Q_1、Q_2 为时段 Δt 始、末的河道上游来水流量，$\mathrm{m^3/s}$；q_1、q_2 为时段 Δt 始、末经渡槽断面下泄的流量，$\mathrm{m^3/s}$；V_1、V_2 为上游河道在 Δt 始、末的库容，$\mathrm{m^3}$；Δt 为时段长；ΔV 为上游河道在 Δt 时段内的库容增量，$\mathrm{m^3}$；q 为下泄流量，$\mathrm{m^3/s}$；H_0 为渡槽上游与库容 V 对应的水位；H_s 为渡槽下游水位，由渡槽断面天然河道水位和下泄流量关系确定。

中线工程总干渠与河道交叉时，要求在河道发生 20 年一遇洪水时，渡槽上游壅水高度不超过 0.3 m，当渡槽上游壅水不增加淹没损失时可适当放宽，但不能降低河道堤防防洪标准。对于重要河流，应在分析计算成果的基础上，进一步通过河工模型试验进行验证。必要时应结合河道水流流态和壅水高度，对行洪口门宽度和位置进行调整。

1.3.2　行洪口门宽度

中线工程部分输水渡槽跨越的河道，从行洪条件方面可分为主槽和滩地，洪水期间河道以主槽为主要行洪通道，两岸滩地以漫流为主，滩地行洪流量有限。为节约工程投资，设计中线总干渠时，在满足河道行洪、河道治理规划及河道管理部门相关管理要求的前提下，允许将河道进行适当收窄，以减小渡槽长度。

河道收窄后，收窄处河道行洪断面的底宽称为行洪口门宽度。行洪口门的位置、宽度需结合渡槽与河道交叉断面上下游天然河道河势、水流条件、河道防洪标准综合确定，应满足以下要求。

（1）行洪口门的位置、宽度应顺从原河道河势及水流条件，应符合相关河道的治理规划，满足河道管理部门的相关管理规定。

（2）河道收窄后，不应改变渡槽所在河段的总体河势，不应降低河道的行洪能力，不明显改变河道主流流向和流态。

（3）考虑河道收窄、槽墩阻水等相关影响后，一般渡槽上游 20 年一遇洪水最高水位壅高值宜控制在 0.3 m 以内，且不明显增加当地防洪负担和淹没损失，不降低相关河流的防洪标准。

（4）渡槽断面局部收窄导致的河槽局部冲刷不应危及邻近堤防和其他现有工程设施的安全，并通过工程措施消除或减免相关影响，使其控制在允许范围内。

（5）工程设施布置应符合南水北调中线总体规划要求和当地的防洪规划要求，跨越堤防的渡槽边墩应置于河堤背水侧坡脚线以外。

（6）行洪口门宽度必须经一维、二维水力学计算并分析研究确定，对于重要的大型河道应进行河工模型研究论证，且取得相关主管部门的批准。

1.3.3　跨河渡槽长度

在南水北调中线工程设计中，将渡槽进出口闸之间的长度定义为渡槽槽身段长度。槽身段长度原则上以河道行洪所需的行洪断面面积确定，与行洪断面对应的河道底宽称为行洪口门宽度。渡槽槽身段长度结合行洪口门左右两岸地形、岸坡条件、进出口闸布置和两岸导水裹头综合确定。跨河渡槽槽身段长度与行洪口门宽度存在如下关系：

$$L = L_{11} + L_{12} + L_{13} + L_0 + L_{21} + L_{22} + L_{23} \tag{1.3.4}$$

式中：L 为渡槽槽身段长度；L_{11} 为进口闸尾与河岸的距离，由闸室地基稳定要求确定；L_{12} 为进口闸侧河岸岸坡水平长度，由岸坡稳定要求和地形条件确定；L_{13} 为进口闸侧导流、防护裹头水平投影距离；L_0 为河道行洪口门宽度；L_{21} 为出口闸首与河岸的距离，由闸室地基稳定要求确定；L_{22} 为出口闸侧河岸岸坡水平长度，由岸坡稳定要求和地形条件确定；L_{23} 为出口闸侧导流、防护裹头水平投影距离。

1.4　超大型跨河渡槽选型

1.4.1　各种槽式的适用性分析

渡槽上部形式有多种，以不同的支承形式分类，主要有拱式渡槽、斜拉式渡槽、桁架式渡槽、梁式渡槽等。

1. 拱形上承式渡槽

拱形上承式渡槽一般将结构拱作为渡槽输水槽体的支承体系，槽体位于支承体系上方，常称为上承式结构体系。该类渡槽在结构上将输水槽体支承在拱形结构上，利用拱形结构的特点，提供输水槽体的纵向支承。纵向承重拱要求输水槽体下方具有足够的净空高度，一般适用于槽下净空足够高，支承拱基本位于河道行洪水位以上，对河道行洪不至于形成阻水效应的大跨度渡槽。南水北调中线工程输水线路的地形相对平坦开阔，

7

渡槽槽底高程受总干渠纵坡控制，槽下净空有限，且渡槽输水流量大、槽内水深一般达5~7 m，不具备建设拱形上承式渡槽的地形条件。

2. 斜拉下承式渡槽

斜拉下承式渡槽通常将悬索或斜拉钢索作为输水渡槽的纵向支承体系。虽然支承体系位于渡槽输水槽体上方，基本不占用输水槽体下方的空间，但是由于悬索或斜拉钢索拉伸变形刚度小，输水渡槽结构荷载与水体荷载基本相当，空槽与运行状态荷载变幅大，渡槽将发生较大的纵向挠曲变形，对于输水工程而言，这种过大的挠曲变形将引起水面波动，严重时会影响渡槽的输水能力和渡槽的防水体系，对于超大型输水渡槽来说尤其敏感。因此，这种槽型不适用于南水北调中线工程跨河渡槽。

3. 中承式拱桁架渡槽

中承式拱桁架渡槽是将若干直杆的杆端用铰相互连接而成的几何不变体系，输水槽体置于桁架体系预留的空腔内，槽体结构自重与水体重量在纵向上依靠拱桁架支承，断面方向的水压力则在拱桁架横向约束下与输水槽体共同承担，可有效减小输水槽体结构的厚度。这种渡槽的槽体支承结构拱桁架刚度大，桁架在槽体下方占用的净空小，利用桁架作用可增加渡槽跨度，当河道行洪有特殊跨度要求时，在南水北调中线工程布置条件下，具有较好的适用性。

4. 工字梁上承式渡槽

工字梁上承式渡槽采用并排的支承在槽墩上的预应力工字梁形成槽体结构的纵向支承体系，输水槽体搁置于支承体系上方，也可采取措施使各工字梁的上翼缘形成整体，作为输水渡槽的底板；渡槽侧墙支承在并排工字梁的两侧边梁上或经固结处理的槽体底板上。输水槽体搁置于并排的工字梁上方，支承体系与槽体结构受力明确，但渡槽侧墙需要与渡槽底板形成整体，并在侧墙外侧通过设置肋板解决侧墙的稳定和结构受力问题。这种渡槽槽体下方所需的净空高度较中承式拱桁架渡槽略大，当渡槽槽下净空有一定富余时，可供采用。

5. 箱体结构中承式渡槽

这种渡槽的主要特点是，输水槽体侧墙兼作渡槽纵向承重结构的纵梁，纵梁可概化为工字形断面，利用上翼缘布置槽体横向拉杆，槽体两侧纵梁的下翼缘连成一体作为输水槽体的底板。这种结构也可视为支承在下部结构上的开口箱梁，箱体断面形式可选择单体U形、矩形或连体U形、矩形；箱体内为输水通道，箱体横向承担横向水压力，纵向将槽体自重和渡槽水体重量通过箱梁支座传递至下部结构。箱体结构中承式渡槽充分利用槽体结构混凝土，减轻槽体自重，并通过合理配置纵横向预应力钢筋或钢绞线，兼顾纵横向受力要求。渡槽承重结构与输水槽体合为一体，槽下净空占用小。其在南水北调中线一期工程输水渡槽中具有普遍的适用性。

6. 连续板支承的梯形渡槽

南水北调中线一期工程总干渠上的大型河道交叉建筑物需要配置进出口渐变段、进出口闸，提高输水建筑物输水通道的水流流速，以降低总干渠及建筑物的总体工程费用，一般需要为建筑物额外分配一定的水头。然而，在工程建设期间，由于特殊原因，需要增加输水渡槽，为不增加额外的水头，要求渡槽过水断面与渠道过水断面基本相同；由于渡槽两端的渠道为梯形断面，所以诞生了过水断面为梯形断面的渡槽，无须增加渐变段和闸室。与其他类型的渡槽相比，该类渡槽不设置进出口渐变段和进出口闸，当渡槽长度小于 100 m 时，该类渡槽较其他渡槽工程投资省，且不需要额外的水头。

1.4.2　输水渡槽槽式选择

中线工程输水渡槽输水流量大，分配给渡槽的水头有限，需要较大的过水断面完成输水任务。南水北调中线工程总干渠沿线交叉的河道多为宽浅型平原河道，在满足行洪要求的前提下，渡槽槽下净空有限。因此，输水渡槽应尽量选择占用槽下净空小的槽式，而中线渡槽荷载大，要求渡槽在纵向上有较大的刚度，避免挠曲变形对槽体内水流流态产生较大影响。1.4.1 小节各种槽式的适用性分析结果表明，拱形上承式渡槽、斜拉下承式渡槽不适合用于中线工程。

对于中承式拱桁架渡槽，在进行湍河渡槽设计时，对其与箱体结构中承式渡槽进行了技术方案比较，参见图 1.4.1。

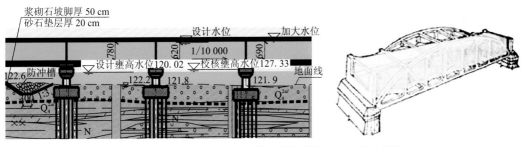

图 1.4.1　渡槽上部结构形式示意图（高程单位：m；尺寸单位：cm）

Q_4^{2al} 为全新统上段冲积层；N 为新近系

比较结果表明：若中承式拱桁架渡槽输水槽体采用其他轻型材料制成，可有效减轻槽体结构自重，但就现状国内的材料技术而言，其耐久性不如预应力混凝土结构，渡槽桁架支承体系复杂，采用钢结构费用高，运行维护成本高，采用预应力混凝土结构则施工难度大，工期长。渡槽槽体接缝多，防渗漏问题突出。根据方案设计，当渡槽跨度大于 40 m 时，其技术经济指标优势明显；而对于跨度小于 40 m 的渡槽，与箱体结构中承式渡槽相比，没有明显优势。中承式拱桁架渡槽结构复杂，施工环节多，技术要求高，且施工工期长。

工字梁上承式渡槽的纵向承重梁位于输水槽体下部，工字梁可工厂预制，单根梁体重量轻，可采用常规架桥设备吊装，并可将完成铺装的梁顶作为施工平台施工上部输水槽体，输水槽体混凝土施工临时工程少，可节省临时工程费用；但与箱体结构中承式渡槽相比，渡槽上部结构自重与水重之比约为 1.35:1，槽体结构本身的费用高于箱体结构中承式渡槽，因此在工程投资方面不占优势。此外，输水需要多占用约 1.5 m 的槽下净空高度，当槽下净空高度较小时，不适合该槽型；承重结构预制工字梁与输水槽体现浇底板之间，以及渡槽侧墙和下部工字梁与渡槽底板下的工字梁之间均存在变形协调问题，受力条件复杂。因此，南水北调中线工程大型河流输水渡槽未采用该种槽型。

箱体结构中承式渡槽的输水槽体与纵向承重结构按整体结构设计，输水槽体侧墙兼作渡槽纵向承重结构的纵梁；一方面由于中线工程渡槽输水断面大，其输水槽体的侧墙高度也高，另一方面大跨度渡槽要求纵梁有较大的梁高，刚好两方面需求一致。渡槽将侧墙作为纵梁，位于输水通道侧面，渡槽槽底兼作纵梁的下翼缘，不额外占用输水渡槽槽底的有效净空；纵梁上翼缘位于槽顶，可兼作槽顶运行维护通道、槽顶横向拉杆侧墙加强肋板。中线工程总干渠特大型输水渡槽槽跨研究表明，渡槽采用简支的开口箱梁时，按普通钢筋及预应力钢绞线保护、渡槽耐久性、槽体混凝土施工等基本要求确定箱体结构尺寸，渡槽纵向承载能力可适应 50 m 槽跨要求，箱体最佳槽跨为 40 m。而中线工程具备修建渡槽条件的交叉河道，采用 40 m 槽跨均可满足河道行洪要求。箱体结构外观平整，体型简单，便于混凝土现浇施工。经多方案比较，南水北调中线工程大型输水渡槽均采用箱体结构中承式渡槽。

1.4.3　简支箱体结构中承式渡槽断面与槽跨

1. 渡槽独立输水通道数

考虑到渡槽运行期间不断水条件下轮换检修维护的需要，中线一期工程大型输水渡槽的可独立输水通道要求不少于 2 个。在此基础上，渡槽输水通道数量可结合技术经济比选确定，中线总干渠输水渡槽中，U 形渡槽有三通道、四通道，根据下部基础布置条件和渡槽施工方案，渡槽可以采用单线单通道或单线多通道。矩形渡槽一般为双线双通道，"皿"字形渡槽为单线三通道。然而，渡槽的输水通道数量越多，渡槽工程的总体费用越高，在渡槽总体费用方面输水通道数量越少的经济性较好，但渡槽的规模越大，荷载越大，技术难度越大。

2. 渡槽槽跨选择

1）河床行洪要求

渡槽需要在河道内设置一系列的槽墩，以支承渡槽槽体。渡槽跨度越小，输水槽体纵向荷载效应越小，但槽跨越小，槽墩越多，密度越大，对河道行洪、洪水期间漂浮物

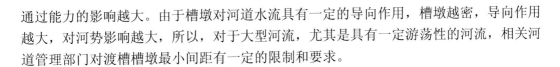

通过能力的影响越大。由于槽墩对河道水流具有一定的导向作用，槽墩越密，导向作用越大，对河势影响越大，所以，对于大型河流，尤其是具有一定游荡性的河流，相关河道管理部门对渡槽槽墩最小间距有一定的限制和要求。

2）槽跨与技术经济

渡槽材料在较大程度上决定渡槽槽体结构和部分支承结构的自重，钢结构重量轻、强度高，在较小的结构自重条件下可获得较大的承载能力，但完全利用钢材抵抗支承结构的拉压应力，钢材用量较多，工程费用也较高；预应力混凝土结构利用预应力规避混凝土材料抗拉强度低的缺点，充分利用混凝土的高抗压强度和预应力钢绞线的高抗拉强度，通过施加预应力降低混凝土结构的拉应力，在较小的混凝土结构尺寸条件下可获得较大的承载能力，其结构自重虽大于钢结构，但小于普通混凝土结构，钢材用量增加有限；而普通混凝土结构通过在混凝土结构内配置适量的钢筋，抵抗结构的拉应力，混凝土结构体型较大，其自重较大，且由于抗裂和渡槽架构限制，渡槽的跨度也会受到限制，结合目前相关渡槽和桥梁工程的建设经验，普通混凝土结构的渡槽经济槽跨一般在25~30 m，而中线渡槽荷载巨大，可适用槽跨可能更小。综合分析比较，为适当增加渡槽的跨度，结合目前预应力混凝土结构的认识水平、结构分析计算技术、预应力施工技术水平，南水北调中线一期工程渡槽纵横方向均采用预应力混凝土结构。

3）渡槽槽跨选择原则

综合上述分析，中线一期工程输水渡槽槽跨选择遵循以下原则。
（1）根据河道部门相关要求，确定最小槽跨，选择渡槽可利用槽式、输水通道数量；
（2）根据地基条件，选择渡槽下部结构地基处理方案，选择渡槽的槽式；
（3）根据输水渡槽过水断面及混凝土结构设计、钢筋配置、施工的构造要求，确定渡槽槽体结构的基本断面；
（4）复核研究基本断面条件下，充分利用槽体结构材料强度时渡槽槽体的纵横向承载能力；
（5）在满足上述条件的前提下，结合渡槽的上下部结构整体，经技术经济比较，确定槽体的输水断面、槽式、结构形式、纵向跨度。

1.5　渡槽槽体设计

1.5.1　渡槽输水断面

中线一期工程箱体结构中承式渡槽断面主要比较了 U 形、矩形断面形式，渡槽的过水断面主要由水力学条件确定，渡槽的自重、纵向承载能力则与断面结构形式有关，从不同断面结构形式的设计成果看，U 形渡槽为 3 槽，矩形渡槽为 2 槽时，渡槽纵向结构承载能力可满足 40 m 槽跨的要求。独立三通道 U 形渡槽槽体结构自重与水重之比约为 1.15∶1，独立双通道矩形渡槽槽体结构自重与水重之比约为 1.25∶1。

1. 渡槽输水断面计算

渡槽输水断面根据选定的输水断面形式、渡槽的输水流量、分配给渡槽的工作水头，按明渠均匀流或非均匀流经水力学计算确定。

设渡槽输水流量为 Q，总干渠分配给输水渡槽的总水头为 H，渡槽输水通道数为 N，渡槽槽身段长度为 L，进出口渐变段、连接段、进出口闸等局部水头损失之和为 $\sum h_f$，若每条通道通过的流量相同，根据谢才（Chézy）公式有

$$Q = C \cdot A \cdot N \sqrt{\frac{(H - \sum h_f)}{L} \cdot R} \qquad (1.5.1)$$

式中：C 为谢才系数，$C = \dfrac{1}{n'} R^{1/6}$，$n'$ 为渡槽过水表面粗糙系数，渡槽设计中取 0.014；A 为渡槽过水断面面积；R 为渡槽过水断面湿周水力半径，$R = \dfrac{A}{X}$，X 为渡槽过水断面湿周；N 为渡槽输水通道数。R、A、X 与渡槽过水断面宽度、水深和断面形式有关。

中线工程规定，设计流量下，渡槽过水断面、纵坡按均匀流计算。加大流量下渡槽水深、设计流量确定的过水断面和纵坡按非均匀流计算。在计算渡槽输水断面时，需要先假定渡槽过水断面宽度，通过式（1.5.1）计算渡槽过水断面水深，根据断面流速渐变的原则，拟定进出口闸闸室底板高程、连接段底高程、渡槽槽底高程，按式（1.5.2）计算水流通过渡槽各分段节点部位的水面线。

$$h_i = H - \sum_{j=1}^{i} h_{fj} - \frac{v_i^2}{2g} - \nabla i \qquad (1.5.2)$$

式中：H 为分配给输水渡槽的总水头；$\displaystyle\sum_{j=1}^{i} h_{fj}$ 为计算节点 i 上游各段局部水头损失 h_{fj} 或渡槽段沿程水头损失之和；v_i 为第 i 号断面平均流速；∇i 为第 i 号断面过水断面底高程；h_i 为第 i 号断面水深。

通过式（1.5.2）计算各段水头损失和水面线、渡槽过水断面底板高程。计算过程需要进行试算和反复调整优化。优化目标是渡槽过水断面最小，渡槽结构槽下净空高度满足相关技术标准要求，通过渡槽的水面线平顺。

2. 渡槽侧墙超高

渡槽的过水断面确定后，渡槽侧墙在设计水面基础上应有一定的超高，渡槽按满槽水深进行结构复核。为控制渡槽在非正常运行条件下的荷载，设计上允许特殊条件下渡槽发生满溢现象，参考灌溉工程相关标准，槽身侧墙高按式（1.5.3）确定[2]：

$$H' = \max\left\{\frac{13}{12}h + 0.05, \quad h' + 0.1\right\} \qquad (1.5.3)$$

式中：H' 为侧墙高，m；h 为设计水深，m；h' 为加大水深，m，当设有横向拉杆时，拉杆底缘应高于加大流量对应的水位。

1.5.2　渡槽结构断面

中线工程渡槽设计中，结合输水工程的特点，重点研究了以下两种断面。

1. 矩形断面

矩形渡槽过水断面为矩形，侧墙兼作渡槽纵梁，侧墙顶部设置上翼缘板，将两面侧墙的下翼缘连接成整体形成渡槽的槽底，构成输水通道。渡槽纵向荷载由两面侧墙和上下翼缘构成的整体结构承担，纵向上侧墙为纵梁的腹板，横向上侧墙为渡槽的挡水边墙。侧墙上翼缘应满足纵梁纵向弯曲时，钢筋混凝土受压区混凝土截面要求，侧墙的下翼缘（渡槽的底板）需满足作用在底板上的横向分布的水荷载形成的横向弯曲截面的设计要求；根据渡槽横向结构受力的内力分布特征，侧墙（纵梁腹板）按下厚上薄的变截面悬臂板设计，侧墙的底板则按两端厚中间薄、两端固结的横向弯曲板设计。

为减少结构自重，提高槽体结构承载能力，矩形渡槽按纵（槽跨方向）、横（渡槽底板）、竖（渡槽侧墙）三向预应力结构设计，渡槽断面设计需考虑渡槽纵、横向预应力钢筋和常规构造钢筋布置要求；渡槽跨中断面按渡槽横向水压力作用下的结构安全需要拟定；考虑到渡槽横截面上的剪力由跨中向两端逐渐增加，根据纵向抗剪需要，对侧墙和底板进行适当加厚。槽身结构断面布置见图 1.5.1。

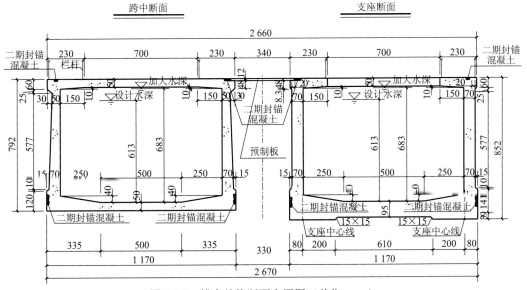

图 1.5.1　槽身结构断面布置图（单位：cm）

为提高混凝土的抗裂性能，避免在施工期和温度荷载作用下产生裂缝，槽身采用 C50F200 纤维混凝土。

2.U 形断面

U 形渡槽过水断面的形状类似 U 字形，渡槽下部为半圆形锅底，渡槽上部为直立侧墙构成的矩形断面，渡槽纵向荷载由 U 字形槽体作为整体结构承担，纵向上 U 字形槽体概化为以直立侧墙和部分锅底为腹板、以顶部加宽直立侧墙和加厚锅底为翼缘的近似工字梁；横向侧墙、锅底及槽顶横梁形成封闭框架结构，承担水压力。类似于矩形渡槽，侧墙上翼缘应满足纵梁纵向弯曲时，钢筋混凝土受压区混凝土截面要求，渡槽锅底加强部分需满足横向分布的水荷载横向弯曲要求和纵向预应力钢绞线布置要求。

为减少结构自重，提高槽体结构承载能力，U 形渡槽按纵（槽跨方向）、环向双向预应力结构设计，渡槽结构厚度需考虑渡槽纵、环向预应力钢筋和常规构造钢筋布置要求确定；根据渡槽横向结构受力的内力分布特征，U 形渡槽除顶部翼缘和锅底局部加厚外，其他壁厚按等厚度设计[3]。

渡槽跨中断面基本按渡槽横向水压力作用下的结构安全需要拟定；由于渡槽横截面上的剪力由跨中向两端逐渐增加，根据纵向抗剪需要，对壁厚进行了加厚，槽身断面见图 1.5.2。

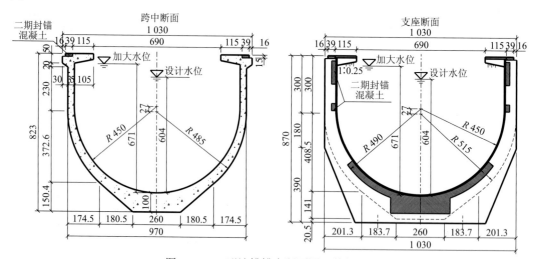

图 1.5.2 U 形渡槽槽身断面图（单位：cm）

1.5.3 渡槽输水通道数与跨度

箱体结构中承式渡槽槽体可视为支承在下部结构上的简支梁。渡槽的纵向跨度取决于简支梁的截面高度，以及作用在简支梁上的荷载。考虑到工程运行期间渡槽检修维护需要，南水北调中线总干渠大型输水渡槽独立的输水通道数不少于 2 个，且具备轮换检修条件。具体输水通道数需根据渡槽断面、施工方案、槽下净空条件，经技术经济比较确定。

当渡槽输水流量、分配给渡槽的可利用水头确定后，渡槽输水通道数越多，工程投资越大；但输水通道数量越多，单输水通道荷载越小；因此，简支梁可通过增减渡槽输水通道数来调整其跨度。

简支梁的截面高度根据输水断面要求确定，同时应满足槽下净空要求，在满足净空高度的前提下，可通过增减简支梁截面高度调整纵向跨度。当槽下净空受限时，可通过增加输水通道数降低槽体架构高度，以满足行洪要求。

输水渡槽的工程投资由上部结构、下部结构、地基处理、施工方案综合确定。根据同类工程经验，由于渡槽的地基和架空条件不同，常规渡槽的经济跨度在 25～35 m；南水北调中线工程输水渡槽工程巨大，在渡槽跨度方面进行了专门研究；对于黄河以南的大流量双通道输水渡槽，其经济跨度为 40～45 m。结合渡槽跨越河道的防洪要求和上下部结构技术经济比较，总干渠陶岔—鲁山段渡槽跨度均采用 40 m。

1.6 渡槽水流控制与建筑物设计

南水北调中线总干渠大型跨河渡槽一般由河滩明渠、裹头、进出口控制建筑物、渡槽输水槽体、支承输水槽体的下部结构和基础工程构成。

1.6.1 河滩明渠

跨河渡槽长度一般小于河道宽度，尤其是跨越大中型平原河道的渡槽，河道行洪断面多以主槽为主，对于行洪断面以外的河滩则通过修建明渠的方式与河道以外的总干渠渠道工程连接。修建在河道滩地上的明渠称为河滩明渠，根据主槽在河道中的位置及行洪条件，河滩明渠可修建在渡槽一端或渡槽两端。其过水断面为梯形，与河道两侧总干渠断面相同，纵坡也与各自连接的渠道的纵坡相同。河滩明渠需要占用分配给渡槽的水头，由于河滩明渠输水断面、纵坡与所在河岸的渠道相同，河滩明渠占用水头按式（1.6.1）确定：

$$h_0 = j \cdot S \tag{1.6.1}$$

式中：h_0 为河滩明渠占用水头，包含在分配给输水渡槽的总水头中；j 为河滩明渠纵坡，与所连接的渠道工程一致；S 为河滩明渠长度。

河滩明渠多为填方渠道。河滩明渠堤顶高程应同时满足总干渠输水和河道行洪挡水、总干渠低水位运行，以及河道行洪期间上下游水位差所导致的渠道渗流稳定控制要求。河滩明渠上下游边坡坡面防护应满足洪水期间河道水位骤降、风浪、水流冲刷等工况下的设计要求。河滩明渠端部应满足河道行洪平顺导流、坡脚防冲要求。

1.6.2　进出口渐变段

1. 渐变段的作用

为满足渡槽检修维护要求，结合总干渠水流控制，南水北调中线工程总干渠输水渡槽两端均设计有节制闸或检修闸。为使渡槽进出口闸的水流平顺过渡，改善水流条件、减少局部水头损失，在总干渠渠道（包括河滩明渠）与渡槽进出口闸之间均设置渐变段，一般情况下渡槽过水断面远小于两端梯形渠道过水断面，因此，渡槽进口渐变段称为收缩渐变段，出口渐变段称为扩散渐变段，进口收缩渐变段将进口上游渠道梯形过水断面在进口闸前调整为矩形过水断面，出口扩散渐变段将渡槽出口闸的矩形过水断面在进入下游渠道前调整为梯形过水断面。

渐变段水流边界体型选择以满足水流平顺过渡，减少局部水头损失为主要目的，设计中综合考虑地形条件、施工技术等因素确定，中线工程的进出口渐变段多结合便于施工方面考虑采用直线扭曲面渐变段。对于水头分配少、沿水流方向布置场地受限的少数渡槽也可采用曲线扭曲面渐变段。渐变段的长度根据经验公式计算确定。

2. 渐变段长度

1）直线扭曲面

直线扭曲面渐变段长度按式（1.6.2）设计：

$$L_j = K \times |B_1 - B_2| \tag{1.6.2}$$

式中：L_j 为渐变段长度；K 为系数，进口取 2.0，出口取 2.5；B_1 为渐变段进口水面宽度；B_2 为渐变段出口水面宽度。

2）曲线扭曲面

（1）进口渐变段采用 1.5 阶反弯扭曲面体型时，渐变段长度 L_{j1} 按式（1.6.3）计算：

$$L_{j1} = 1.4 |b_1 + 2m_1 \cdot h_1 - b_2| \tag{1.6.3}$$

式中：L_{j1} 为进口渐变段长度；m_1 为上游渠道边坡系数；h_1 为上游渠道水深；b_1 为上游渠道底宽；b_2 为闸室挡水前沿宽。

（2）出口渐变段采用曲线扭曲面体型时，渐变段长度 L_{j2} 按式（1.6.4）计算：

$$L_{j2} = 4.7 \frac{|b_4 - b_3|}{2} + 1.65 m_4 h_4 \tag{1.6.4}$$

式中：L_{j2} 为出口渐变段长度，若 $L_{j2} < L_{j1}$，可取 $L_{j2} = L_{j1}$；m_4 为下游渠道边坡系数；h_4 为下游渠道水深；b_3、b_4 分别为槽宽和下游渠道底宽。

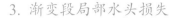

3. 渐变段局部水头损失

水流通过进出口渐变段时，由于水流过水断面调整，会产生局部水头损失，耗用总干渠分配给渐槽的总水头，进出口渐变段局部水头损失可统一按式（1.6.5）计算：

$$h_{fj} = \varphi_j \cdot \left| \frac{v_{j进}^2}{2g} - \frac{v_{j出}^2}{2g} \right| \tag{1.6.5}$$

式中：$v_{j进}$ 为渐变段进水端断面平均流速；$v_{j出}$ 为渐变段出水端断面平均流速；φ_j 为渐变段局部水头损失系数，进口渐变段局部水头损失系数取 0.10～0.15，出口渐变段局部水头损失系数取 0.20～0.25。

1.6.3　进出口闸

1. 进出口闸功能

为满足总干渠水流控制和渐槽检修维护需要，南水北调中线工程输水渐槽在其进出口分别设有节制闸和检修闸。进出口闸一般坐落在经处理的天然地基上。

渐槽进口闸一般要求具备动水启闭、分级调节开度能力，主要功能包括以下两点。

（1）在总干渠运行期间，为满足总干渠调度要求，调节渠道流量、水位或截断水流。

（2）在渐槽检修维护、应急处置期间，满足截断或控制进入渐槽槽体水流的要求。

渐槽出口闸一般要求具备动水开启、动水下闸、全开全关能力，主要功能在于配合进口闸在渐槽检修期间截断渐槽出口与下游渠道的水力联系，为排空槽体内积水创造条件。

为便于控制，中线一期工程输水渐槽进出口闸闸室配合渐槽输水通道设置为一个闸室控制一条输水通道。闸室宽度一般与渐槽过水断面相同，进出口闸闸室底板高程分别与渐槽进出口端底板高程相近。

进出口闸按无坎宽顶堰设计，闸墩采用圆形墩头。进口闸设置一套弧形工作门和一套平板检修门，出口闸设置一套平板检修门或叠梁检修门。

2. 进出口闸局部水头损失

总干渠的进出口闸按无坎宽顶堰设计，进口闸流入断面的水流经过闸墩约束后汇入闸室，流出断面的水流半顺进入渐槽连接段。因此，进口闸的局部水头损失主要为闸室圆弧进水口损失。出口闸进水端从连接段出水后平顺进入闸室，出水端则是圆弧扩散后进入出口渐变段，局部水头损失主要为圆弧墩头出口损失。

1）进口闸局部水头损失

进口闸局部水头损失按式（1.6.6）计算：

$$h_{fz1} = \varphi_{z1} \cdot \left(\frac{v_{z1进}^2}{2g} - \frac{v_{z1出}^2}{2g} \right) \tag{1.6.6}$$

式中：$v_{z1进}$ 为进口闸入闸前断面平均流速；$v_{z1出}$ 为进口闸出闸前断面平均流速；φ_{z1} 为进口闸局部水头损失系数，取 0.20。

2）出口闸局部水头损失

出口闸局部水头损失按式（1.6.7）计算：

$$h_{fz2} = \varphi_{z2} \cdot \left(\frac{v_{z2进}^2}{2g} - \frac{v_{z2出}^2}{2g} \right) \tag{1.6.7}$$

式中：$v_{z2出}$ 为出口闸出闸后断面平均流速；$v_{z2进}$ 为出口闸入闸前断面平均流速；φ_{z2} 为出口闸局部水头损失系数，取 0.5。

1.6.4　渡槽连接段

1. 连接段的功能与任务

在渡槽进出口闸与槽身段之间，根据需要设有连接段。连接段一般按架空结构设计，一端坐落在天然地基上，地基条件与闸室基础条件相同，另一端坐落在渡槽槽身段下部结构的基础上，基础条件与槽身段槽身结构的基础条件相同。连接段过水断面一端与进出口闸闸室的断面相同，另一端与渡槽主跨过水断面相同。要实现其主要功能应满足以下几个方面的要求。

（1）一般情况下，渡槽进出口闸坐落在天然地基或填筑地基上，渡槽建成后存在一定的残余沉降变形，而渡槽槽身段大多坐落在经处理的基础上，渡槽建成后残余沉降变形量较小，连接段的任务之一是协调两者的沉降变形差，避免形成错台或由错台导致的止水失效。

（2）渡槽进出口闸的过水断面为矩形断面；而槽身段的过水断面通常结合槽体结构设计确定，其过水断面不一定是矩形断面，往往存在一定的差异。因此，连接段的另一个作用是协调进出口闸和槽身段过水断面的差异，避免形成陡坎而增加局部水头损失。

（3）考虑到渡槽检修期间总干渠不停水的需要，南水北调总干渠渡槽按双通道或三通道设计；为减少进出口闸结构和地基处理工程的投资，进出口闸的输水通道通常按整体设计，两输水通道的间距较小，而渡槽段考虑到槽体施工和基础处理需要，两槽之间间距较大，进出口闸中墩宽度与渡槽间距不一样，闸室输水通道与渡槽输水通道间距不协调问题则通过连接段解决。

（4）渡槽长度根据行洪口门宽度由河道行洪要求确定，而渡槽跨度多根据施工方案和槽体结构设计成相同的跨度。因此，渡槽长度不一定刚好是槽跨的整数倍，渡槽两端连接段的长度可根据需要调整，解决槽跨与渡槽长度不协调的问题。

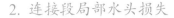

2. 连接段局部水头损失

渡槽进出口连接段局部水头损失可按式（1.6.8）计算：

$$h_{fL} = \varphi_L \cdot \left| \frac{v_{L进}^2}{2g} - \frac{v_{L出}^2}{2g} \right| \tag{1.6.8}$$

式中：$v_{L进}$ 为连接段进水端断面平均流速；$v_{L出}$ 为连接段出水端断面平均流速；φ_L 为连接段局部水头损失系数，进口连接段局部水头损失系数取 0.05，出口连接段局部水头损失系数取 0.15。

1.6.5　下部结构

渡槽的下部结构构造自上至下依次包括盖梁、槽墩、承台、基础四大部分。

1. 盖梁

盖梁位于梁式渡槽下部结构的顶部，为直接支承槽体的构件，盖梁顶部设计槽体支座和支座垫石，槽体结构自重和水荷载通过支座传递到盖梁，盖梁的主要受力特点为局部承压和冲切。盖梁长度根据槽体结构支座布置需要确定，断面结构尺寸根据构造要求、支座垫石冲切计算、悬臂梁结构受力条件确定。盖梁采用普通钢筋混凝土，按限裂设计。支座垫石高程应满足河道设计洪水下安全超高和更换渡槽支座时放置千斤顶的要求。支座垫石和支座数量根据槽体结构设计计算确定，一般不少于 4 个。

2. 槽墩

槽墩位于盖梁之下，为上部盖梁的支承体，位于盖梁与承台之间，在渡槽支座高程确定之后，主要通过槽墩高度调节盖梁与承台之间的高差。盖梁顺水流方向的长度根据槽墩厚度确定，应避免槽墩上部盖梁在槽墩周侧出现过大悬挑，恶化盖梁的受力条件。槽墩一般为轴心或小偏心承压构件，采用普通钢筋混凝土结构。槽墩结构形式主要有柱墩、实心板墩、空心板墩。空心板墩设有排除空腔内水体的排水孔，减少空心板墩内水体重量，同时降低墩体内外温差，减小出现裂缝的风险。

3. 承台

承台位于槽墩下部，是渡槽槽墩的支承构件，其主要任务是将上部竖向荷载均匀分配到其下部的扩大基础或桩基础上。承台顶高程一般根据渡槽所在断面河道河床的一般冲刷和局部冲刷条件确定，承台的底高程略低于最大局部冲刷线，同时应尽量兼顾到整体外观。承台平面尺寸根据扩大基础尺寸或桩基础布置确定，承台厚度则根据抗冲切和深梁结构计算确定。

4. 基础

根据地基承载能力和承台下传荷载选择基础形式,当承台下部为岩石地基,且地基承载能力满足要求时,可不进行专门处理,当承载能力或基础沉降变形不满足要求时,应根据需要进行地基处理,南水北调中线一期工程输水渡槽的地基处理方式有扩大基础和桩基础。当下伏基岩埋深小,基岩承载能力基本满足要求时,一般采用扩大基础;当下伏基岩埋深大,基岩承载能力较低时,多采用桩基础。根据桩周及桩底的围岩条件,桩基础大体可分为端承桩、摩擦桩、端承摩擦桩。一个承台下宜采用相同的基础形式。

1.6.6 导流防冲裹头

当渡槽两端或一端布置有河滩明渠,通过收窄河道减小渡槽长度时,在河道过流或行洪期间,水流将在河滩明渠的端部受到约束,流线弯曲,出现局部水流集中现象。为此需要在河滩明渠端部设置裹头,解决以下几个方面的水流问题。

(1)通过选择合适边界,改善行洪口门洪水过流条件,减少局部水头损失,以提高流量系数;

(2)改善水流流线弯曲程度,减少局部水流集中程度,减少傍岸冲刷水流能量;

(3)对河滩明渠端部进行防护,避免冲刷危及建筑物安全。

1.7 超大型输水渡槽施工方案

1.7.1 造槽机施工

在现代桥梁施工应用技术中,移动模架造桥机已成为桥梁主梁施工中的一种专用施工设备。针对南水北调中线一期工程超大型输水渡槽湍河渡槽和双洎河渡槽的结构布置形式,借鉴桥梁移动模架造桥机的经验,设计了一种自带模板、自行脱模、自动向前移位的移动模架造槽机[4]。移动模架造槽机属于钢模设备,它自带模板及走行机构,造槽机支承于盖梁两侧并原位现浇混凝土。

南水北调中线一期工程的湍河 40 m 跨 1 600 t 级 U 形渡槽造槽机、双洎河 30 m 跨 2 500 t 级矩形渡槽造槽机为国内最大的造槽机,其优点是立模、拆模、移位自动化,生产效率高;减少槽下河床地基处理、预压、支架拆装等大量重复的人工劳动;受下部河流过流影响小,可全年施工,减少导流工程量。缺点是一台设备只能单线逐跨施工,工期较长;设备费用较高,施工经验较少。该施工方案造槽机自动向前移位时,需要将已完成施工的槽体侧墙顶部作为造槽机移位的通道,渡槽设计中需要复核造槽机移位走行时槽体结构的安全。

1.7.2　架槽机施工

预制渡槽架槽机施工与桥梁施工中的架桥机法类似，槽身在预制场预制完成后，采用运槽车通过渡槽上部运至安装部位，架槽机提升、走行并就位，逐跨向前吊装，最后安装槽身止水。国内最大的架槽机装备为南水北调中线一期工程沙河 30 m 跨 1 200 t 级渡槽架设成套装备，其优点是：槽身预制，便于质量控制；施工经验成熟，设备操作简单，架设速度快，施工强度高；无须进行槽下河床地基处理。沙河渡槽采用场内预制、蒸汽养护，由架槽机架设就位，缺点是：设备费用较高，包括预制吊装设备、运槽设备及架槽机等；只能逐跨向前施工，工期较长，止水后期安装要求较高。渡槽拼装过程中需要将已拼装就位的槽体作为架槽机的走行通道，渡槽槽体结构设计中需要复核运槽对已架设槽体结构安全的影响。

1.7.3　满堂支架施工

满堂支架施工是先进行支架地基处理，然后架设组拼钢管支架，待支架完成后，在其上部组拼钢模板（局部断面为木模板），架立钢筋，浇筑槽身混凝土。其优点为施工经验成熟可靠，可逐跨或多跨间隔施工，施工组织灵活，施工机械可轻型化，不需要大型配套设备。南水北调中线工程中长度较短的大断面渡槽，多采用满堂支架施工方案，如刁河渡槽、严陵河渡槽和澧河渡槽等。该施工方案的缺点是由于渡槽自重荷载大，为避免发生不可控的地基沉降变形，支架基础需要进行处理，以满足地基承载力要求。槽身与支架地基之间的净空一般控制在 15 m 以内；模板及支架量大，周转周期长。另外，该方案导流工程量大，汛期一般不能施工。

1.7.4　土牛法施工

土牛法施工是将土石方夯填到槽身下部全部空间以作为模板支承的方法。该方法的优点是：技术简单成熟、稳定性好、周转性材料投入小、施工简单、便于控制。中线一期工程十二里河渡槽长度短，施工导流任务简单，河床深度小，成功采用土牛法施工。

该施工方案存在以下几个方面的缺点：土石方回填与河道清理工程量大，回填料获取难度大，河道清理产生的大量弃渣需要妥善处理；由于回填高度大，占用时间长，受汛期河道行洪安全影响，工期局限性大。施工中应结合河道行洪、施工导流、土料开采与弃渣条件综合确定施工时段；具体施工时可与满堂支架施工方案结合使用，以取得较好的经济效果。

第 2 章

超大型输水渡槽关键技术

2.1 梁式渡槽经济跨度研究

渡槽的经济槽跨与断面和下部结构有着密切关系,在多座三向预应力宽浅薄壁式开口箱体渡槽原型设计的基础上,考虑材料性能和渡槽结构构造要求,引入各组成部分价格参数,建立了主体工程费用与渡槽断面及跨度的多参数方程,通过极值求解快速获得渡槽经济跨度,为大型薄壁式开口箱体渡槽经济跨度选择提供了便捷、实用的理论模型。

2.1.1 梁板一体梁式渡槽特点

南水北调中线工程穿越地区的河流多为宽浅型,采用渡槽跨越河流时受限于渡槽底部净空要求,多采用宽浅式的梁板一体梁式渡槽,该类型渡槽一般为底部不专门设置纵梁的三向预应力矩形渡槽。梁板一体梁式渡槽槽身底板较多纵梁式渡槽厚,以满足纵横向预应力钢筋的布置要求,同时起到纵向承载的作用。

梁板一体梁式渡槽因体型宽浅,为了满足纵向承载的刚度要求,底板较厚,纵向和横向预应力钢筋配置较多。

2.1.2 河道行洪要求

采用渡槽跨越河流时,槽墩将不可避免地对天然河道的行洪造成一定程度的影响,影响程度与槽墩占用的行洪断面面积和槽墩数量直接相关。渡槽跨度越小,河道中槽墩数量越多,对行洪的影响越大。因此,从防洪影响角度,以及尽量减少工程建设对当居民生产、生活的影响考虑,渡槽跨度宜大不宜小。

为满足河道行洪要求，南水北调中线工程跨越河流的渡槽槽下净空满足 1.2.1 小节的要求。

2.1.3 渡槽主体工程费用及其与跨度的关系

渡槽主体工程费用分为上部结构费用和下部结构费用。

1. 上部结构费用分析

上部结构费用主要为槽体混凝土、普通钢筋、横竖向预应力钢绞线及纵向预应力钢绞线的费用。

槽体混凝土和普通钢筋的工程量取决于槽体断面尺寸。槽跨变化对渡槽断面尺寸的影响大体可分为如下两种情况。

（1）当渡槽跨度在一定范围内发生变化时，槽体受压区应力不超过混凝土抗压强度控制标准，槽体纵向预应力钢绞线的配置在构造上不需要额外的空间。此时，槽体混凝土方量、普通构造钢筋和底板横向预应力钢绞线配置均由构造要求与横截面应力控制要求确定，跨度变化影响甚微。跨度大小主要影响纵向预应力钢绞线配置量，槽体两端一定区域内的槽壁竖向预应力钢绞线需根据跨度变化对剪力的贡献大小进行调整。

（2）当渡槽跨度超过某一限值时，按构造要求确定的渡槽断面可能出现槽体受压区应力超过混凝土抗压强度控制标准或纵向预应力钢绞线布置数量较多需要提供额外空间的情况。此时，需要适当加大槽体混凝土结构尺寸，以满足受压区应力控制要求和纵向预应力钢绞线布置要求。在这种情况下，槽体结构混凝土工程量、纵向预应力钢绞线配置量、槽体两端一定区域内的槽壁竖向预应力钢绞线配置与渡槽跨度直接相关。

陶岔—鲁山段总干渠梁式渡槽的断面尺寸设计均属第一种情况，此时断面尺寸由构造要求和横截面应力控制要求确定。因此，上部结构费用中与跨度相关的费用主要为纵向预应力钢绞线的费用。纵向预应力钢绞线配置量与跨度的关系可按以下步骤推算。

根据简支梁结构内力与荷载的关系，渡槽纵向跨中弯矩可按式（2.1.1）计算：

$$M = 0.125ql^2 \tag{2.1.1}$$

式中：M 为跨中弯矩，t·m；q 为渡槽槽体自重和水荷载，t/m；l 为跨度，m。

根据材料力学，渡槽底缘应力按式（2.1.2）计算：

$$\sigma_{m0} = \frac{M}{I_y} y_0 \tag{2.1.2}$$

式中：σ_{m0} 为渡槽自重和水产生的底缘正应力，t/m²；I_y 为渡槽跨中断面惯性矩，m⁴；y_0 为截面底缘与形心轴的距离，m。

纵向预应力钢绞线在渡槽底缘产生的应力可近似按式（2.1.3）计算：

$$\sigma_{s0} = -\alpha F \left(\frac{1}{A} + \frac{\delta}{I_y} y_0 \right) \tag{2.1.3}$$

式中：σ_{s0} 为纵向预应力作用下渡槽底缘的正应力，t/m²；α 为预应力利用系数；A 为跨中断面截面面积，m^2；F 为预应力，t；δ 为钢绞线与形心的距离，m。

在施加纵向预应力后，渡槽底缘的应力按式（2.1.4）计算：

$$\sigma_0 = \frac{0.125ql^2}{I_y}y_0 - \alpha F\left(\frac{1}{A} + \frac{\delta}{I_y}y_0\right) \tag{2.1.4}$$

式中：σ_0 为渡槽底缘正应力，t/m^2。

根据渡槽纵向预应力钢绞线布置，单跨纵向预应力钢绞线费用与总预压力存在以下关系：

$$G_g = R_g l A_g = R_g l \frac{F}{f_g} \tag{2.1.5}$$

式中：G_g 为单跨纵向预应力钢绞线费用，元；R_g 为钢绞线价格系数；A_g 为钢绞线面积，cm^2；f_g 为钢绞线设计强度，t/cm^2。

渡槽底缘应力控制标准为 $\sigma_0 \leqslant [\sigma_0]$，根据式（2.1.4）整理后，单跨纵向预应力钢绞线费用与跨度存在以下关系：

$$G_g \geqslant l(0.125ql^2 Ay_0 - [\sigma_0]AI_y)\frac{R_g}{\alpha f_g(I_y + \delta Ay_0)} \tag{2.1.6}$$

式中：$[\sigma_0]$ 为混凝土允许拉应力，渡槽按不出现裂缝设计，$[\sigma_0]$ 取 0。

A、I_y、y_0、q 主要与渡槽断面结构形式及水体重量有关，与槽跨大小无关，而 δ、α 与纵向预应力钢绞线布置区域及预应力钢绞线有效系数有关，跨度变化对其影响甚微，就跨度比较而言，均可视为常数。单跨纵向预应力钢绞线费用与渡槽跨度的关系可简单表达为

$$G_g \geqslant A_0 l^3 - B_0 l \tag{2.1.7}$$

式中：G_g 为单跨纵向预应力钢绞线费用，元；$A_0 = 0.125qAy_0 R_g /[\alpha f_g(I_y + \delta Ay_0)]$；$B_0 = [\sigma_0]AI_y R_g /[\alpha f_g(I_y + \delta Ay_0)] = 0$。

渡槽全长纵向预应力钢绞线工程费用为

$$G_{gq} = (A_0 l^3 - B_0 l)\frac{s}{l} = (A_0 l^2 - B_0)s \tag{2.1.8}$$

式中：G_{gq} 为渡槽全长纵向预应力钢绞线工程费用，元；s 为槽长，m。

2. 下部结构费用分析

渡槽下部结构工程大体可分为两部分。

第一部分为有效桩长范围内桩基工程部分和渡槽支座，该部分主要与渡槽所跨越河道的地层结构和槽体下传荷载有关，就整个渡槽而言，槽跨变化对上部结构下传的总荷载影响甚微，因此在槽跨比较中可近似视为其与槽跨无关。

第二部分是渡槽桩基以上的横缝止水、盖梁、槽墩、承台、有效桩长以上部分桩体所组成的工程部分。就单个槽墩而言，该部分工程量主要由构造要求确定，尽管与渡槽下传荷载有一定的关系，但影响较小，在进行槽跨比较中可近似认为其与槽跨无关，但槽跨大小影响槽墩数量。因此，该部分结构工程费用大体可按式（2.1.9）估算：

$$G_n = R_n \frac{s}{l} \tag{2.1.9}$$

式中：G_n 为下部结构第二部分费用，元；R_n 为单跨下部结构第二部分费用，元。

结合陶岔—鲁山段渡槽工程布置和下部结构设计，单跨下部结构第二部分工程费用 R_n 详见表 2.1.1。

表 2.1.1   单跨下部结构第二部分工程费用

序号	渡槽位置	单跨下部结构第二部分工程费用 R_n/元
1	刁河	884 488
2	严陵河	901 366
3	十二里河	861 995
4	贾河	929 899
5	草墩河	931 460
6	澧河	776 017

3. 渡槽主体工程费用与跨度的关系

渡槽主体工程费用为 G_{gq}、G_n、G_0 之和。其中，G_0 为对全渡槽而言与渡槽跨度无关的槽体结构费用，包括结构混凝土、普通构造钢筋、横向和竖向预应力钢绞线、有效桩长部分桩体工程等的费用。根据渡槽总体工程投资与跨度的关系，渡槽主体工程费用可近似表达为[5]

$$G = G_0 + \left(A_0 l^2 - B_0 + \frac{R_n}{l} \right) s \tag{2.1.10}$$

式中：G 为渡槽主体工程费用，元；G_0 为与跨度无关部分的费用，元。

当渡槽跨度发生变化时，渡槽段上下部结构主体工程费用变化可近似表达为

$$\Delta G = \left(2A_0 l_0 - \frac{R_n}{l_0^2} \right) s \Delta l \tag{2.1.11}$$

令 $\Delta G = 0$，则

$$l_0 = \sqrt[3]{0.50 \frac{R_n}{A_0}} \tag{2.1.12}$$

式中：l_0 为经济槽跨；Δl 为槽跨变化。

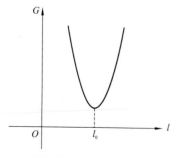

图 2.1.1   渡槽主体工程费用与跨度的关系曲线

渡槽主体工程费用与跨度的关系曲线见图 2.1.1。

当选择的渡槽跨度小于 l_0 时，增加渡槽的跨度可减少工程费用。当渡槽跨度大于 l_0 时，增加渡槽跨度将导致渡槽主体工程费用增加。当渡槽跨度在 l_0 附近取值时，渡槽主体工程费用最小，且工程投资对跨度变化不敏感。陶岔—鲁山段各渡槽最优跨度比较见表 2.1.2。

表 2.1.2　陶岔—鲁山段各渡槽最优跨度比较

渡槽位置	A_0	R_n/元	l_0/m
刁河	6.63	884 488	40.57
严陵河	6.69	901 366	40.70
十二里河	6.43	861 995	40.61
贾河	6.59	929 899	41.31
草墩河	6.45	931 460	41.65
澧河	4.74	776 017	43.42

对主体工程投资来说最优的槽跨为 40~43 m。从偏安全和经济方面综合分析，渡槽跨度宜在 35~45 m 选取。

2.1.4　渡槽施工方法与跨度的关系

1. 渡槽上部结构施工

在渡槽施工方法研究上，参考桥梁施工经验，结合输水渡槽严格的防水特性要求，渡槽施工可采用的方法主要有架槽机预制吊装、满堂支架现浇、造槽机现浇等。对于大型渡槽，由于断面结构大，渡槽的重量与跨度呈线性关系，跨度越大，单槽重量越大，施工难度越大。为此，对上述施工方法进行了比选。经过比较，除湍河渡槽采用造槽机现浇方案施工外，其余渡槽大多采用满堂支架现浇方案施工。满堂支架一般可适用于各种跨度的渡槽施工，其制约因素主要取决于渡槽跨越河道的施工导流条件，渡槽施工临时工程费用主要由渡槽沿线地基条件和施工导流条件确定，渡槽槽体架构施工中的临时工程费用对跨度变化不敏感。

2. 渡槽下部结构施工

渡槽下部结构施工临时工程费用主要发生在承台施工时的基坑支护等方面，槽跨越小，渡槽槽墩越多，基坑数量越多，临时工程费用越高。因此，就渡槽下部结构施工而言，较大的跨度较为有利。此外，下部结构施工费用与技术难度及槽体施工方法没有直接关系，无论哪种槽体施工方案都差别不大。

2.1.5　渡槽跨度选择与设计

1. 跨度选择

（1）跨度越大，对当地防洪、居民生产生活影响越小。

（2）综合考虑防洪、施工难度、经济性和结构安全性，陶岔—鲁山段大型输水渡槽主槽跨度选用技术经济条件较好的 40 m。

（3）除湍河渡槽以外，其余渡槽长度较小，均采用满堂支架现浇方案施工，施工技术上无制约因素。

2. 跨度设计中相关因素分析

从防洪、经济性、安全性等方面进行综合比较选定了 40 m 渡槽跨度。但在具体槽体结构设计时，考虑到支座截面局部应力复杂及槽端剪应力较大等特点，结合槽体结构应力分析成果，支座附近渡槽断面需要适当加强，同时考虑渡槽断面沿纵向上的变化，对澧河大型矩形渡槽进行了系统结构设计和应力分析比较。

1）不同跨径应力状态对比

为保证渡槽结构的稳定性和耐久性，对 40 m 跨和 30 m 跨应用三维有限元程序进行了各种工况的计算分析，比较了两者结构的应力状态。计算结果表明，40 m 跨和 30 m 跨应力分布规律基本一致。40 m 跨和 30 m 跨最大主拉应力分别为 1.13 MPa 和 1.41 MPa；40 m 跨和 30 m 跨最大主压应力分别为 14.14 MPa 和 13.7 MPa。从槽体结构应力控制角度考虑，对于 30 m 跨和 40 m 跨的槽体结构，可通过调整预应力束布置，将其拉应力控制在同等水平，其结构应力均属可控状态。

2）不同跨径温度效应分析

为分析不同跨度对温度荷载的影响，分别对 40 m 跨和 30 m 跨温降与温升工况中由温度荷载产生的应力进行分析，由表 2.1.3 可见，40 m 跨和 30 m 跨温度荷载产生的应力基本相当，即温度荷载与纵向跨度的关系不明显。

表 2.1.3 温度作用下不同跨度的应力成果

温度荷载	跨度/m	底板纵向应力/MPa				腹板竖向应力/MPa	
		跨中内壁	跨中外壁	角隅内壁	角隅外壁	下角隅内壁	下角隅外壁
温降	40	-1.54	1.37	-1.17	1.18	-0.81	0.94
	30	-1.57	1.35	-1.15	1.15	-0.83	0.94
温升	40	0.27	0.06	0.46	0.36	0.4	-0.48
	30	0.28	0.06	0.45	0.36	0.44	0.49

注：受拉为正，受压为负。

3）不同跨径工程量及投资比较

在槽长相同（540 m）的情况下，30 m 和 40 m 跨径的主要工程量及投资对比见表 2.1.4，表 2.1.4 中工程量及投资为上下部结构之和。

表 2.1.4　40 m、30 m 跨径主要工程量及投资对比

方案	槽径布置/m	混凝土/m³				钢绞线/t	钢筋/t	投资/万元
		C50	空心板墩	承台	桩基			
			C40	C30	C25			
40 m 跨径	40×12+30×2	21 916	11 920	14 308	31 174	1 360	8 128	11 324
30 m 跨径	30×18	23 325	14 660	17 596	31 926	1 232	8 969	11 904

由于槽体两端渐变段和支座端头的长度在 30 m 跨径中所占比例大于 40 m 跨径，所以 30 m 跨径槽体工程量较多，槽墩数及相应的下部结构工程量也较多。而跨度增大会引起自重和水荷载的纵向应力增加，纵向钢绞线相应增加，故 40 m 跨径的钢绞线量大于 30 m 跨径。

从综合比较来看，40 m 跨径的工程投资略优于 30 m 跨径。

2.2　单参数预应力损失计算理论及参数测试方法

2.2.1　单参数预应力损失计算理论

后张法构件在张拉预应力钢筋时由于钢筋与孔道壁之间的摩擦作用，张拉端到被拉端的实际预拉应力值逐渐减小，该预应力损失包括两部分：一部分为预留孔道中心与预应力钢筋（束）中心的偏差引起的两种材料间的摩阻力；另外一部分为曲线预应力钢筋对孔道壁的径向压力引起的摩阻力。国内外各种规范将该部分预应力损失均以式（2.2.1）表达：

$$\sigma_l = \sigma_{con}[1 - e^{-(\mu\theta + \kappa x)}] \qquad (2.2.1)$$

式中：σ_{con} 为预应力钢筋张拉控制应力；μ 为预应力钢筋与孔道壁之间的摩擦系数；θ 为从张拉端至计算截面曲线孔道部分切线的夹角；κ 为孔道单位长度局部偏差的摩擦系数；x 为张拉端与计算截面的距离。

式（2.2.1）表明，对于曲线预应力钢筋，影响预应力损失的参数有两个，即预应力钢筋与孔道壁之间的摩擦系数 μ 和孔道单位长度局部偏差的摩擦系数 κ。根据相关规范要求，在重要的大型工程中应根据现场实测值调整以上两个参数，现场测试一般根据多束预应力钢筋的张拉端及被拉端的钢筋拉力，进行二元线性回归进而反演推算。以上方法比较烦琐，制约因素多，测试结果不精确，甚至失真。

为解决以上问题，可将传统的曲线预应力钢筋摩擦损失计算公式变形调整为

$$\sigma_l = \sigma_{con}[1 - e^{-(\mu\theta + \kappa x)}] = \sigma_{con}[1 - e^{-(\mu + \kappa r)\theta}] \qquad (2.2.2)$$

式中：r 为曲线预应力钢筋曲率半径。

令 $\mu + \kappa r = \mu'$，则

$$\sigma_l = \sigma_{con}(1 - e^{-\mu'\theta}) \qquad (2.2.3)$$

式（2.2.3）将影响预应力损失的两个因素归结为一个综合摩阻系数 μ'，曲线预应力钢筋的预应力损失计算参数由传统的双参数简化为单参数，简化了预应力损失的计算，方便了曲线预应力钢筋摩擦系数的现场原位测试，使得曲线预应力钢筋摩擦系数的测试和计算更具操作性。

2.2.2　单参数（综合摩阻系数）测试方法

根据张拉过程中锚索两端测力计的测值反演得到曲线预应力钢筋与孔道壁之间的综合摩阻系数，并用钢筋的伸长值进行校核。张拉过程中预应力钢筋两端的拉力可以用式（2.2.4）表达：

$$T = T_0 e^{-\mu'\theta} \tag{2.2.4}$$

式中：T 为被拉端预应力钢筋拉力；T_0 为张拉端预应力钢筋拉力；μ' 为综合摩阻系数。

式（2.2.4）经变换可得

$$\mu' = \frac{1}{\theta} \ln \frac{T_0}{T} \tag{2.2.5}$$

由式（2.2.5）可见，对于既定的一束预应力钢筋，其综合摩阻系数与张拉完成后张拉端和被拉端的拉力有关。对于薄壁 U 形渡槽，其环向预应力钢筋为直段加半圆的形式，因此 θ 为 π。可采用预应力钢筋伸长值通过式（2.2.6）复核反演得到的综合摩阻系数：

$$\Delta = \frac{T_0 L_0}{E_Y A_Y} + \frac{T_0 L_1}{E_Y A_Y} e^{-\pi\mu'} + \frac{T_0 r}{E_Y A_Y \mu'} (1 - e^{-\mu'\pi}) \tag{2.2.6}$$

式中：Δ 为预应力钢筋的伸长值；L_0 为张拉端预应力钢筋直线段长度；L_1 为被拉端预应力钢筋直线段长度；E_Y、A_Y 分别为预应力钢筋弹性模量与面积。

综合摩阻系数测试试验仪器组装顺序如下。

被拉端：工具锚—千斤顶（设置一定行程）—测力计。

张拉端：工具锚—千斤顶—工作锚—测力计，见图 2.2.1。

图 2.2.1　综合摩阻系数测试试验仪器组装件

具体的操作步骤如下。

（1）先安装被拉端成套仪器，再安装张拉端的测力计、工作锚及夹具，然后对每束预应力钢筋进行单根预紧。

（2）测读相关数据，包括两端预应力钢筋的自由长度、工具锚与锚垫板的距离、千斤顶活塞顶与锚垫板的距离、测力计读数和油泵油压值。

（3）整束预应力钢筋张拉。按 $0.2F$（F 为张拉控制力）、$0.4F$、$0.6F$、$0.8F$ 和 $1.0F$ 五级对张拉端等速加载，加载速度为 100 MPa/min。每级张拉到位后持荷 2 min，持荷期间重复第（2）步测读。

（4）锚固。在完成第五级张拉和测读后，张拉端千斤顶回油，预应力钢筋（束）实现锚固。锚固 1 h 后，再次重复第（2）步测读。

（5）被拉端千斤顶回油，卸下张拉设备及锚索测力计，测试完毕。

2.2.3　试验验证

对湍河渡槽准备性试验槽上编号为 A1、A5 和 B5 的三索环向预应力钢筋进行了综合摩阻系数的测试，试验测试索的分级张拉测力成果见表 2.2.1。

表 2.2.1　A1、A5 和 B5 三索环向预应力钢筋张拉测力成果

张拉分级	A1		A5		B5	
	被拉端测力/kN	张拉端测力/kN	被拉端测力/kN	张拉端测力/kN	被拉端测力/kN	张拉端测力/kN
第一级（110 kN）	96.76	113.60	85.24	108.71	93.47	108.71
第二级（220 kN）	177.47	219.72	175.82	219.72	185.70	222.98
第三级（330 kN）	274.64	330.73	277.93	330.73	277.93	328.46
第四级（440 kN）	373.46	438.47	363.58	438.47	373.46	438.47
第五级（550 kN）	472.28	549.48	464.05	549.48	472.28	549.48

经过反演得到 A1、A5 和 B5 三索环向预应力钢筋与孔道壁的综合摩阻系数分别为 0.047 4、0.048 2、0.048 2。采用反演得到的综合摩阻系数对 110 kN、550 kN 两级荷载之间的预应力钢筋计算伸长值与实测伸长值进行对比，成果见表 2.2.2。

表 2.2.2　预应力钢筋伸长值对比表

编号	实测伸长值ΔL_1/mm	计算伸长值ΔL_2/mm	$[(\Delta L_2 - \Delta L_1)/\Delta L_2]$/%
A1	108.31	109.81	1.37
A5	106.80	109.33	2.31
B5	108.88	109.60	0.66

从表 2.2.2 中数据可以看出，利用反演得出的综合摩阻系数计算的预应力钢筋伸长值与实测伸长值比较吻合。

试验结果说明，单参数预应力损失计算理论是正确的，计算结果可靠，试验方法简单易行，在类似工程中有较高的推广价值。

2.3 分区折线形温度荷载分布模型

在渡槽和桥梁结构设计中温度荷载是一项非常重要的荷载，也是一项非常复杂、影响因素众多的荷载。其中，桥梁的温度荷载研究已经有近百年的历史，世界各国的桥梁规范基于研究成果提出了各自不同的温度荷载模式，设计依据的《公路桥涵设计通用规范》（JTG D60—2015）和《铁路桥涵钢筋混凝土和预应力混凝土结构设计规范》（TB 10002.3—2005）（现已作废）也提出了不一样的温度荷载模式。渡槽作为输水结构，温度边界除了类似于桥梁的大气边界外，还有一个重要的水边界，短时期槽内水可以近似为恒定流，水温近乎恒定，但渡槽内水位是变动的，而且还需要考虑检修，即无水工况，因此，渡槽的温度荷载模式比桥梁更复杂。截至目前，国内外鲜见有关渡槽温度荷载研究的报道，更没有公认的温度荷载模式。

结合湍河渡槽1:1仿真试验，针对渡槽温度荷载开展了现场试验研究。分别于2012年8月、2013年1月、2013年3月、2013年11～12月及2014年1～2月多个时期对1:1仿真试验槽进行了温度荷载测试试验。试验期间经历了夏季高温季节、冬季低温季节及气候相对温润的春季，涵盖了阴、晴、雨、雾等天气，共获得了201组槽身温度及应力测试数据[6]。试验期间水温及气温相关统计见表2.3.1。

表2.3.1 试验期间水温及气温统计表 （单位：℃）

项目	最高气温	最低气温	最高水温	最低水温	最大气/水温差	最大表/底层水温差
值	33.0	-4.4	16.7	4.0	12.4	1.8

2.3.1 气温与水温及槽体温度的关系

1. 水温与气温的关系

对观测数据分析可知，槽中水温随着气温的变化而波动，主要表现为水温随旬平均气温或月平均气温的变化而变化，水温对短时期内或某天的气温波动不敏感。

以2013年11月28～29日为例（表2.3.2），这两天实际测得的日平均气温约为8℃，水温约为10℃，气温日波动均达到17℃，相对于气温的剧烈波动，实测水温在这两天变化相对平缓，水温日波动约为0.4℃，但由于水温较日平均气温高，水温略有下降，降幅约0.5℃。同时，观测结果也表明，自11月底至1月20日前后槽中水温基本一直处于下降过程中，在1月19日测得水温约为4.5℃，这一变化过程与邓州多年月平均气温自11月底到1月20日前后一直处于下降过程是吻合的。

表 2.3.2　2013 年 11 月 28～29 日水温与气温的关系

时间	天气	现场气温/℃	槽底水温/℃	中部水温/℃	顶部水温/℃	水深/m
2013-11-28 03：00	晴	0.0	10.2	10.3	10.4	6.47
2013-11-28 07：30	晴	8.0	10.0	10.2	10.2	6.47
2013-11-28 10：30	晴	11.0	10.0	10.1	10.1	6.47
2013-11-28 14：30	晴	17.0	10.0	10.2	10.2	6.47
2013-11-28 15：30	晴	7.0	10.2	10.2	10.3	6.47
2013-11-29 03：00	晴	-1.0	9.7	9.8	9.8	6.47
2013-11-29 08：00	晴	13.0	9.6	9.8	9.8	6.47
2013-11-29 12：30	晴	16.0	9.6	9.8	10.2	6.47
2013-11-29 19：00	晴	4.0	9.4	9.8	9.8	6.47

2. 槽体温度与气温的关系

根据观测数据，槽体以水为边界的结构内壁的温度与水温一样比较稳定且与水温接近；以大气为边界的结构外壁，其向阳面温度与大气温度一样变幅较大，而阴面温度较向阳面变幅小，但较以水为边界的结构内壁变幅大，变幅居两者之间。槽体温度梯度以日为单位呈周期性变化。

以 2013 年 11 月 28～29 日为例，槽体温度参见表 2.3.3、表 2.3.4，结果表明，槽体内壁温度与水温接近，测值为 8.1～10.9℃，变幅为 2.8℃；槽体外壁，向阳面温度测值为 5.2～15.7℃，变幅为 10.5℃，阴面温度测值为 3.4～8.8℃，变幅为 5.4℃。

表 2.3.3　2013 年 11 月 28～29 日槽体 1#断面向阳面温度　　（单位：℃）

时间	测点编号（测点与内壁的距离）							
	T1-4（2 cm）	T1-5（5 cm）	T1-6（10 cm）	T1-7（15 cm）	T1-8（20 cm）	T1-9（25 cm）	T1-10（30 cm）	T1-11（33 cm）
2013-11-28 03：00	10.2	10.0	9.6	9.0	8.2	6.9	5.7	5.2
2013-11-28 07：30	9.6	9.2	8.6	8.1	7.6	7.7	8.7	9.4
2013-11-28 10：30	9.9	9.6	9.5	9.7	10.2	11.7	13.1	14.4
2013-11-28 14：30	10.4	10.6	10.9	11.5	12.4	13.9	15.3	15.7
2013-11-28 15：30	10.9	12.1	11.9	12.4	12.8	13.3	14.0	12.6
2013-11-29 03：00	10.0	9.8	9.5	9.1	8.4	7.3	6.0	5.8
2013-11-29 08：00	9.3	8.9	8.4	7.8	7.5	7.6	8.6	9.2
2013-11-29 12：30	9.9	10.0	10.3	11.0	11.9	13.8	15.8	16.5
2013-11-29 19：00	10.5	11.0	11.5	11.8	11.8	11.4	10.8	10.7

注：测点位置为 1#断面，向阳面槽身直段底 0°角位置。

表 2.3.4　2013 年 11 月 28～29 日槽体 1#断面阴面温度　　　　（单位：℃）

时间	测点编号（测点与内壁的距离）							
	T1-38 （2 cm）	T1-39 （5 cm）	T1-40 （10 cm）	T1-41 （15 cm）	T1-42 （20 cm）	T1-43 （25 cm）	T1-44 （30 cm）	T1-45 （33 cm）
2013-11-28 03：00	9.5	9.0	8.2	8.0	6.5	4.1	4.9	3.4
2013-11-28 07：30	8.9	8.3	7.3	7.0	5.5	3.3	4.4	3.4
2013-11-28 10：30	9.0	8.3	7.3	7.2	6.2	4.9	6.8	6.9
2013-11-28 14：30	9.2	8.7	8.0	8.2	7.6	6.7	8.7	8.8
2013-11-28 15：30	9.4	9.1	8.5	8.9	8.3	7.3	8.9	8.2
2013-11-29 03：00	8.4	8.1	7.6	7.4	5.9	3.7	4.6	3.0
2013-11-29 08：00	8.5	7.9	6.9	6.7	5.2	3.1	4.3	3.4
2013-11-29 12：30	8.6	8.0	7.2	7.2	6.4	5.3	7.2	7.3
2013-11-29 19：00	9.0	8.8	8.1	8.3	7.3	5.7	7.0	5.8

注：测点位置为 1#断面，阴面槽身直段底 0°角位置。

　　同时，监测结果也表明，气温变化过程与槽体温度变化过程不一定同步，一般而言，槽体温度最高点出现的时间较气温最高点出现的时间有一定的滞后，且滞后时间不定，但影响槽体温度的因素众多，除气温外还有日辐射量、风速和空气湿度等，另外还受热传导速度的影响，因此也有可能出现槽体温度最高点与气温最高点基本同时出现的情况。图 2.3.1 为 2013 年 12 月 11 日 2 时至 2013 年 12 月 14 日 20 时气温与槽体向阳面外壁测点温度过程线，结果显示，2013 年 12 月 11 日及 12 日槽体最高温度出现的时间较最高气温出现的时间晚 4～6 h，12 月 13 日及 14 日槽体最高温度出现的时间和最高气温出现的时间基本一致。

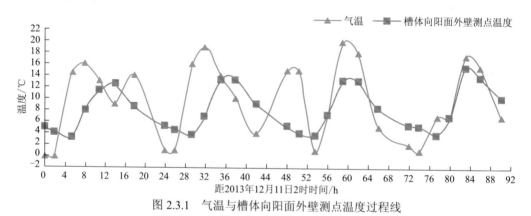

图 2.3.1　气温与槽体向阳面外壁测点温度过程线

2.3.2　运行工况温度梯度分布规律

　　从观测数据可知，对于渡槽这种薄壁结构，温度梯度对槽身的影响具有以日为周期的周期性变化特点，故运行工况槽身温度梯度分布规律拟选取典型的观测日进行研究。

根据气象学的定义，寒潮是冬季的一种灾害性天气，习惯上被称为寒流，指某一地区冷空气过境后，气温在 24 h 内下降 8 ℃以上，且最低气温下降到 4 ℃以下；或者在 48 h 内气温下降 10 ℃以上，且最低气温下降到 4 ℃以下；又或者在 72 h 内气温下降 12 ℃以上，且最低气温下降到 4 ℃以下的天气。2013 年 12 月 10～14 日，实测的最高气温为 16～20 ℃，最低气温为 0～1 ℃，日温差均不小于 16 ℃，因此，12 月 10～14 日都经历了气象学上的寒流过程和明显的温升过程。其中，2013 年 12 月 13 日，天气预报为晴天，天气晴朗，气温为 -2～11 ℃，无持续风向，风速小于 3 级；现场实测捕捉到当日最低气温为 1.0 ℃（7:00），最高气温为 20.0 ℃（13:00），实测最大温差为 19 ℃，为试验测试期内捕捉到的最大温差日，故选取这一天作为典型进行渡槽运行工况温度梯度的分析。

2013 年 12 月 13 日，槽内水温约为 7.7 ℃，水深为 6.44 m。本日观测 7 次，分别是 2:00、4:20、7:30、10:00、13:00、16:00、20:00。选跨中断面重点研究。由于槽身的水边界温度比较稳定，大气边界温度随气温变化明显，而本日大气温度变化范围为 1.0～20.0 ℃，相对于内部稳定的水温 7.7 ℃，槽身外壁有 -6.7～12.3 ℃的温降和温升过程。2013 年 12 月 13 日各观测时刻气温见表 2.3.5。

表 2.3.5　2013 年 12 月 13 日各观测时刻气温统计表

观测时刻	2:00	4:20	7:30	10:00	13:00	16:00	20:00
温度/℃	15.0	15.0	1.0	7.0	20.0	18.0	5.0

观测结果显示，2013 年 12 月 13 日 7:30 为最低温度观测时刻，13:00 为最高温度观测时刻，当日平均气温约为 10.25 ℃。4:20～7:30 存在明显的温降，温降速率约为 4.42 ℃/h；10:00～13:00 存在明显的温升，温升速率约为 4.33 ℃/h。

1. 向阳面槽身温度分布规律

槽身向阳面 0°角及 45°角位置一天中不同时刻沿壁厚方向的温度分布见图 2.3.2、图 2.3.3。槽身的水边界温度比较稳定，大气边界温度随日照及气温变化相对明显，槽身在 10:00 及 20:00 处于气温相对平稳时期，壁厚方向的温度梯度不明显，而在气温急剧变化后的 7:30 及 13:00 温度梯度明显，测试断面在 13:00 左右达到最高温度。

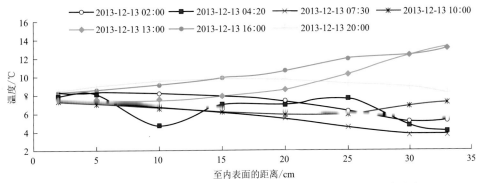

图 2.3.2　2013 年 12 月 13 日槽身向阳面 0°角位置壁厚方向的温度分布

水深为 6.44 m

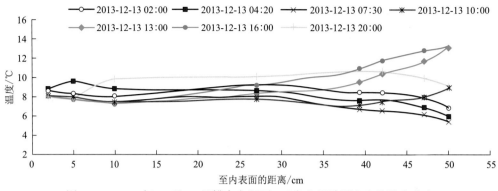

图 2.3.3　2013 年 12 月 13 日槽身向阳面 45° 角位置壁厚方向的温度分布

水深为 6.44 m

图 2.3.2 显示，槽身向阳面 0° 角位置在太阳辐射强度最大的时间段 13:00 左右，气温明显上升，同时槽体日照温度梯度也最大，实测最大梯度温升约为 6.0℃，气温急剧变化影响的深度大约为 15 cm，壁厚方向温度梯度近折线分布，在向阳面 15 cm 厚度范围内呈直线分布，断面其余部分温度梯度不明显；随后槽体表面最高温度基本不再升高，而影响深度继续加深，最终影响到整个断面，约为 35 cm，整个断面的温度梯度近直线分布。在 4:20~7:30 出现明显温降的过程中槽体壁厚方向也出现了一定的温度梯度，实测最大梯度温降约为 4.0℃，整个断面温度梯度近直线分布。

图 2.3.3 显示，槽身向阳面 45° 角位置槽体温度梯度演变过程基本与 0° 角位置相同。太阳辐射强度最大的时间为 13:00，气温急剧变化影响的深度大约为 15 cm，实测最大梯度温升约为 6.0℃，在随后的温度调整过程中，气温最终的影响深度约为 40 cm。整个过程沿着断面厚度方向温度梯度近折线分布。凌晨至早上的温降过程中，槽体壁厚方向形成温度梯度，实测最大梯度温降约为 3.0℃，影响深度约为 35 cm，整个断面上温度梯度近折线分布。

2. 槽身底部温度分布规律

槽身底部一天中不同时刻沿壁厚方向的温度分布见图 2.3.4。槽身底部的水边界温度比较稳定，大气边界温度随气温变化相对明显，由于混凝土的热传导性差，槽身底部截面最高温度并不出现在太阳辐射强度最大的时间段，而是延时至 16:00。在 20:00 气温相对平稳时期，壁厚方向的温度梯度不明显，其他时间段槽身底部截面均有一定的温度梯度。受太阳日照及气温影响，在 13:00 及 16:00 存在正温度梯度，其他时段为负温度梯度，最大梯度温升约为 3.0℃，最大梯度温降约为 4.0℃，日照及大气气温影响深度约为 40 cm。温度梯度曲线在壁厚方向基本近折线分布。

3. 阴面槽身温度分布规律

槽身阴面 45° 角及 0° 角位置一天中不同时刻沿壁厚方向的温度分布见图 2.3.5、图 2.3.6。槽身的水边界温度比较稳定，大气边界温度随气温变化相对明显。由于未受到

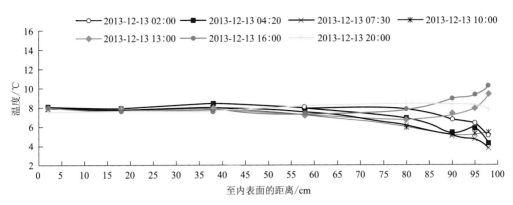

图 2.3.4　2013 年 12 月 13 日槽身底部壁厚方向的温度分布

水深为 6.44 m

太阳的直接辐射，槽身阴面在日照最强的时段温度梯度不明显，或者说很小，在温降时段有一定的负温度梯度。其中，阴面 45° 角位置外壁面在 16:00 出现最大梯度温升，约为 2.1℃，影响深度约为 20 cm；在温度最低的时段出现最大梯度温降，其值为 3.3～3.9℃，影响深度约为 40 cm。温度梯度曲线在壁厚方向基本近折线分布。

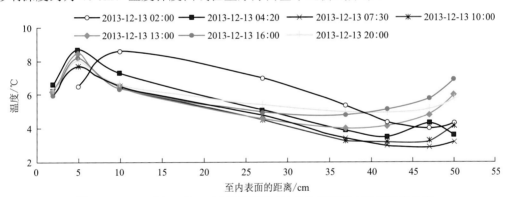

图 2.3.5　2013 年 12 月 13 日槽身阴面 45° 角位置壁厚方向的温度分布

水深为 6.44 m

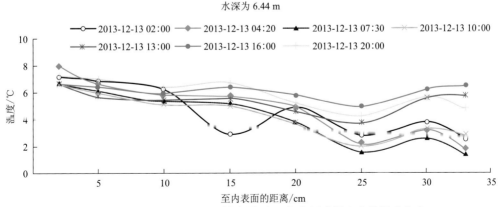

图 2.3.6　2013 年 12 月 13 日槽身阴面 0° 角位置壁厚方向的温度分布

水深为 6.44 m

槽身阴面 0°角位置，梯度温升及温降不明显。

2.3.3 空槽检修工况温度梯度分布规律

空槽检修工况温度梯度研究同运行工况，选取典型的观测日进行研究。试验测试期内捕捉到的最大温差日为 2014 年 2 月 19 日，故将这一天作为典型进行渡槽空槽检修工况温度梯度的分析。

2014 年 2 月 19 日，天气预报为晴天，天气晴朗，气温为-1～9℃，无持续风向，风速小于 3 级；现场实测捕捉到当日最低气温为-1.2℃（2:30），最高气温为 15.2℃（13:30），实测最大温差为 16.4℃。本日观测 3 次，分别是 2:30、13:30、20:00。选跨中断面重点研究。2014 年 2 月 19 日各观测时刻气温见表 2.3.6。

表 2.3.6 2014 年 2 月 19 日各观测时刻气温统计表

项目	观测时刻		
	2:30	13:30	20:00
温度/℃	-1.2	15.2	4.0

观测结果显示，2014 年 2 月 19 日 2:30 为最低温度观测时刻，13:30 为最高温度观测时刻，当日平均气温约为 6.0℃。

1. 向阳面槽身温度分布规律

槽身向阳面 0°角及 45°角位置空槽检修工况一天中不同时刻沿壁厚方向的温度分布见图 2.3.7、图 2.3.8。与运行工况不同，槽体没有水边界，槽体温度梯度主要受大气边界及太阳辐射的影响，在不受太阳辐射的时间段，凌晨或夜晚槽体的温度分布比较均匀，温度梯度不明显；而在一天中气温高、太阳辐射强的时刻，槽体外壁面存在明显的温度梯度，测试得到太阳辐射的影响深度约为 20 cm，0°角及 45°角位置梯度温升分别约为 4.4℃和 3.5℃，内壁面梯度温升较小（不超过 2℃），影响深度也小（约 10 cm）。温度梯度曲线在壁厚方向基本近折线分布。

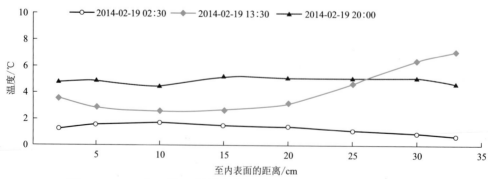

图 2.3.7 2014 年 2 月 19 日槽身向阳面 0°角位置壁厚方向的温度分布

水深为 0.00

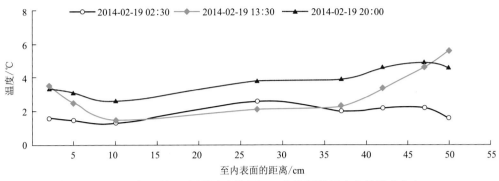

图 2.3.8　2014 年 2 月 19 日槽身向阳面 45°角位置壁厚方向的温度分布

水深为 0.00

2. 槽身底部温度分布规律

槽身底部空槽检修工况一天中不同时刻沿壁厚方向的温度分布见图 2.3.9。由于槽身底部受日照条件影响小，槽身底部仅在内外壁一定范围内存在较小的温度梯度，测试得到槽体全天温度在 1.6~3.9℃范围内变化，温度梯度小，最大梯度温升发生在 20:00，在槽身外壁面（约 1.8℃），影响深度约为 40 cm。温度梯度曲线在壁厚方向基本近折线分布。

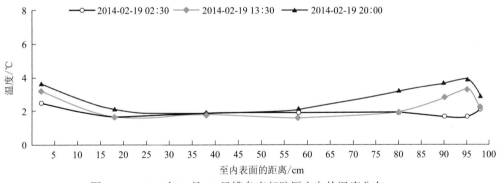

图 2.3.9　2014 年 2 月 19 日槽身底部壁厚方向的温度分布

水深为 0.00

3. 阴面槽身温度分布规律

槽身阴面内壁朝向与向阳面外壁朝向一致，会受到日照影响，但日照受到上部拉杆梁的影响，同时槽身内部相对封闭，受风速的影响小。根据监测数据可得槽身阴面 45°角及 0°角位置空槽检修工况一天中不同时刻沿壁厚方向的温度分布，见图 2.3.10、图 2.3.11。从图 2.3.10、图 2.3.11 中可以看出，阴面外壁温度梯度不明显，内壁由于日照，45°角位置存在一定的温度梯度，较 0°角位置明显。其原因是槽顶向内翼缘板较长，槽身阴面直段内壁不像阴面内壁 45°角附近日照辐射条件好。试验测得 45°角位置内壁面梯度温升约为 4.5℃，影响深度为 20~30 cm，外壁面梯度温升约为 2.8℃，影响深度约为 20 cm。温度梯度曲线在壁厚方向基本近折线分布。

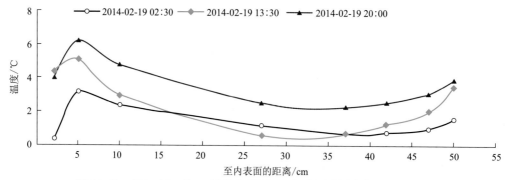

图 2.3.10　2014 年 2 月 19 日槽身阴面 45° 角位置壁厚方向的温度分布

水深为 0.00

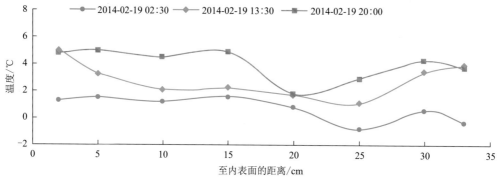

图 2.3.11　2014 年 2 月 19 日槽身阴面 0° 角位置壁厚方向的温度分布

水深为 0.00

2.3.4　夏季与冬季温度梯度对比分析

2.3.1～2.3.3 小节以冬季温度梯度分析为主，介绍了运行工况及空槽检修工况下渡槽的温度梯度分布，本小节主要介绍夏季空槽检修工况槽体的温度梯度分布，以对比分析两者之间的异同。夏季空槽检修工况温度梯度试验时间及其天气情况见表 2.3.7。

表 2.3.7　夏季空槽检修工况温度梯度试验时间及其天气情况

测试日期	测试时间	天气状况	最高/最低气温/℃	风力、风向
2012 年 8 月 10 日	13:00	晴/多云	32/24	无持续风向，风速≤3 级
2012 年 8 月 11 日	8:30 14:00	晴/多云	32/25	无持续风向，风速≤3 级
2012 年 8 月 12 日	9:15	晴/多云	33/25	无持续风向，风速≤3 级

表 2.3.7 中数据显示，夏季空槽检修工况温度梯度试验期间最高气温均在 30 ℃以上，观测日最大气温温差约为 8 ℃。

1. 向阳面槽身温度分布规律

夏季空槽检修工况槽身向阳面 0°角及 45°角位置各观测时间点沿壁厚方向的温度分布见图 2.3.12、图 2.3.13。在受太阳辐射小的时间段，如 2012 年 8 月 11 日 8:30 及 2012 年 8 月 12 日 9:15，槽体的温度分布比较均匀，温度梯度不明显，而在一天中气温高、太阳辐射强的时刻，槽体外壁面的温度梯度比内壁面略大。测试得到槽身外壁面太阳辐射的影响深度约为 20 cm，内壁面约为 10 cm，外壁面 0°角及 45°角位置最大梯度温升分别约为 2.4℃和 3.3℃，内壁面 0°角及 45°角位置最大梯度温升均为 1.7℃。温度梯度曲线在壁厚方向基本近折线分布。

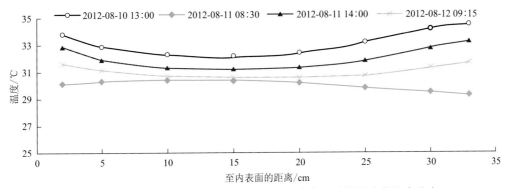

图 2.3.12　夏季空槽检修工况槽身向阳面 0°角位置壁厚方向的温度分布

水深为 0.00

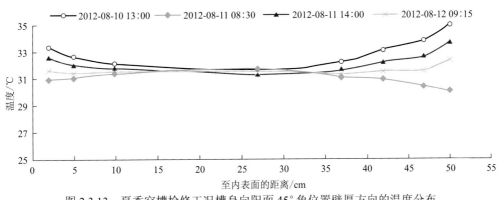

图 2.3.13　夏季空槽检修工况槽身向阳面 45°角位置壁厚方向的温度分布

水深为 0.00

对比观测结果可知，空槽检修工况下，无论是冬季还是夏季，槽身向阳面温度梯度的分布规律基本一致。槽身向阳面最大梯度温升均出现在一天中气温最高、日照强度最大的时刻，出现位置为槽身外壁面，影响深度约为 20 cm；槽身内壁面温度梯度小，影响深度也小（约 10 cm），内壁面最大梯度温升不大于 2℃；尽管夏季气温较冬季气温高很多，但其温度梯度不一定比冬季高，如试验观测期得到的冬季最大梯度温升约为 4.4℃，而夏季最大梯度温升约为 3.3℃。

2. 槽身底部温度分布规律

夏季空槽检修工况槽身底部各观测时间点沿壁厚方向的温度分布见图 2.3.14。由于槽身底部受日照条件影响小，槽身底部仅在内外壁一定范围内存在较小的温度梯度，测试期间得到槽体温度在 28.0～30.6℃范围内变化，温度梯度小，最大梯度温升出现在 2012 年 8 月 10 日 13：00，在槽身外壁面（约 1.3℃），影响深度约为 20 cm。温度梯度曲线在壁厚方向基本近折线分布。

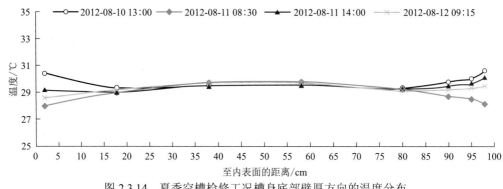

图 2.3.14　夏季空槽检修工况槽身底部壁厚方向的温度分布

水深为 0.00

对比观测结果可知，空槽检修工况下，无论是冬季还是夏季，槽身底部温度梯度的分布规律及特点基本一致。槽身底部温度梯度都小，最大梯度温升在 2℃以内。其中，冬季出现最大梯度温升的时间点为 20：00，要晚于夏季的 13：00，影响深度冬季也比夏季大，分析原因可能是槽身混凝土为热惰性材料，日照条件差的槽身底部在经历最高气温之后，槽体温度继续上升，而夏季 14：00 以后无观测数据。

3. 阴面槽身温度分布规律

根据监测数据可得夏季空槽检修工况槽身阴面 45°角及 0°角位置各观测时间点沿壁厚方向的温度分布，见图 2.3.15、图 2.3.16。阴面外壁温度梯度不明显，内壁由于日照，45°角位置存在一定的温度梯度，较 0°角位置明显。试验测得 45°角位置内壁面梯度温升约为 4.6℃，影响深度为 20～30 cm，外壁面梯度温升约为 1.4℃，影响深度为 10～20 cm。0°角位置内壁面梯度温升约为 4.6℃，影响深度为 20～30 cm，外壁面梯度温升约为 1.4℃，影响深度为 10～20 cm。温度梯度曲线在壁厚方向基本近折线分布。

对比观测结果可知，空槽检修工况下，无论是冬季还是夏季，槽身阴面温度梯度的分布规律都基本一致，梯度温差也基本相当。

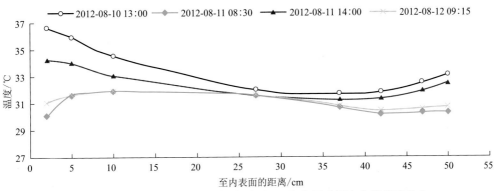

图 2.3.15　夏季空槽检修工况槽身阴面 45° 角位置壁厚方向的温度分布

水深为 0.00

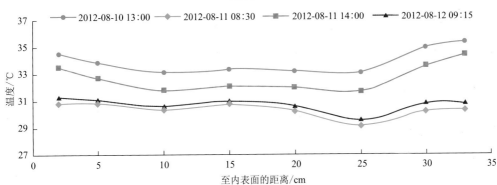

图 2.3.16　夏季空槽检修工况槽身阴面 0° 角位置壁厚方向的温度分布

水深为 0.00

2.3.5　温度荷载

各国学者对温度应力的影响做了大量研究，研究结果表明影响温度梯度曲线的因素有很多，主要包括建筑物所处的地理位置、地形地貌条件、结构物的方位与朝向、太阳辐射强度、日照时间、季节气温变化、云、雾、雨、雪等。根据研究结果拟定了温度梯度曲线并将其写入结构设计规范，然而，由于各国所处的地域不同、国情不同，其规范的规定也不尽相同，有的差异较大。我国《公路桥涵设计通用规范》（JTG D60—2015）和《铁路桥涵钢筋混凝土和预应力混凝土结构设计规范》（TB 10002.3—2005）（现已作废）对温度梯度的规定也不尽相同，工程实践证明，针对同一个工程结构，分别利用两套规范进行应力分析，其结果存在差异，有的甚至大相径庭。

根据现场试验研究，由于渡槽体型的特殊性，再加上水边界的存在，温度荷载存在更多的不确定性，更为复杂。受试验条件和周期的限制，现场试验侧重于对温度梯度分布形式的探讨，因此未测试到与国内公路及铁路规范一样高的梯度温差，故渡槽温度荷载建议取值的梯度温差借鉴目前已有的规范，温度梯度分布模式以现场试验研究成果为准。

1. 温度荷载试验测试总结

通过人工环境温度荷载试验研究和自然环境温度荷载试验研究发现，渡槽温度梯度分布比较复杂，对于 U 形渡槽，温度梯度主要有以下特点[6]。

（1）渡槽与交通桥梁的温度梯度分布存在明显不同，桥梁的温度梯度以梁高方向为主，而渡槽在槽高方向温度梯度不明显，其温度梯度主要表现在槽身壁厚方向。

（2）因为水边界的存在，渡槽的温度梯度分布较桥梁更加复杂。首先，水上部分与水下部分的温度梯度分布存在明显差异。其次，水边界本身就是一个受多重因素影响的介质，是一个不确定的边界。例如，运行期南水北调中线工程渡槽内水温和当地气温、水源工程水温、水源工程闸首取水口与库水位的高差、渡槽工程与水源工程的距离、输水流量及流速等均有关系。

（3）渡槽槽身壁厚不大，除特殊的寒潮或变天外，随着每天环境气温的周期性变化，渡槽的温度梯度分布也具有以日为周期的周期性变化特点，渡槽温度梯度主要受日气温条件的影响。

（4）在渡槽的不同部位，日照条件、空气气流条件等影响因素不一致，槽体温度梯度也不一样。槽体的温度梯度分布主要为直线或折线的形式，自然环境形成的温度梯度对槽体的影响深度为 35～40 cm，即在槽身壁厚较薄的直段，梯度温升基本按直线沿壁厚方向分布，而在壁厚大于 40 cm 的位置，梯度温升近折线分布。

（5）渡槽向阳面正温度梯度较负温度梯度大，槽底及阴面负温度梯度较正温度梯度大。

（6）夏季与冬季在槽身形成的温度梯度的分布规律基本一致。

2. 梯度温度基数及影响深度

1）槽身正温差梯度温度基数

渡槽温度梯度沿壁厚方向呈直线或折线分布，梯度温度基数为槽体壁厚方向，温差线上表示温差的特征值，最大梯度温度基数是重要的梯度温度基数。由于渡槽内的水温与月平均温度基本相当，相对稳定，所以槽身最大梯度温度基数主要取决于槽体温度，而槽体温度与日最高气温高度相关。一般可将最大梯度温度基数表示为最大梯度温差观测值的线性函数：

$$T = \frac{T'_{d-max} - T'_{m-aver}}{T_{d-max} - T_{m-aver}} T_{测}$$ （2.3.1）

式中：T 为最大梯度温度基数；T'_{d-max} 为日最高气温历史统计值；T'_{m-aver} 为月平均气温历史统计值；T_{d-max} 为日最高气温观测值；T_{m-aver} 为观测日当月平均气温观测值；$T_{测}$ 为最大梯度温差观测值。

现场试验温度梯度分析以冬季监测数据为主，工程区（邓州）冬季历史气温统计见表 2.3.8，工程区冬季历史最高气温约为 23 ℃，月平均气温最低值约为 2.0 ℃，而现场试验期间测得最大梯度温差时（2013 年 12 月 13 日）的最高气温为 20℃，水温约为 7.7℃，该月平均气温约为 8.5℃，见表 2.3.9。

表 2.3.8　邓州冬季历史气温统计表　　　（单位：℃）

时间	历史最高气温	历史最低气温	月平均气温
12 月	21（1971 年）	-18（1991 年）	4.1
1 月	21（2002 年）	-21（1955 年）	2.0
2 月	23（1955 年）	-14（1990 年）	4.4

表 2.3.9　2013 年 12 月邓州气温实测统计表　　　（单位：℃）

项目	12 月 13 日最高气温	12 月 13 日最低气温	月平均气温
值	20	1	8.5

将工程区历史统计气温值及现场试验气温实测值代入式（2.3.1），可得渡槽最大梯度温度基数：

$$T = \frac{T'_{\text{d-max}} - T'_{\text{m-aver}}}{T_{\text{d-max}} - T_{\text{m-aver}}} T_{测} = \frac{21-4.1}{20-8.5} T_{测} \approx 1.47 T_{测} \tag{2.3.2}$$

现场试验运行工况槽身向阳面的最大梯度温升约为 6℃，槽身底部及阴面考虑到观测样本数少，为保证工程设计安全，最大梯度温升取 3℃；空槽检修工况槽身向阳面梯度温升范围为 2.4～4.4℃，底部梯度温升小（＜2℃），阴面最大梯度温升约为 4.5℃。在槽身壁厚较薄的直段，梯度温升基本按直线沿壁厚方向分布，而在壁厚大于 40cm 的位置，槽身梯度温升近折线分布。

根据式（2.3.2）及现场试验最大梯度温差观测值，运行工况槽身向阳面正温差梯度温度基数取 9℃，槽身底部及阴面正温差梯度温度基数取 4.5℃；空槽检修工况槽身向阳面及阴面内壁 45°角附近一定范围受到的太阳辐射较强，根据试验测值，正温差梯度温度基数取 6.5℃。

我国的铁路桥涵规范中规定温度梯度采用指数函数曲线，梯度温度基数在竖向采用 20℃，在横向采用 16℃，温度梯度沿梁全截面分布。我国的公路桥梁规范仅规定了竖向梯度温差，其值为 25℃，且为折线分布。无论是公路桥梁规范还是铁路桥涵规范，其适用范围为全国，地域范围广，故梯度温度基数大。另外，现场试验渡槽所处位置为河谷地区，气候相对温润，也使得测试的梯度温度基数偏小。

2）槽身负温差梯度温度基数

美国以往的公路桥梁设计规范规定负温差梯度温度基数采用正温差梯度温度基数的 -50%，在新规范中修改为对于普通混凝土和沥青混凝土铺装分别降低至 -30% 和 -20%，而在我国的交通桥梁规范中规定负温差梯度温度基数直接取正温差梯度温度基数乘以 -0.5。

现场试验测试结果表明，运行工况渡槽向阳面梯度温升较梯度温降大，槽底及阴面梯度温升较梯度温降小，槽底及阴面梯度温降较向阳面的梯度温升小。根据运行工况槽体温度梯度测试结果，槽身向阳面的梯度温降为梯度温升的 50%~67%，槽身底部及阴面的梯度温降为向阳面梯度温升的 55%~67%，与向阳面的梯度温降基本相当。

根据试验测试结果，并参考相关规范，渡槽槽身运行工况向阳面、空槽检修工况向阳面及其阴面内壁，负温差梯度温度基数取正温差梯度温度基数的-50%，即-4.5℃和-3.25℃。运行工况槽身底部及阴面负温差梯度温度基数取-4.5℃。

3）温度梯度影响深度

根据现场试验温度梯度测试结果，运行工况下，在日照强度最大情形下，最高温度出现在 13:00 左右，槽身向阳面日照温度梯度急剧影响深度约为 15 cm，随后影响深度进入调整期，大约在 16:00 影响深度达到 35（槽身直段）~40 cm，槽底及槽身阴面最终的影响深度也为 35（槽身直段）~40 cm；空槽检修工况在日照强度最大情形下，最高温度出现在 14:00 左右，槽身向阳面日照温度梯度急剧影响深度约为 20 cm，虽未进行 16:00 时刻的测试，但根据运行工况的测试结果，可以推测空槽检修工况日照温度梯度影响的最终深度也为 35（槽身直段）~40 cm。

试验测试得到温度梯度影响深度为 35（槽身直段）~40 cm，此值也正好印证了美国公路桥梁设计规范及我国公路桥梁规范中规定的温度梯度影响深度为 40 cm，建议渡槽温度梯度影响深度取 40 cm，在此深度范围内温度梯度按直线分布。

3. 温度荷载建议

1）运行工况温度梯度

根据试验研究成果，运行工况槽身的温度梯度分布在槽顶、向阳面、槽底和阴面各不相同，水上部分、水下部分也有差异，为此对槽身运行工况的温度梯度场进行分区，见图 2.3.17。其中，Ⅰ区、Ⅱ区为向阳面，Ⅲ区和Ⅳ区为槽底和阴面，Ⅰ区、Ⅳ区和槽顶位于运行水位以上，Ⅱ区及Ⅲ区位于运行水位以下。

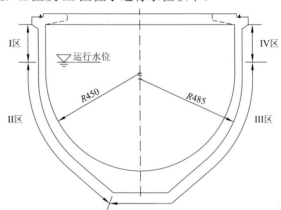

图 2.3.17　运行工况温度梯度场分区示意图（单位：cm）

（1）槽顶温度梯度。槽身顶部与桥梁的工作条件基本相同，可以受到太阳的直接辐射，参照《公路桥涵设计通用规范》（JTG D60—2015），当运行水位不超过拉杆底面

（高于加大水位）时，槽顶部分（拉杆、翼缘及扩大头）仅考虑竖向温度梯度，同时，设计参考《铁路桥涵钢筋混凝土和预应力混凝土结构设计规范》（TB 10002.3—2005）（现已作废）中竖向和横向正温差梯度温度基数的比例关系及现场试验得到的槽身向阳面正温差梯度温度基数，确定渡槽顶部竖向正温差梯度温度基数取 11℃；考虑到槽身内部近半封闭状态，空气流动条件差，拉杆下部温度梯度较规范小，拉杆底部温度取值同槽身内壁水上部分；竖向负温差梯度温度基数为正温差梯度温度基数乘以-0.5；当运行水位为满槽水位时，槽顶正温差梯度温度基数仅考虑槽身横向厚度方向的温度梯度。

（2）Ⅰ区——槽身向阳面水上部分。向阳面水上部分参考空槽检修工况的试验结果，槽身外壁面取日照正温差梯度温度基数为 9℃，内壁面取 4.5℃，槽身壁厚范围呈直线分布；负温差梯度温度基数取正温差梯度温度基数乘以-0.5。

（3）Ⅱ区——槽身向阳面水下部分。向阳面水下部分，外壁面取日照正温差梯度温度基数为 9℃，影响深度为 40 cm，影响深度范围按直线分布，即当槽身壁厚≤40 cm 时按直线分布，当壁厚＞40 cm 时按折线分布；负温差梯度温度基数取正温差梯度温度基数乘以-0.5。

（4）Ⅲ区——槽身阴面水下部分。阴面水下部分，外壁底面及阴面取正温差梯度温度基数为 4.5℃，影响深度为 40 cm，影响深度范围按直线分布，即当槽身壁厚≤40 cm 时按直线分布，当壁厚＞40 cm 时按折线分布；试验测试得到槽身阴面负温差梯度温度基数与向阳面负温差梯度温度基数基本相当，根据前述分析结果，底面及阴面负温差梯度温度基数取-4.5℃，分布同正温差梯度温度基数。

（5）Ⅳ区——槽身阴面水上部分。根据现场试验测试数据，槽身阴面水上部分基本无梯度温度，该区域内外壁温度均取阴面正温差梯度温度基数 4.5℃；负温度梯度计算时，外壁面温度取阴面负温差梯度温度基数-4.5℃，内壁面温度与向阳面及拉杆底部相同。

（6）运行工况温度梯度模式示意图。运行工况槽身正温差及负温差梯度温度基数分区示意见图 2.3.18、图 2.3.19。

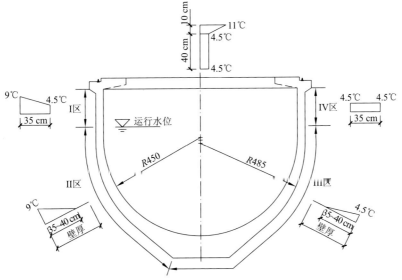

图 2.3.18　运行工况槽身正温差梯度温度基数分区示意图（单位：cm）

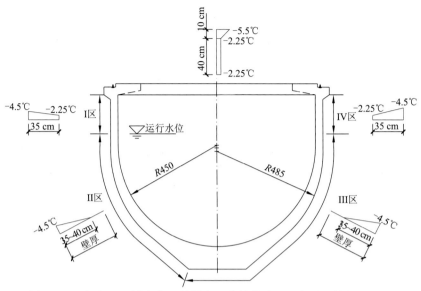

图 2.3.19　运行工况槽身负温差梯度温度基数分区示意图（单位：cm）

2）空槽检修工况温度梯度

槽身空槽检修工况的温度梯度场分区见图 2.3.20。其中，Ⅰ区为向阳面，Ⅱ区为槽底，Ⅲ区为直段以下阴面即阴面的弧段，Ⅳ区为直段以上阴面部分。

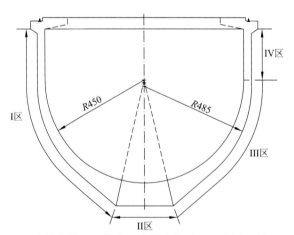

图 2.3.20　空槽检修工况槽身温度梯度场分区示意图（单位：cm）

（1）槽顶温度梯度。槽身顶部梯度温差取值同运行工况；竖向负温差梯度温度基数为正温差梯度温度基数乘以-0.5。

（2）Ⅰ区——槽身向阳面。根据试验测试结果，空槽检修工况槽身外壁面正温差梯度温度基数取 11℃，向阳面正温差梯度温度基数为 6.5℃，影响深度为 40 cm，影响深度范围按直线分布，即槽身壁厚≤40 cm 时按直线分布，壁厚＞40 cm 时按折线分布；负温差梯度温度基数取正温差梯度温度基数乘以-0.5。

（3）II 区——槽身底部。槽身底部较厚，空槽检修工况下，内外壁日照条件都差，试验测得的温度梯度小，拟不考虑该区域温度梯度，温度梯度计算中取正温差梯度温度基数为 4.5℃；负温差梯度温度基数取正温差梯度温度基数乘以-0.5。

（4）III 区——槽身阴面弧段。槽身阴面弧段温度梯度参考向阳面，但其向阳面为内壁面，内壁面取正温差梯度温度基数为 11℃，向阳面正温差梯度温度基数为 6.5℃，影响深度为 40 cm，影响深度范围按直线分布，即槽身壁厚≤40 cm 时按直线分布，壁厚＞40 cm 时按折线分布；负温差梯度温度基数取正温差梯度温度基数乘以-0.5。

（5）IV 区——槽身阴面直段。由于槽顶向内翼缘板较长，槽身阴面直段内壁不像阴面内壁 45°角附近日照辐射条件好，试验期间测试所得温度梯度小，拟不考虑该区域温度梯度，温度梯度计算中取正温差梯度温度基数为 4.5℃；负温差梯度温度基数取正温差梯度温度基数乘以-0.5。

（6）空槽检修工况温度梯度模式示意图。空槽检修工况槽身正温差及负温差梯度温度基数分区示意见图 2.3.21、图 2.3.22。

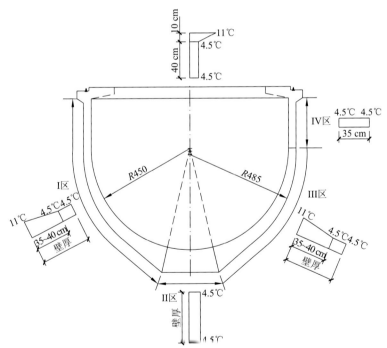

图 2.3.21　空槽检修工况槽身正温差梯度温度基数分区示意图（单位：cm）

湍河渡槽 1∶1 仿真试验将温度荷载列为研究对象，通过自然环境温度荷载试验提出的适用于 U 形渡槽的新温度荷载模式，综合反映了超大薄壁 U 形渡槽槽顶、向阳面、阴面、水上和水下等不同部位不同条件下的温度荷载，填补了该领域的空白。

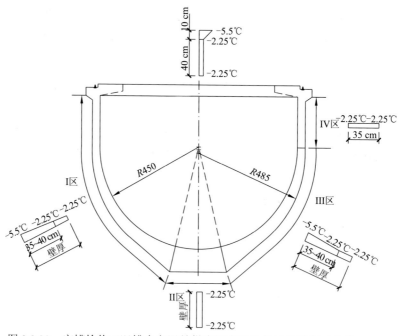

图 2.3.22　空槽检修工况槽身负温差梯度温度基数分区示意图（单位：cm）

2.4　U 形渡槽设计验证试验

南水北调中线关键性控制工程湉河渡槽开工后，为验证、优化设计和完善施工工艺，在施工现场开展了渡槽 1∶1 仿真试验模型结构研究。

2.4.1　试验任务与目的

通过试验达到以下目的[7]。

（1）营造渡槽在施工期、运行期及检修期的工作环境，通过系统监测槽体混凝土、钢筋、预应力束应力和槽体内外温差变化对结构应力的影响，以及可能发生的裂缝，比较理论计算值与渡槽实际工作状况的差异，验证渡槽结构设计分析方法的合理性。

（2）根据施工设计的方案，落实槽体高性能混凝土的配合比和浇捣施工工艺，通过检测槽体内部和表面温度的变化情况研究渡槽混凝土配合比、入仓温度、环境温度与槽体温度场的关系，确定不同环境温度下渡槽施工的温控措施和控制标准，细化施工技术要求。

（3）研究槽体纵横向锚具系统的工作性能及局部受压承载力。

（4）落实纵横向预应力钢绞线的张拉施工工艺、预应力损失情况和纵向预应力孔道的灌浆施工工艺等。

（5）了解槽体细部构造设计的工作性能，完善和细化施工技术要求。

（6）通过试验评价槽体的安全性。

2.4.2 模型设计

湍河渡槽模型试验内容分为准备性试验、1∶1 仿真试验和工艺试验三个部分，利用准备性试验槽和 1∶1 仿真试验槽两个模型开展试验，模型见图 2.4.1。

图 2.4.1 超大薄壁 U 形渡槽 1∶1 仿真试验模型

1. 准备性试验槽

准备性试验槽钢绞线结构见图 2.4.2，模型长 2 m，横断面同渡槽槽身跨中断面，槽身配置 A、B 两组各 6 束自行研发的环向小间距联排扁形锚具，其中 A 组锚垫板长边顺流向，B 组锚垫板长边垂直于水流流向。通过准备性试验槽槽身预应力钢绞线的张拉试验论证研发的锚具在环向张拉下的锚下局部承载能力，落实预应力损失情况。

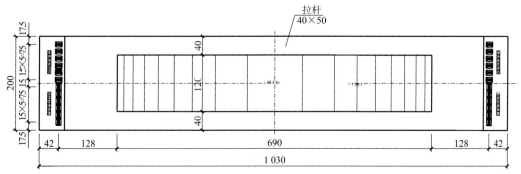

图 2.4.2 准备性试验槽钢绞线结构图（单位：cm）

2.1∶1仿真试验槽

1∶1仿真试验槽结构见图 2.4.3，整个模型支承于堵头和基座联合体上。模型设计主要考虑以下问题。

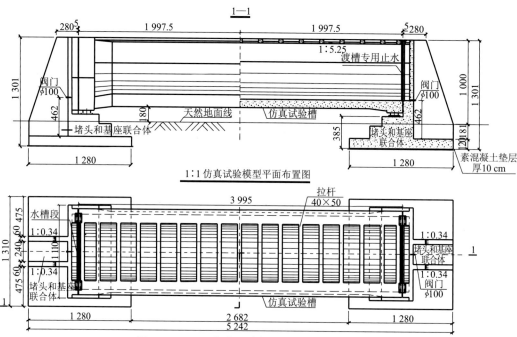

图 2.4.3　1∶1仿真试验槽结构图（单位：cm）

（1）为全面反映工程槽结构的应力状态和施工工艺，1∶1仿真试验槽与工程槽的结构、配筋和构造设计完全一致，按同比例进行制作。通过现场模型制作获得施工参数，同时开展结构试验，验证和优化结构设计方案，并论证结构的安全性。

（2）模型试验的场地选在湍河渡槽出口，毗邻工程槽，并且摆放走向与工程槽完全一致，以全面模拟工程槽的工作环境，便于温度荷载试验研究。

（3）1∶1仿真试验槽充分利用"十一五"国家科技支撑计划项目"大流量预应力渡槽设计和施工技术研究"（2006BAB04A05）研发的新产品。试验槽与堵头和基座联合体之间采用"十一五"国家科技支撑计划项目研发的弹塑性防落梁球形钢支座进行连接、支承，并在两端预留止水槽，槽内安装压板式止水。通过现场安装工艺试验和结构试验论证"十一五"国家科技支撑计划项目开发产品的实用性与可靠性。

2.4.3　主要试验成果

通过模型试验不仅获得了渡槽施工工艺参数，而且率定了槽体的设计参数。利用获得的槽体设计参数，开展数值仿真计算，计算结果与试验监测成果的对比分析结论验证了槽

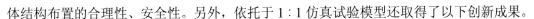

体结构布置的合理性、安全性。另外，依托于 1∶1 仿真试验模型还取得了以下创新成果。

（1）试验提出了分区折线形温度荷载加载模式、"纵向分区、环向非同心"预应力设计新理念，建立了单参数预应力损失计算分析模型，形成了超大 U 形渡槽设计理论和方法，解决了超大 U 形渡槽结构承载、防裂等技术难题。

（2）研发了固定端新型 P 锚、环向小间距联排扁形锚具等锚固体系和黏压式、嵌槽式渡槽止水结构，解决了超大型薄壁渡槽预应力施工空间狭小、锚下应力集中及接缝渗漏水等难题。

2.5　青兰高速跨越方式研究

2.5.1　工程概况

青兰高速连接线与南水北调总干渠交叉点距离邯郸二环路 350 m，考虑到距离和高差的影响，无法采用桥梁跨越总干渠方案，而根据当地实际地形及布置采用了明洞下穿总干渠方案，青兰高速交叉渡槽工程采用渡槽跨越青兰高速连接线。连接及互通道路与总干渠平面布置见图 2.5.1。

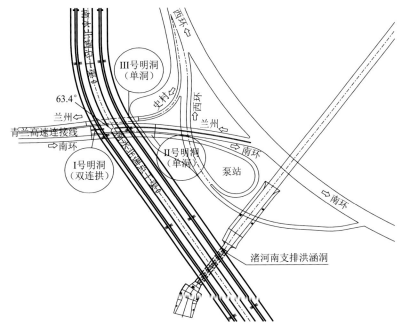

图 2.5.1　连接及互通道路与总干渠平面布置图

青兰高速交叉建筑物原设计已经考虑让交通工程在渠道下方以隧洞方式穿越总干渠，交叉部位总干渠直接从交通隧洞上方以梯形明渠方式跨越，在总干渠水力设计中，不需要专门为该建筑物分配水头。在总干渠施工过程中发现，当输水明渠从交通隧洞上方跨越时，需要对其进行加固或改造；然而，交叉工程两端渠道及相邻建筑物均已按原方案实施，结合南水北调工程当时的建设状况、青兰高速连接线布置条件和工程建设总体目标，经各方研究确定，在进行交叉建筑物处置方案设计时需遵循以下原则[8]。

（1）输水能力满足总干渠运行要求。

（2）不影响连接段渠道过水能力，不额外增减总干渠水头损失。

（3）不降低青兰高速连接线通行能力。

（4）对连接线穿渠位置不做大范围调整，以免影响已形成的交通路网。

（5）工程布置应协调好高风险、高填方渠道加强措施关系。

（6）确保建筑物工程安全运行，工程费用经济合理。

（7）工程进度满足南水北调工程通水总体目标要求。

2.5.2　处置方案研究

根据既定的加固改造设计原则，处置方案研究了加固隧洞方案、重建隧洞方案、渡槽方案等多种方案。

1. 加固隧洞方案

该方案在南水北调总干渠下方修建钢筋混凝土明洞，青兰高速连接线以明洞为交通通道从南水北调总干渠下方穿过总干渠渠道，即现状交叉工程采用的建筑形式。该方案下穿越总干渠的明洞结构应具备承受渠道填土、衬砌结构和渠道水体等施工期、运行期与检修期全部荷载及其组合的能力，且应能保证在渠道工程施工及运行期间，隧洞结构的沉降变形控制在渠道和交通工程的安全与正常运行所允许的范围内。

该方案主要致力于在原结构外围增设承重结构体，分担部分土压力，减少作用在原结构上总干渠渠道和水体产生的外压力，使其控制在结构允许承载能力范围内。根据现状结构状况和加固条件，加固可分为以下四种类型。

1）架空方案

架空方案加固措施的基本思路基于现状明洞已投入运行近 2 年，运行基本正常。架空方案采用架空结构承担南水北调总干渠渠道工程建设需要进一步增加的全部荷载，隧洞受力基本维持现状条件，该方案在现状明洞顶部增设盖板，在盖板与明洞顶拱之间设置弹性垫层，盖板承担荷载，采用人工掏挖方式形成基础将盖板荷载传至明洞以下的深部地基。该方案断面见图 2.5.2。

架空方案在加固结构及渠道施工期间，可不中断交通；在工程安全方面，交通明洞与输水渠道基本上独立运行，渠道工程安全完全取决于架空结构，但架空结构施工将不可避免地对交通隧洞的地基产生扰动，引起新的变形，对交通明洞约束条件有所干扰，可能增加明洞底部跨中地基反力，即使渠道荷载全部由架空结构承担，明洞底板跨中弯矩也有可能在一定程度上增加，而现状明洞底板近似于素混凝土结构，明洞安全存在一定的风险。

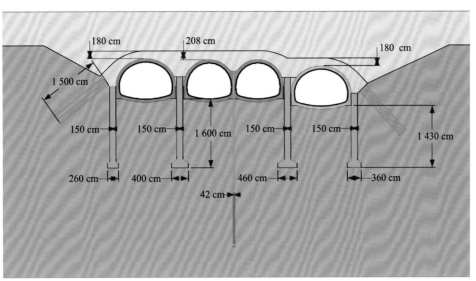

图 2.5.2　架空方案断面示意图

架空方案加固结构混凝土工程量为 6.85 万 m^3，钢筋制安 6 500 t，土石方填筑 5.5 万 m^3，工程总投资为 1.26 亿元，总工期为 437 天（其中包括渠堤填筑预沉降期 180 天）。

2）组合加固方案

组合加固方案主要致力于对原有结构通过加厚、植筋、增设预应力等措施进行改造，并根据高风险、高填方渠道加强措施要求适当提高明洞结构的承载能力。

组合加固方案在架空结构承担上覆荷载后，将导致地基不同程度的沉降变形，现状明洞底板下方反力分布发生变化，这种变化将可能减少反拱底板拱座地基反力、增加底板跨中地基反力，使底板结构受力条件恶化，因此需对现状底板进行植筋加固，提高交通隧洞底板的承载能力，并适当分摊架空结构承担的荷载，减小架空结构厚度。组合加固方案断面见图 2.5.3。

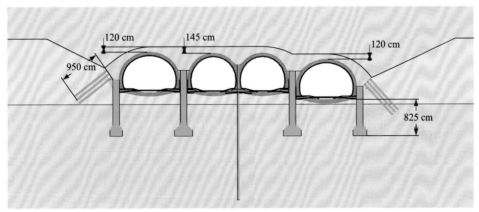

图 2.5.3　组合加固方案断面示意图

与架空方案相比,该方案结构厚度和基础处理工程量有所减少。由于底板加固,需要中断交通。组合加固方案需要架空结构与现状明洞结构联合受力,结构受力条件较为复杂,且底板存在新老混凝土结合问题。

该方案加固结构混凝土工程量为 5.65 万 m³,钢筋制安 7 500 t,土石方填筑 5.5 万 m³,工程总投资约 1.25 亿元,总工期为 420 天(其中包括渠堤填筑预沉降期 180 天)。

3)外帮加固方案

外帮加固方案结合各明洞加固条件、受力特点,一方面适当对原明洞结构进行加固,提高其承载能力,另一方面进行分载减压,将荷载控制在加固结构允许承载能力范围内。

外帮加固方案对明洞的侧墙、顶拱进行加厚,对明洞底板采用分段切割、局部地基掏挖方式形成底板加劲肋,侧墙、顶拱外帮加固体与底板加劲肋形成整体外加固环向结构,为减小底板加劲肋断面可在底板加劲肋内施加预应力。外帮加固方案断面示意见图 2.5.4、图 2.5.5。

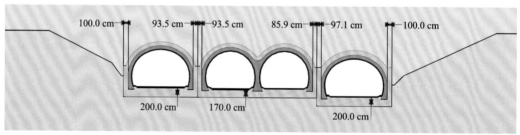

图 2.5.4 外帮加固方案加固环断面示意图

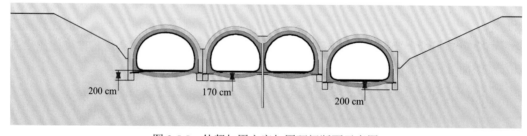

图 2.5.5 外帮加固方案加固环间断面示意图

该方案由于底板加固处理,需要中断交通。考虑到新老混凝土结合问题的复杂性,该方案不考虑现状隧道提供的承载能力,结构安全有保障;但在正常使用时,现有隧道与加固体协同变形,对现状明洞底板进行了植筋处理,基本解决了现状明洞在少筋混凝土状况下的运行问题。若现状明洞的施工质量与检查的情况相符,隧洞地基处理满足设计要求,在运行期间南水北调工程与明洞交通工程的安全均有保障,由于施工工序较多,工艺复杂,需要精心组织,施工时未加固洞体需要局部切割,存在一定风险,应加强施工期安全监测。

该方案加固结构混凝土工程量为 4.85 万 m³，钢筋制安 5 200 t，混凝土凿除 0.45 万 m³，钻孔植筋 1 200 t，土石方填筑 5.5 万 m³，工程总投资约 1.15 亿元，总工期为 420 天（其中包括渠堤填筑预沉降期 180 天）。

4）顶拱外帮、底板内帮加固方案

该方案采用外帮方式对明洞的侧墙、顶拱进行加厚，对明洞底拱上部轮廓进行适当修整，利用明洞底板顶面与现状路面之间的建筑空间在明洞内部对底板进行培厚、植筋加固，经分析该方案需要在加固底板内施加预应力。该方案断面示意见图 2.5.6、图 2.5.7。

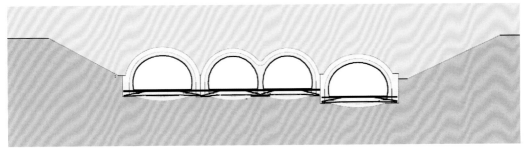

图 2.5.6　顶拱外帮、底板内帮加固方案断面示意图

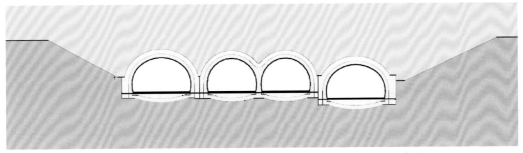

图 2.5.7　顶拱外帮、底板内帮加固方案预应力布置断面示意图

该方案在现状明洞拱圈及侧墙外采用混凝土外帮、在底板反拱采用植筋并加厚的方式进行加固，无须拆除现状明洞，但由于明洞加固体底板反拱与现状明洞侧墙之间仅通过植筋和布置预应力钢绞线方式衔接，在侧墙与底板节点处夹有内外两个新老混凝土结合面，节点刚度难以保障，结构可靠性方面不如外帮加固方案。

该方案加固结构混凝土工程量为 4.45 万 m³，钢筋制安 3 200 t，混凝土凿除 0.32 万 m³，钻孔植筋 1 800 t，土石方填筑 5.5 万 m³，工程总投资为 1.00 亿元，总工期为 417 天（其中包括渠堤填筑预沉降期 180 天）。

5）加固方案比较

不同加固方案的主要特征指标比较见表 2.5.1。

表 2.5.1　加固方案优缺点对比表

加固方案	渠道安全性	交通安全性	总投资/亿元	预计工期/天	交通影响	施工难度	受力条件
架空方案	有保障	有风险	1.26	437	不中断	一般	较简单
组合加固方案	与明洞有关	有风险	1.25	420	中断	一般	较复杂
外帮加固方案	与明洞有关	有保障	1.15	420	中断	较大	较明确
顶拱外帮、底板内帮加固方案	与明洞有关	有风险	1.00	417	中断	较大	较复杂

经综合比较，推荐外帮加固方案。

6）推荐方案结构设计

（1）新老混凝土整体结合面处理。

外帮混凝土与现状明洞分别考虑了整体结合、分离、接触三种方式。经过分析，整体结合方式受力条件最好，按接触状态考虑即使现状隧洞结构与加固体脱开，结构安全仍有保障，结合明洞侧墙与底板反拱加固措施的要求，从安全角度考虑，在进行隧洞顶拱与侧墙加固时做如下处理。

一，加固体与现状隧洞在构造上按整体要求进行处理，结合面受拉区域或剪应力较大区域布置插筋以承担结合面的剪应力与拉应力。在现状隧洞表面进行凿毛处理，增加结合面的咬合力和摩擦系数。

二，加固体结构厚度与钢筋配置按结合面接触方式设计，要求在加固体与现状结构结合面脱开条件下，结构承载能力仍能满足相关技术规程的要求。

（2）底板加固。

考虑现状明洞底板结构受力要求，根据现状明洞底板条件，经方案比较采取如下具体措施。

一，沿明洞纵向每间隔 250 cm 布置一道宽 250 cm 的肋梁。

二，考虑到肋梁施工时地基开挖扰动明洞底板地基土体，影响未拆除部分反拱底板下地基反力，结合加固结构需要，II、III 号明洞肋梁高度取 200 cm，肋梁顶高程按道路路面沥青混凝土层底边线的最低点确定，底高程与现状明洞跨中最低点反拱底面底高程相同。I 号明洞肋梁顶高程按道路路面沥青混凝土层底边线的最低点下降 15 cm 确定，底高程也与现状明洞跨中最低点反拱底面底高程相同。

三，肋梁高度和宽度范围内挖除底板与现状明洞侧墙，使得肋梁直接穿过现状明洞侧墙与侧墙外加固体直接整体现浇，该区域内现状明洞侧墙钢筋截断时预留焊接长度，肋梁施工时通过焊接接长钢筋并将其插入肋梁，同时将现状明洞侧墙下端混凝土嵌入肋梁中，使肋梁与侧墙节点形成刚性节点。

四，肋梁施工时严格控制开挖断面，尽量减少对肋梁结构断面轮廓以外的现状明洞地基和侧墙底板以下片石混凝土的扰动。

（3）地基处理。

明洞地基处理直接关系到明洞结构底板反拱范围内地基反力的分布状态，对明洞侧墙下方地基加固有利于降低底板跨中弯矩。现状明洞结构设计中，在各侧墙下方均要求采用 M10 浆砌片石进行地基处理，处理深度在现状隧洞底板底边以下 1.5 m 左右。隧洞加固后，加固部分侧墙的地基处理深度不应小于原明洞地基处理深度，否则，由于地基变形，现状隧洞顶拱及侧墙受力条件恶化，结构受力向不利于现状隧洞结构稳定的方向发展。因此，明洞侧墙及其外帮部分的地基处理方式与现状隧洞相同。

（4）外帮加固方案隧洞结构。

外帮加固方案隧洞结构见图 2.5.8、图 2.5.9。

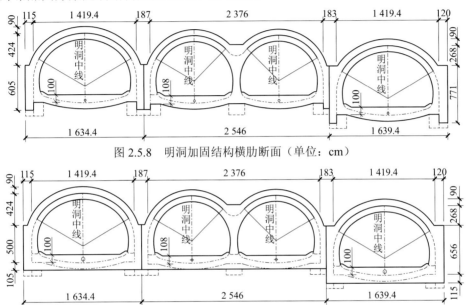

图 2.5.8　明洞加固结构横肋断面（单位：cm）

图 2.5.9　明洞加固结构肋间断面（单位：cm）

（5）加固体结构计算。

推荐方案结构计算的基本参数取值与明洞结构计算参数相同，主要计算工况如下。

工况 1：明洞横断面受渠堤填土重量均匀作用，填土高度按渠堤顶考虑。

工况 2：明洞横断面受渠堤填土重量均匀作用，填土高度按渠堤顶考虑，基础变形模量提高 1/3。

7）计算成果

工况 1 复核成果见图 2.5.10～图 2.5.13。

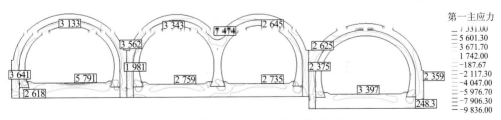

图 2.5.10　工况 1 洞身结构第一主应力图（单位：kPa）

59

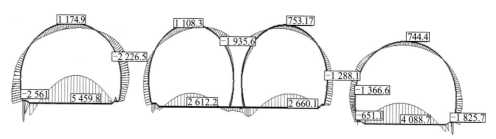

图 2.5.11　工况 1 洞身结构弯矩图（单位：kN·m）

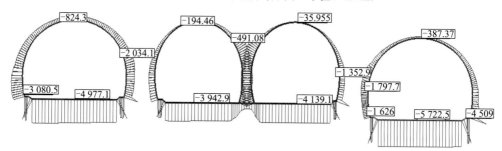

图 2.5.12　工况 1 洞身结构轴力图（单位：kN）

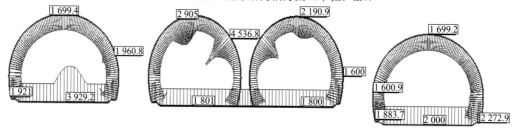

图 2.5.13　工况 1 洞身结构单位长度配筋量（单位：mm²）

工况 2 复核成果见图 2.5.14～图 2.5.17。

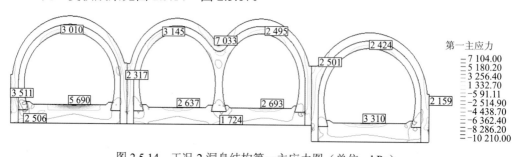

图 2.5.14　工况 2 洞身结构第一主应力图（单位：kPa）

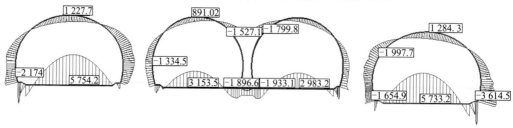

图 2.5.15　工况 2 洞身结构弯矩图（单位：kN·m）

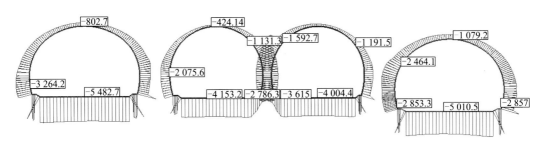

图 2.5.16　工况 2 洞身结构轴力图（单位：kN）

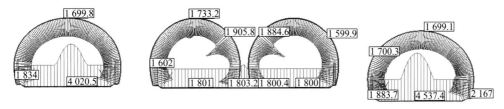

图 2.5.17　工况 2 洞身结构单位长度配筋量（单位：mm^2）

计算结果表明，地基土的变形模量越高，明洞结构的受力条件越好。

2. 重建隧洞方案

1）重建隧洞方案设计

该方案在填方渠道两侧填筑引道，采用架桥梁方式跨过南水北调总干渠过水断面及填方渠道渠堤堤顶马道。在桥梁跨度设置方面，若在过水断面内设置桥墩，将在交叉渠段增加局部水头损失，由于该桥梁属新增桥梁，总干渠水头分配时未考虑该部分水头损失，所以在过水断面以内布置桥墩将影响渠道输水能力，桥梁应单跨跨越总干渠过水断面。由于连接道路均已按下穿总干渠实施，采用桥梁方案从总干渠上方跨越时，现状连接道路均需废除，并在现状道路基础上填筑路堤。现状明洞低于天然地面约 7 m，采用上跨方式跨越时，根据总干渠技术要求，桥梁底面高程需要高出堤顶高程 2.4 m，据此路面高程高出现状地面约 12 m，连接道路连接高程与现状道路连接高程相差约 5 m，按 3%的纵坡，各连接道路在现状连接道路基础上均需延长约 170 m，而总干渠与青兰高速之间的区域不具备布置条件，因此采用桥梁跨越方案不可行。

因此，交叉建筑物形式主要就渡槽和明洞开展方案比选和研究工作。重建隧洞方案明洞采用与原明洞相同的结构形式，明洞内腔尺寸与现状明洞相同，结合实际工程地质条件，并考虑高风险渠道加强措施需要，经分析计算，结构尺寸需在原结构基础上加厚，具体为：明洞顶拱加厚到 100 cm，底板反拱加厚到 150 cm，并增设预应力钢绞线。重建隧洞方案明洞结构见图 2.5.18。

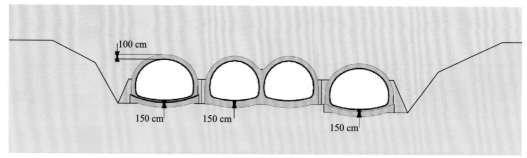

图 2.5.18　重建隧洞方案明洞结构示意图

2）主要工程量与工程费用

该方案明洞结构混凝土工程量为 4.20 万 m³，钢筋制安 3600t，混凝土拆除 2.38 万 m³，土石方填筑 5.5 万 m³，工程总投资为 1.25 亿元。本方案主要工程量及直接工程费见表 2.5.2。

表 2.5.2　主要工程量及直接工程费

项目	工程量	单价/元	合价/万元
拆除圬工	55 310.4 m³	130	719.04
C20 片石混凝土基础	8 087.01 m³	331.52	268.10
土石方开挖	12 498.4 m³	20.16	25.20
土方回填	77 405.1 m³	33.6	260.08
砂砾石换填	11 587.4 m³	72.8	84.36
C10 垫层混凝土	908 m³	353.17	32.07
仰拱回填 C10 片石混凝土	5 379.79 m³	352.59	189.69
C25 路面混凝土	2 725.86 m³	512.13	139.60
C30 明洞衬砌混凝土	26 355 m³	720.16	1 897.98
钢筋	3 162.64 t	6 546.4	2 070.39
钢绞线	694.79 t	19 600	1 361.79
渠道工程	1 项		500.00
其他	15%		1 132.24
合计			8 680.54

注：合价保留两位小数。

3）工期分析

现状明洞混凝土及填塞混凝土共计 2.38 万 m³，采用控制爆破与钢筋切除相结合的方式拆除。预计拆除准备到渣料搬运约 60 天。现状明洞拆除后，需要清除地表扰动浮土并进行回填压实处理，地基清理与回填按平均厚度 50 cm 考虑，共计 10 天完成。垫层混凝土浇筑 900 m³，考虑到与地基清理分段交叉作业以不占直线工期，4 条明洞采用 8 套大型钢模板，每条明洞两个作业面同时施工，各施工 3 个节段，每个节段分 2 仓浇筑，浇筑工期分析如下。

（1）底板侧墙混凝土浇筑。内外模板安装 3 天，钢筋制安 3 天，混凝土浇筑 1 天，待凝 3 天，共计 10 天。

（2）顶拱混凝土浇筑。内模安装 10 天，钢筋制安 5 天，外模安装 5 天，混凝土浇筑 1 天，共计 21 天。

（3）待凝 15 天后拆模。

（4）一节明洞施工工期总计 46 天，每个作业面施工 3 个节段，浇筑时间为 138 天。

（5）底板预应力钢筋张拉、填塞混凝土跟进作业不占直线工期。

重建隧洞方案施工由现状明洞拆除、地基处理、新建明洞混凝土浇筑连续作业完成，总工期为 448 天（拆除准备到渣料搬运约 60 天+地基处理 10 天+新建明洞混凝土浇筑 138 天＝208 天，明洞上方渠道填筑 30 天，预沉降期 180 天，渠道渗控、混凝土衬砌施工 30 天）。

3. 渡槽方案

1）交叉工程线路布置方案

（1）现状线路布置方案。现状青兰高速连接线工程与总干渠轴线交角约为 63.4°，渠道工程、连接线互通工程均维持现状布置。现状南水北调总干渠与青兰高速连接线平面位置关系见图 2.5.1；按现状线路布置，渡槽斜长 70.55 m，按三跨设计时，各跨斜向跨度为 21.28 m、27.99 m、21.28 m，槽墩厚度为 2.2 m。

（2）按正交方式调整方案（正交改线方案）。将总干渠现状弯道弧线改为两段，中间插入 71.65 m 的直线段（该段内布置渡槽），直线段与现状青兰高速连接线正交，直线下游端以半径为 500 m 的圆弧与原总干渠下游段直线连接，直线上游端半径为 200 m 的圆弧调整方向后以半径为 500 m 的圆弧与上游渠道直线连接，连接点位于渚河南支排洪涵洞轴线附近，不影响渚河南支排洪涵洞布置。正交改线方案平面布置示意见图 2.5.19。调整后渠道与青兰高速连接线中心线的交点沿青兰高速连接线方向向青兰高速移动约 61.85 m。总干渠渠道改线后渠段长度约为 705.4 m，较原渠道增加 21 m。渠道轴线调整后，渡槽长度为 56.5 m，按三跨设计时，渡槽各槽跨度为 16.5 m、23.5 m、16.5 m。改线范围内约 400 m 长度渠道工程的开挖及回填已基本完成，只是尚未进行混凝土衬砌。因此，需对已施工的渠堤进行拆除，对改线段渠道重新进行开挖、筑堤。改线涉及的工程量为：增加土方开挖约 8 万 m³，大堤拆除 30 万 m³，土方填筑约 35 万 m³，混凝土 2 500 m³，新增工程占地约 48 亩，共需增加工程投资约 1 350 万元。

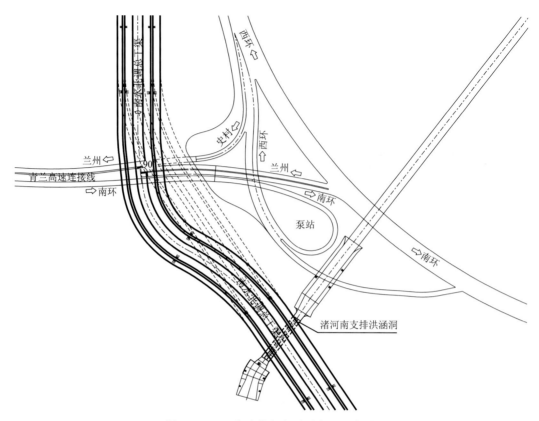

图 2.5.19　正交改线方案平面布置示意图

（3）适当加大轴线交角（斜交改线方案）。总干渠现状弯道弧线改为两段，中间插入 67.5 m 的直线段（该段内布置渡槽），直线段与现状青兰高速连接线的交角为 80°，直线下游端以半径为 500 m 的圆弧与原总干渠下游段直线连接，直线上游端半径为 500 m 的圆弧调整方向后以半径为 500 m 的圆弧与上游渠道直线连接，连接点位于渚河南支排洪涵洞轴线附近，不影响渚河南支排洪涵洞布置。斜交改线方案平面布置示意见图 2.5.20。总干渠改线后渠段长度约为 699.4 m，较原渠道增加 15 m。改线段渠道中心线较原中心线最大偏离约 72.5 m。渠道轴线调整后，渡槽斜向长度为 62.5 m，按三跨设计时，渡槽各槽斜向跨度为 19.25 m、24.0 m、19.25 m。改线范围内约 400 m 长度渠道工程的开挖及回填已基本完成，只是尚未进行混凝土衬砌。因此，需对已施工的渠堤进行拆除，对改线段渠道重新进行开挖、筑堤。改线涉及的工程量为：增加土方开挖约 7 万 m³，大堤拆除 25 万 m³，土方填筑约 28 万 m³，混凝土 2 000 m³，新增工程占地约 38 亩，共需增加工程投资约 1 050 万元。

（4）改线方案比较。尽管不同改线方案主要通过调整总干渠局部线路实现，但由于渠道改线后青兰高速连接线穿越总干渠的位置发生变化，因净空要求，同样需要复核青兰高速连接线的竖曲线布置情况。因此，不同改线方案对总干渠、渡槽、青兰高速连接线均会产生一定的影响。

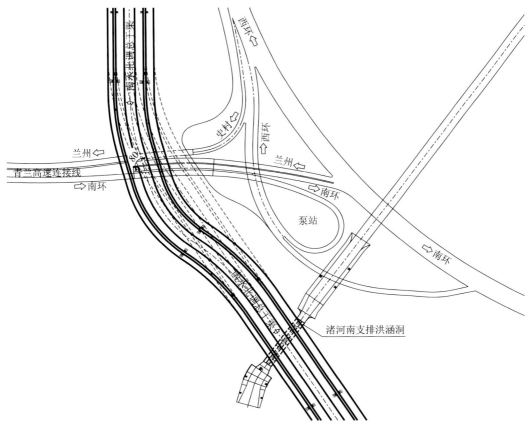

图 2.5.20　斜交改线方案平面布置示意图

对于南水北调总干渠，改线影响包括如下两个方面。

一方面，由于改线在渠道中增加了弯道，所以增加了由弯道引起的局部水头损失。经水力学计算，不同改线方案由于渠道轴线调整增加的水头损失分别如下。

不改线：无改线水头损失。

正交改线：改线水头损失为 0.65 cm。

斜交改线：改线水头损失为 0.35 cm。

若将改线增加的水头损失用于优化不改线方案的渡槽结构，则不改线方案与正交改线方案相比将减少工程投资约 250 万元，与斜交改线方案相比将减少工程投资 120 万元。

另一方面，改线范围内已施工的土方工程需要拆除，经适当处理后重新填筑，因此，需要增加工程费用，不同改线方案增加的工程费用分别如下。

不改线：不增加处理工程量和处理费用。

正交改线：改线长度约为 705.4 m，轴线长度增加 21 m，涉及已填筑的渠道约 400 m，新增工程占地约 48 亩，增加工程费用约 1 350 万元。

斜交改线：改线长度约为 699.4 m，轴线长度增加 15 m，涉及已填筑的渠道约 400 m，新增工程占地约 38 亩，增加工程费用约 1 050 万元。

对于青兰高速连接线，不同改线方案将影响连接线的竖曲线布置。根据现状连接线的竖曲线布置情况，下穿总干渠位置调整将使槽下净空发生变化，不同调整方案的净空减少情况如下。

不改线：槽下净空不变。

正交改线：交叉点移动距离为 61.85 m，槽下净空减少 45 cm。

斜交改线：交叉点移动距离为 38 m，槽下净空减少 25 cm。

上述净空减少并不影响现状连接线的竖曲线布置。

对于渡槽方案，不同改线方案将影响渡槽长度、跨度和布置，不同改线方案的渡槽斜长和长度变化引起的工程费用变化分别如下。

不改线：渡槽斜长为 70.55 m。

正交改线：渡槽斜长为 56.5 m，与不改线方案相比减少工程费用 1 300 万元。

斜交改线：渡槽斜长为 62.5 m，与不改线方案相比减少工程费用 1 070 万元。

综上所述，相对于现状线路布置，不同改线方案所产生的水头损失和工程费用变化情况如下。

正交改线：水头损失增加 6.5 mm，该水头用于不改线方案时，不改线方案将减少工程投资约 250 万元，综合考虑，正交改线方案增加工程费用 300 万元。

斜交改线：水头损失增加 3.5 mm，该水头用于不改线方案时，不改线方案将减少工程投资 120 万元，综合考虑，斜交改线方案增加工程费用 100 万元。

从技术经济比较角度考虑，改线后能减少渡槽工程费用，但由于交叉建筑物附近渠道工程土方填筑基本完成，考虑到改线范围内渠道工程改线及线路长度增加费用，两者相互抵消后，费用基本持平，且改线后增加了渠道工程弯道水头损失，改线区域内渠道拆除重建将在一定程度上影响相应部位渠道工程的施工进度。因此，渡槽设计仍以现状线路开展工作。

2）渡槽断面形式比选

该方案以渡槽架空方式从青兰高速连接线上方跨越连接线，渡槽两端与总干渠连接，形成南水北调总干渠的输水通道，连接道路从渡槽下方穿过。主要建筑物包括：槽身段、渡槽两端与渠道之间的连接段及挡土墙等相关设施。

（1）渡槽进出口局部水头损失。

在耗用水头的各类渡槽方案中，当渡槽断面相对于明渠断面发生一定程度的变化时，将在渡槽进出口处产生局部水头损失，局部水头损失大小与断面调整程度和流速变化程度有关。对于矩形渡槽断面，按式（2.5.1）计算进出口局部总水头损失。

$$h_w = 0.75 \frac{|v_1^2 - v_2^2|}{2g} \tag{2.5.1}$$

式中：v_1 为渡槽进口断面平均流速；v_2 为渡槽出口断面平均流速；g 为重力加速度。

（2）渡槽过水断面形式选择。

总干渠总体规划阶段未在青兰高速连接段分配水头，采用输水渡槽跨越连接线时，若按常规渡槽工程设计，渡槽采用矩形断面或 U 形断面，即使渡槽不设置进出口闸等设施，由于局部渠段的过水断面变化，也需要设置进出口渐变段，所以不可避免地会产生局部水头损失；要避免产生局部水头损失，就要求水流通过渡槽时，其过水断面的形状、纵坡不发生变化，避免水流要素在局部渠段发生调整。唯一可行的办法是渡槽过水断面与所在渠道过水断面一致，渡槽纵坡与所在渠道纵坡相同。为此，青兰高速交叉渡槽过水断面只能选择与总干渠相同或近似相同的梯形断面。

（3）梯形过水断面渡槽技术经济性。

根据渡槽过水断面形式选择研究结果，渡槽方案设计中拟定了扶壁式梯形断面渡槽，渡槽过水断面与所在渠段总干渠过水断面相同或基本相同。该方案渡槽采用承重板作为渡槽的承载主体，在承重板顶部靠两侧浇筑扶壁式挡水侧墙，中部浇筑底板，侧墙、底板与承重板一道形成梯形断面的输水渡槽。

经布置，承重板顺连接道路路线方向的宽度为 66.61 m，顺渡槽方向总长度为 63.00 m。渡槽承重板厚度与纵向支承结构形式（简支梁或连续梁）、渡槽跨度选择（3 跨或 4 跨）有关，为减小结构重量以降低下部结构工程投资，承重板按双向直线预应力混凝土结构设计。对于单向支承的连续板，沿总干渠水流方向采用变截面，沿连接线的行车方向为等截面；对于单向简支板方案，承重板采用等厚度板。

挡水侧墙、底板与承重板分开浇筑，利用施工冷缝减少渡槽底板对扶壁式挡水侧墙的约束作用，挡水侧墙沿纵向采用永久缝分块浇筑，减少温度效应，扶壁式挡水侧墙的稳定通过底板与承重板之间的摩擦作用维持。扶壁式挡水侧墙采用普通钢筋混凝土结构，按限裂设计，挡水板采用纤维混凝土。永久缝设两道止水，一道紫铜止水片、一道橡胶止水片。

以三跨连续板方案为代表，在不考虑额外增加渡槽水头的情况下，该方案槽体横断面见图 2.5.21，槽体纵向布置见图 2.5.22。

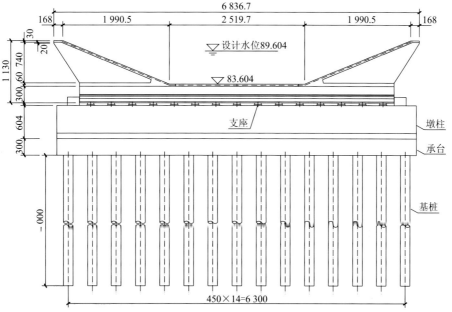

图 2.5.21　分体式扶壁梯形渡槽方案槽体横断面（高程单位：m；尺寸单位：cm）

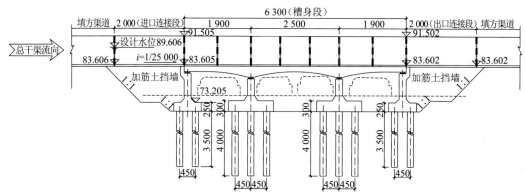

图 2.5.22　分体式扶壁梯形渡槽方案槽体纵向布置（高程单位：m；尺寸单位：cm）

i 为渠道纵坡

槽体结构应力分析成果见本书第 5 章相关内容。渡槽槽身段主要工程量见表 2.5.3。

表 2.5.3　分体式扶壁梯形渡槽方案槽身段主要工程量表

部位	项目	工程量	渡槽主体直接工程费	
			单价/元	费用/万元
上部槽体结构	挡水结构混凝土	4 680 m³	650	304.2
	平板支承结构混凝土	7 620 m³	800	609.6
	钢筋	1 630 t	6 000	978.0
	钢绞线	361 t	12 000	433.2
下部结构		51 584 t	970	5 003.6
合计				7 328.6

注：费用保留一位小数。

根据施工组织设计，本方案施工进度满足 2013 年 10 月完成工程建设的要求。

4. 处置方案选择

1）基本方案选择

在工程运行可靠性方面，加固隧洞方案和重建隧洞方案隧洞结构均可满足安全运行要求，但两方案对于隧洞基础处理均存在一定的盲区，存在总干渠工程建设和运行期间不均匀沉降变形的风险。由于隧洞上方为输水总干渠，一旦发生渗漏将可能使渗漏变形加剧，且交通隧洞为隐蔽工程，后期运行维护难度大，工程施工程序复杂，施工组织难度大，投资费用高。渡槽方案施工组织相对简单，渡槽结构受力明确，渡槽下方作为交通通道，总干渠和交通道路安全均有保障，渡槽和交通道路均为地面工程，运行维护相对简单，工程投资费用低，经技术经济比较基本方案选择分体式扶壁梯形渡槽方案。

2）代表槽型比选

新建渡槽除了采用与渠道完全相同的梯形断面外，还可以考虑近似相同的开口 U 形断面，为此设计考虑了开口 U 形预应力渡槽方案。

（1）开口 U 形预应力渡槽槽体结构。

开口 U 形预应力渡槽输水槽体、纵横向受力结构一体化，渡槽断面结构轮廓为曲线，横断面见图 2.5.23。

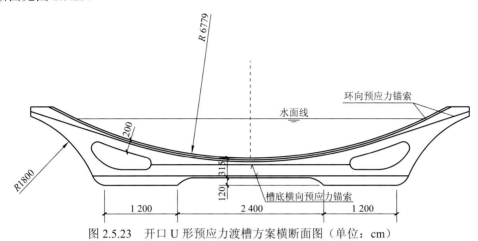

图 2.5.23　开口 U 形预应力渡槽方案横断面图（单位：cm）

由于该断面形状渡槽的纵向负弯矩（渡槽顶部受拉）钢筋及钢绞线难以合理配置，所以槽体结构纵向采用简支梁式支承结构，渡槽轴线与下部结构横向支承斜交。

开口 U 形预应力渡槽因输水断面和结构受力需要，断面横向支承结构的跨度达 36 m，槽体结构总高度为 11.85 m。结合槽下交通道路布置要求的跨度方案中，以 3 跨方案的中间跨跨度最大，纵向跨径为 25 m，仍小于横向跨度，渡槽槽壁厚度取值主要考虑横向结构要求。缩小渡槽的纵向跨度，一方面对减小渡槽槽壁厚度帮助不大，另一方面增加了下部结构工程量，不经济。因此，对于开口 U 形预应力渡槽方案，纵向布置采用跨径为 19 m＋25 m＋19 m 的简支梁式渡槽方案。

渡槽过水断面侧坡与渡槽两端梯形过水断面侧坡位于同一平面内，考虑到预应力布置需要，渡槽过水断面底部边界采用半径为 67.79 m 的圆弧与侧坡相切，渡槽横向（下部结构支承方向）底部支承宽度和支座横向布置则根据渡槽断面方向受力要求与结构优化确定，按加大水位条件下横向渡槽底部跨中弯矩较小（理想状态为零）的原则，确定渡槽横向上支座布置宽度为 2 m×12 m，支座中心间距为 36 m。支座上方框架结构在渡槽纵向为承重梁主体，横向上则作为渡槽输水断面的支承结构。

开口 U 形预应力渡槽横向需要沿渡槽过水断面内壁面布置环向预应力钢筋，底部支座横梁需要布置横向预应力钢筋，在纵向上需要布置纵向预应力钢筋。

（2）开口 U 形预应力渡槽槽体结构分析。

由于渡槽断面结构轮廓复杂，理论上讲，渡槽的结构计算和体型调整应采用三维有限元进行。在槽体结构选型时，沿渡槽下部结构支承方向取渡槽的斜截面结构按平面问题进行了分析，以确定渡槽槽体结构的壁厚。开口 U 形预应力渡槽方案有限元计算网格见图 2.5.24，满槽水深时有限元计算的应力云图见图 2.5.25。

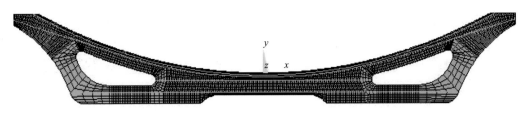

图 2.5.24　开口 U 形预应力渡槽方案有限元计算网格

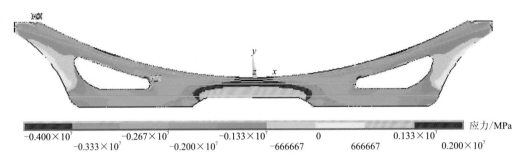

应力/MPa

| -0.400×10^7 | | -0.267×10^7 | | -0.133×10^7 | | 0 | | 0.133×10^7 | |
| -0.333×10^7 | | -0.200×10^7 | | -666667 | | 666667 | | 0.200×10^7 | |

图 2.5.25　开口 U 形预应力渡槽方案满槽水深时有限元计算的应力云图

开口 U 形预应力渡槽方案槽体结构主要工程量见表 2.5.4。

表 2.5.4　开口 U 形预应力渡槽方案槽体结构主要工程量表

部位	项目	工程量	渡槽主体直接工程费	
			单价/元	费用/万元
上部结构	槽体结构混凝土	12 130 m³	650	788.5
	钢筋	1 820 t	6 000	1 092.0
	钢绞线	728 t	12 000	873.6
下部结构		51 159 t	970	4 962.4
合计				7 716.5

注：费用保留一位小数。

（3）开口 U 形预应力渡槽施工。

开口 U 形预应力渡槽分三跨，需逐跨进行混凝土浇筑、预应力钢筋张拉等作业，各跨渡槽采用满堂支架立模，现浇浇筑成型。由于渡槽结构表面基本上以曲面为主，模板制作工艺要求高；渡槽浇筑高度达 11.85 m，即使分两仓浇筑，一次浇筑的混凝土高度仍达 7 m 左右，模板就位和固定难度大。初步分析单跨渡槽施工工期如下。

第一跨渡槽：满堂支架地基处理、支架架设、预压 45 天；渡槽底板（第一仓）模板安装固定，钢筋、预应力钢绞线制安 15 天；第一仓混凝土浇筑 3 天；渡槽侧墙（第二仓）模板安装固定，钢筋、预应力钢绞线制安 20 天；第二仓混凝土浇筑 3 天；待凝 7 天；纵横向预应力钢筋张拉施工 7 天。单跨渡槽施工总工期为 100 天。

第二跨渡槽：支架地基处理、支架架设、预压与第一跨重叠 30 天，其他槽体结构施工与第一跨相同，需要 70 天。

考虑渡槽从中间跨开始施工，第一跨施工后剩余两跨槽体同时作业，则渡槽上部结构施工总工期为 170 天。

渡槽上部结构施工完成后，方能进行渡槽两端连接段渠道局部渠堤填筑和连接段渠道混凝土衬砌结构施工。总工期可以保障在 2013 年 10 月底完工。

（4）方案比选。

一，从工程投资方面比选。

分体式扶壁梯形渡槽槽体的承重结构和挡水结构分别采用预应力与普通钢筋混凝土结构，可充分利用材料特性；而开口 U 形预应力渡槽采用全预应力结构，因过水断面大，槽体结构构造尺寸也大，总体而言，开口 U 形预应力渡槽上部结构总重量大，下部结构工程量也相应增加，因而投资较高。

二，从结构特性方面比选。

分体式扶壁梯形渡槽采用三跨连续梁布置方案，承重结构与输水槽体分开，受力明确，承重板尺寸较大，利用预应力提高应力控制标准可有效防止或减少混凝土开裂，槽体结构分块浇筑，结构尺寸较小，有利于减小温度效应影响。开口 U 形预应力渡槽采用连续梁布置方案时，由于槽身高度大，在负弯矩支座截面处槽壁上部受力条件较差；另外，由于开口尺度较大，在渡槽顶面布置拉杆存在一定的难度或不经济，横向预应力钢筋布置量大，且局部预应力水平高（图 2.5.25）。从结构特性方面考虑，分体式扶壁梯形渡槽承重结构与输水槽体分开，受力条件较好，而开口 U 形预应力渡槽采用全预应力结构，断面尺寸过大，受力条件复杂，局部应力水平高。

三，从施工难易程度方面比选。

分体式扶壁梯形渡槽先施工承重板，然后将承重板作为施工作业平台施工挡水结构，其施工方便，工艺简单；而开口 U 形预应力渡槽方案结构轮廓基本上为曲线，其模板需要专门制作，加工精度要求高，纵向、环向、横向预应力钢筋错综复杂，施工难度较大。

四，从施工工期方面比选。

两种渡槽方案槽体结构施工工期基本相当，均能满足在 2013 年 10 月底完工的要求。

五，比选结果。

综上所述，分体式扶壁梯形渡槽方案在结构受力、减小温度效应、纵向结构布置灵活性、简化施工工艺、节约工程投资方面均占有一定的优势。因此，渡槽槽体结构形式推荐采用分体式扶壁梯形渡槽。

2.5.3　分体式扶壁梯形渡槽结构特点

1. 水头损失小

为节省工程投资，规划设计阶段一般会将可利用水头沿渠线分配完，而在工程施工及运行期，若需新增其他建筑物或改造部分渠段为渡槽，大多没有额外水头可供分配利用，为保证工程的输水流量，需要研究采用低耗水头渡槽。

当渡槽断面与明渠断面不一致时，将在渡槽进出口产生局部水头损失，水头损失大小与断面调整程度和流速变化程度有关。除梯形断面（槽身断面同总干渠断面）可实现不额外增加水头损失外，其他断面如矩形或 U 形断面渡槽进出口不可避免地会产生局部水头损失。

从不额外产生水头损失、不影响总干渠输水能力、节省工程投资的角度考虑，南水北调中线青兰高速交叉渡槽工程在设计中大胆创新，在大流量渡槽中研发应用了不增加总干渠额外水头损失的分体式扶壁梯形渡槽。

2. 结构独立联合承载

分体式扶壁梯形渡槽包括预应力承重结构和挡水结构两部分，见图 2.5.26。其中，预应力承重结构是承载主体，分期浇筑于承重板上的扶壁式挡水结构作为输水和挡水构件。扶壁式挡水结构沿槽身纵向分结构缝，分缝后的挡水结构及挡水结构与两侧渠道之间设置止水。

图 2.5.26　分体式扶壁梯形渡槽三维体型图

渡槽的挡水结构与预应力承重结构分期浇筑，利用施工冷缝减少承重板对扶壁式挡水结构的约束，但利用扶壁式挡水结构的底板与承重板之间的接触和摩擦作用维持稳定。该形式渡槽预应力承重结构和钢筋混凝土挡水结构既相互独立又协同承载，结构受力合理，分别满足预应力结构设计控制标准和普通钢筋混凝土结构设计控制标准，可充分发挥材料性能。

2.5.4　分体式扶壁梯形渡槽的运行监测

分体式扶壁梯形渡槽结构研究成果已在南水北调中线青兰高速交叉渡槽工程中成功应用，2013 年工程建成后即开始对该渡槽进行充水试验（图 2.5.27），试验最高水位为加大水位 6.346 m，试验过程中对槽体钢筋应力、混凝土应力、挠度、水平变形等进行了监测。

图 2.5.27　青兰高速交叉渡槽工程充水试验

试验测得加大水位荷载作用下，中间跨跨中最大位移增量约为 1.78 mm，小于设计计算值和规范限制最大值；表 2.5.5、表 2.5.6 为渡槽平板支承结构的测点及应力监测值统计表，结果表明，充水试验过程中所有测点的应力均满足控制标准的要求，槽体应力分布规律与三维仿真分析计算结果一致。

表 2.5.5　平板支承结构顺流向测点及应力监测值

断面位置	测点位置	测点	仪器编号	应力值范围/MPa
中间跨 跨中	上表面	Z1（顺流向）	S01DC	-10.70～-6.61
	下表面	Z2（顺流向）	S03DC	-6.70～-3.27
中间 支座	上表面	Z3（顺流向）	S05DC	-5.30～-3.15
	下表面	Z4（顺流向）	S07DC	-4.18～-2.40

表 2.5.6　平板支承结构顺车道向测点及应力监测值

断面位置	测点位置	测点	仪器编号	应力值范围/MPa
中间跨 跨中	上表面	H1（顺车道向）	S02DC	-5.04～-3.05
	下表面	H2（顺车道向）	S04DC	-2.98～-1.08
中间 支座	上表面	H3（顺车道向）	S06DC	-4.26～-2.98
	下表面	H4（顺车道向）	S08DC	-2.28～-1.23

充水试验过程中，青兰高速交叉渡槽工程槽身监测项目测值正常，与设计值基本相当，渡槽工作性态正常，结构安全。2014 年南水北调中线工程正式通水运行至今，青兰高速交叉渡槽工程运行平稳，监测数据正常。

2.5.5 分体式扶壁梯形渡槽的先进性

（1）分体式扶壁梯形渡槽槽身过水断面同总干渠，为梯形断面，无额外局部水头损失，可解决工程布置无额外水头调配的问题。同时，渡槽断面与总干渠断面一致，可避免像常规渡槽一样设置进出口建筑物，减少工程投资。

（2）分体式扶壁梯形渡槽承重构件和输水构件相互分离，结构受力合理，构件分别满足预应力结构设计控制标准和普通钢筋混凝土结构设计控制标准，可充分发挥材料性能，节省工程投资。

（3）分体式扶壁梯形渡槽槽身的承重构件和输水构件相互分离，可分期浇筑，方便施工。另外，分体式结构混凝土厚度较小，有利于混凝土温控。

（4）青兰高速交叉渡槽工程采用分体式扶壁梯形渡槽结构形式，槽身底宽 22.5 m，顶宽 56.475 m，高 7.55 m，断面尺寸远大于国内外渡槽结构断面尺寸。

总之，分体式扶壁梯形渡槽水力条件优越，结构受力合理，施工方便，可节省工程投资和工期，为一种先进而新颖的渡槽结构形式。

2.6 超大型输水渡槽配套装备

2.6.1 预应力锚固体系

1. 纵向固定端新型 P 锚

超大 U 形渡槽限于其结构体型，纵向预应力钢筋一般布置为直线索，锚固体系位于渡槽两端，在设计和施工中发现传统的锚固体系有以下问题需要考虑和解决。

（1）南水北调中线总干渠输水渡槽结构体型大，主要采用现浇的施工方式，沿总干渠方向逐跨顺序浇筑，先浇槽和后浇槽之间如果预留张拉后浇带，则二期混凝土与一期混凝土之间就会存在新老混凝土结合面，该结合面为薄弱面，若处理不好不仅影响渡槽结构的耐久性，而且极易出现渗漏水，故对于这种超大薄壁预应力渡槽一般采用单端张拉不留后浇带的方式。

（2）单端张拉的渡槽预应力锚固端均在先浇槽与后浇槽之间的伸缩缝止水附近，而张拉端位于后浇槽的另一端。传统的做法就是在锚固端采用挤压锚、锚垫板、螺旋筋和约束圈等形成 P 锚，但为了增加有效预应力的施加长度，需将 P 锚的锚垫板尽量向先浇槽靠近，已穿索的预应力钢筋没有制作挤压锚的空间。

（3）为了制作 P 锚，需要将已经穿索的预应力锚束整体向张拉端移动，腾出空间制作完成 P 锚之后，再整体将预应力锚束和 P 锚拖移至设计位置固定。对于根数较多的长索，拖拽难度较大，施工效率低，同时容易造成波纹管偏移。以湍河渡槽 $12 \times \phi 15.2$ mm

的预应力束为例，其单束预应力钢绞线重量约为 530 kg，在槽墩高施工平台上已经绑扎好的钢筋笼中人工移动预应力钢筋，其难度极大，而采用机械移动，其设备布置也非常困难，还会使已经安装好的普通钢筋的位置偏移，需要重新调整普通钢筋，增加工作量。另外，现有的 P 锚由于制作空间狭小，成型质量也不易保证，影响锚固性能。

为解决以上问题，专门针对超大薄壁 U 形渡槽对固定端新型 P 锚[9]进行了研发，通过加大锚垫板上的开孔（孔径大于挤压锚头直径），在穿索以前完成挤压锚的制作，并在所有预应力钢绞线穿索到位后将挤压锚头逐个穿过锚垫板。同时，设计了一个两瓣式的开口套，该开口套内径小于挤压锚头直径，一端外径大于锚垫板开孔孔径，另一端外径略小于锚垫板开孔孔径。当挤压锚头穿过锚垫板后通过开口套将挤压锚头锚固于锚垫板上，另外在开口套的小头端开一道槽，当介入的开口套小头端穿过锚垫板后，在沟槽中卡上一个直径略大于锚垫板开孔孔径的 C 形扣环，就能保证开口套稳定工作。

固定端新型 P 锚（图 2.6.1、图 2.6.2）已在南水北调中线湍河渡槽工程中成功应用，解决了在空间狭小而且钢筋密集的预应力固定端操作挤压机施工挤压锚头困难的问题，不仅降低了固定端 P 锚的制作施工难度，提高了工作效率和工程质量，而且能够将固定端 P 锚最大限度地靠近渡槽的被拉端，增加有效预应力的施加长度。

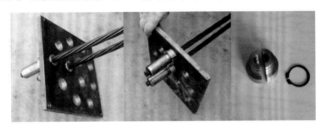

图 2.6.1　固定端新型 P 锚实物组装图

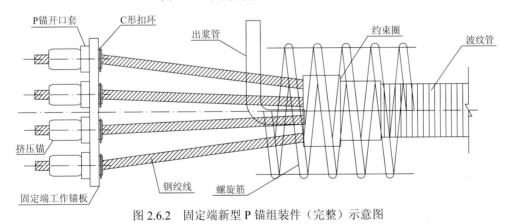

图 2.6.2　固定端新型 P 锚组装件（完整）示意图

2. 环向小间距联排扁形锚具的张拉端装置

南水北调中线超大薄壁 U 形渡槽槽身荷载大，环向结构尺寸小，预应力钢筋布置密集，经常会用到扁形锚具，目前已经标准化的主要有 2 孔、3 孔、4 孔和 5 孔扁锚。锚具对于预应力结构来说是一个重要的构件，各方面的要求很高，经过使用发现标准的扁锚主要存在以下问题。

（1）扁锚的孔数较多时，预应力钢筋偏角大，预应力损失大。多个大型工程的现场试验证明，3孔以内的扁锚预应力损失能得到很好的控制，超过3孔的扁锚预应力损失控制要求比较高。

（2）对于预应力度比较高的薄壁结构，由于预应力锚索布置得非常密集，标准的扁锚可能出现锚下混凝土局部受压承载力不足的问题，同时，锚垫板及锚下局部承压螺旋筋数量多，安装定位工作量大，且难度高。

（3）当采用有黏结预应力时，需对预应力波纹管进行孔道灌浆，在实际的施工过程中经常出现孔道灌浆不密实的问题，对于薄壁结构其危害较大；当采用无黏结预应力时，张拉端锚头是预应力体系的薄弱环节，应加强防护。

针对以上问题，研发了环向小间距联排扁形锚具[9]。该锚具系统为避免孔道灌浆不密实带来的危害，采用无黏结预应力体系。每三根预应力钢筋作为一组三孔扁锚单元，并将多个三孔扁锚单元的锚垫板连成一个整体，根据钢绞线的间距布置和锚下混凝土局部承压需要调整锚垫板的长度与宽度。同时，为施工方便将锚下局部承压钢筋由传统的螺旋筋改为网片筋，并进行了无黏结预应力的锚头防腐设计。图2.6.3为环向小间距联排扁形锚具的张拉端装置结构示意图，图2.6.4为湍河渡槽仿真试验槽及工程槽采用的几种环向小间距联排扁形锚具的平面视图。

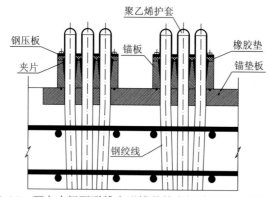

图2.6.3　环向小间距联排扁形锚具的张拉端装置结构示意图

环向小间距联排扁形锚具已在南水北调中线湍河渡槽工程中成功应用，其优点如下：①环向小间距联排扁形锚具预应力钢筋偏角小，预应力损失可控；②利用环向小间距联排扁形锚具，不仅解决了标准扁锚锚下混凝土局部承压能力不足的问题，而且通过将多个分散的小间距锚板布置在同一个锚垫板上，结构所受预应力更加均匀；③环向小间距联排扁形锚具可以将多个锚垫板连成一个整体，且在下部采用通长直线网格的局部承压筋，方便锚具及配套件的安装定位，有利于提高锚具系统的安装精度和效率；④环向小间距联排扁形锚具采用无黏结预应力钢筋，预应力系统无须进行孔道灌浆，减少了灌浆施工工序，不存在薄壁预应力结构孔道灌浆不密实的问题，工程质量和安全有保证；⑤环向小间距联排扁形锚具提供了一套严密的无黏结预应力张拉端锚固区防腐装置，该装置不仅防腐效果好，而且施工方便。

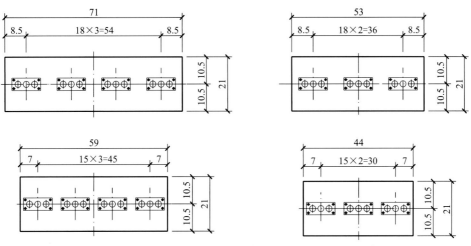

图 2.6.4   湍河渡槽几种环向小间距联排扁形锚具的平面视图（单位：cm）

2.6.2   渡槽止水新结构

伸缩缝止水结构是超大薄壁 U 形渡槽重要的细部构造，设计和施工难度大，失效比例高，决定着渡槽工程的成败。目前国内大型渡槽工程的止水结构主要有中埋式、黏合式和压板式，但均存在不同的问题。

（1）中埋式止水结构。直接将止水带浇筑在混凝土中，此种形式止水带下面的混凝土难以振捣密实，导致止水带与下部混凝土的结合部位易产生缺陷，影响止水效果，同时一旦止水带损坏便无法修补更换，且仅限于现浇工艺施工。

（2）黏合式止水结构。直接利用环氧砂浆将止水带黏结在结构混凝土上，止水效果取决于黏结的效果和混凝土基面的质量。由于止水处于渡槽伸缩缝位置，接缝为活缝。在温度作用下，止水会受到往复拉伸和压缩，效果不易保证，并且还存在基面处理要求高、难以满足设计要求的问题。

（3）压板式止水结构。采用预埋螺栓及钢压板固定止水带，止水效果受紧固基面平整度和紧固力的制约，预埋螺栓的精度也不易控制，止水效果一般也不理想。南水北调中线湍河渡槽的 1:1 仿真试验槽在深入研究各种伸缩缝止水结构后，通过采取在止水带下增设柔性垫层、钢压板特型设计和预埋钢筋统一定位螺栓等措施，改进了传统的压板式止水结构，但在止水安装完成后进行充水试验时发现，止水带仍然出现了明显渗水，究其渗水原因主要有：①即使进行了预埋钢筋定位，拆模后发现螺栓施工精度仍然较差；②基面缺陷多，柔性材料和止水带无法与基面密封；③选用的柔性黏结材料不能与止水带和基面很好地黏合。

为进一步解决渡槽伸缩缝止水渗漏水问题，改变传统止水结构的止水原理，提出了以下两种新型的渡槽止水结构方案。

一，黏压式渡槽止水结构，见图 2.6.5。通过预埋不锈钢止水基座解决传统黏合式或压板式止水结构基面处理要求高、难度大的问题，止水带先采用黏结的方式固定于不锈钢止水基座上形成黏合式止水结构，再采用螺栓和钢压板将止水带压紧，以进一步增强止水效果，形成黏压式渡槽止水结构。该止水结构的预埋螺栓孔位于止水基座上，现场施工时根据止水基座上的孔位对钢压板和止水带开孔，解决了传统止水螺栓预埋精度不易控制的问题，且精度高，紧固力有保障；另外，该新型止水结构还可以在后期维修和更换。

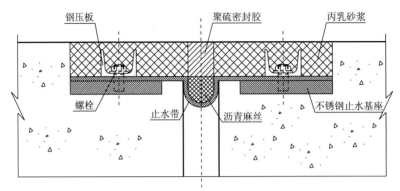

图 2.6.5　黏压式渡槽止水结构

二，嵌槽式渡槽止水结构，见图 2.6.6。该渡槽止水结构通过螺栓和钢压板将异形止水带上的圆管状凸起挤压嵌入不锈钢嵌槽阻断渗漏通道以止水，并通过"黏"的方式进一步增强止水效果，该止水弱化了传统黏合式或压板式止水结构对混凝土基面平整度的高要求。另外，该新型止水结构的预埋螺栓孔位于不锈钢嵌槽上，现场施工时根据该孔位对钢压板和止水带开孔，解决了传统止水结构螺栓预埋精度不易控制的问题，且精度高，紧固力有保障。该新型止水结构也可以在后期维修和更换。

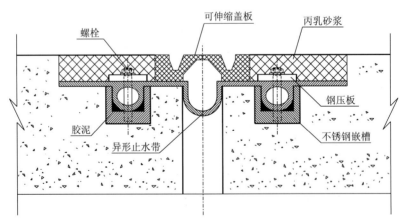

图 2.6.6　嵌槽式渡槽止水结构

经过现场试验验证，以上两种伸缩缝止水结构均解决了超大薄壁 U 形渡槽止水渗漏水的问题，止水效果及可靠性很好，其中，黏压式渡槽止水结构已经在南水北调中线湍河渡槽、澧河渡槽和刁河渡槽等工程中推广应用。

第3章

湍河 U 形渡槽设计

3.1 湍河渡槽设计条件

3.1.1 湍河水文条件

1. 概况

湍河是唐白河水系白河支流，发源于伏牛山南麓，自西北向东南流经内乡、邓州，在新野王集白滩东南汇入白河。干流全长 211 km，流域面积超 5 300 km²。流域地势西北高东南低，全域呈狭长形。

湍河自河源至后会为上游，河道弯曲狭窄，落差约为 645 m，平均比降为 11‰。后会到内乡为中游，干流河长 46.4 km，沿途属于丘陵平原区，平均比降为 2‰，其中下段河道淤塞严重，河宽一般在 300~500 m。内乡以下为下游，平均比降为 0.9‰。

南水北调中线总干渠在邓州十林小王营南至赵集冀寨北采用梁式渡槽穿过湍河，交叉断面以上湍河集水面积为 2 326.3 km²。

2. 历史洪水

自 1955 年以来，水利部长江水利委员会、河南省水利厅、中铁第四勘察设计院集团有限公司等单位，先后分别对湍河干流和主要支流进行过多次历史洪水调查测量，重点河段进行了反复调查复核，并且在后会—内乡段进行了沿河两岸逐村调查测量。在后会至邱湾 78 km 河段内，1919 年洪水最为突出，沿线居民均反映该年洪水是近一二百年以来的最大洪水，干流沿程及主要支流均调查测量到较可靠的洪水位，部分河段还进行了推流。杨砦站 1919 年洪水的洪峰流量曾推算为 9 780 m³/s（1971 年 4 月）、11 100 m³/s（1971 年 10 月）。本工程设计中对干支流各河段历次洪峰流量的计算方法、计算成果进行综合分析比较，结合本工程设计中采用的两种方法的复核计算结果，认为 1919 年洪水的洪峰流量采用 10 000~11 600 m³/s 较为合适。1919 年洪水的重现期，主要根据《河南省历代大水大旱年表》中内乡 1422 年以来水灾灾情记载，以及调查访问中沿线居民对该年洪水的反映，经综合分析后确定为 150~200 年一遇。1919 年历史洪水的 24 h、72 h 洪量，由峰量相关延长线插补得到。

3. 设计洪水计算

1995 年原初步设计中，湍河交叉断面的设计洪水直接采用杨砦站经插补延长后的 1953~1994 年洪水系列，并加入 1919 年历史洪水。由频率计算方法计算的杨砦站设计洪水成果见表 3.1.1。

表 3.1.1　杨砦站设计洪水成果表

项目	频率						
	0.33%	1%	2%	3.33%	5%	10%	20%
洪峰流量/（m³/s）	9 950	7 590	6 160	5 130	4 360	3 030	1 850
水位/m	134.92	134.25	133.83	133.49	133.23	132.73	132.22

3.1.2　地质

1. 地形地貌

河渠交叉处主河床靠近右岸，左岸有较宽阔的漫滩，两岸有一、二级阶地分布。

湍河流向近南北，河谷形态呈浅 U 形，河床地形平坦。河床两侧漫滩呈不对称发育，左侧宽阔，低漫滩宽 50~200 m，高漫滩宽 200~400 m，高出低漫滩约 2 m，右岸漫滩不连续，狭窄分布，宽 20~50 m。

一级阶地断续分布在右岸。阶面高程 132.0~133.8 m，略倾斜。前缘呈缓坡，与漫滩衔接，后缘呈斜坡，与二级阶地相接。

二级阶地两岸均有分布。右岸：分布于小王营东，南北向长 320~420 m，东西向宽 170~320 m，地面高程 136.3~138.3 m。左岸：沿湍河分布，宽 1000 m 以上，地面高程 136.1~136.7 m。

2. 地层岩性

工程区地层主要有新近系（N）和第四系（Q），新、老地层呈不整合接触。

第四系由上更新统（Q_3^{al-l}）和全新统（Q_4^{al}）组成。

上更新统（Q_3^{al-l}）：冲、湖积成因，具双层结构，上部为粉质黏土、壤土，下部为粗砂、砾砂。构成两岸二级阶地，总厚度 6.0~13.0 m。

全新统下部（Q_4^{1al}）：冲积成因，具双层结构，上部为粉质黏土、砂壤土，下部为粗砂，分布于右岸一级阶地。

全新统上部（Q_2^{2al}）：分布于河床及漫滩，冲积成因，主要由粗砂、砾砂组成，局部漫滩顶部有薄层砂壤土或夹粉质黏土透镜体。

3. 地质构造

南阳构造拗陷形成于中、新生代，其内沉积了深厚的河湖相物质，新构造运动主要表现为大面积缓慢抬升。工程区位于南阳构造拗陷西北部，近场区未发现有第四纪断裂，区域构造稳定。

4. 区域地质稳定

根据中国地震局分析预报中心《南水北调中线工程沿线设计地震动参数区划报告（50 年超越概率 10%）》，场地地震动峰值加速度为 0.05g，地震基本烈度为 VI 度。

5. 水文地质条件

工程区属大陆性季风气候区，夏季炎热，冬季寒冷干燥，年平均气温在 15 ℃ 左右，多年平均降雨量在 800 mm 左右，降雨多集中在 7～9 月，河水具暴涨陡落特征。

区内水文地质条件简单，含水层主要有第四系孔隙含水层和新近系孔隙、裂隙含水层。

3.1.3　渡槽规模

湍河渡槽是陶岔—沙河南段上的河渠交叉建筑物，是南水北调中线工程输水总干渠的重要组成部分，对实现全线向北京、天津、河北、河南供水发挥了重要作用。

根据南水北调工程总体规划，南水北调中线工程分期建设，一期工程多年平均调水量为 95 亿 m³，后期工程多年平均调水量为 120 亿～140 亿 m³。为使工程规模合理，同时又能满足供水要求，总干渠各段采用两个流量标准，即设计流量与加大流量。设计流量选用相应段长系列流量过程中保证率为 80%～90% 的流量；加大流量即该系列中出现的最大流量。

按照水源工程丹江口水库的可调水量、受水区不同水平年的需水要求及调蓄设施等条件，经调节计算分析，一期工程渠首设计流量为 350 m³/s，加大流量为 420 m³/s，相应总干渠穿湍河的建筑物设计流量为 350 m³/s，加大流量为 420 m³/s。

3.1.4　总干渠设计参数

湍河渡槽工程段进口处桩号为 36+289，出口处桩号为 37+319，总干渠设计参数见表 3.1.2。

表 3.1.2　总干渠设计参数

项目		单位	数量
设计流量		m³/s	350
加大流量		m³/s	420
上游渠道	上游设计水位	m	145.645
	上游加大水位	m	146.365
	设计水深	m	8.00
	加大水深	m	8.72
	渠顶高程	m	147.565
	渠底高程	m	137.645
	渠底宽度	m	19.0
下游渠道	下游设计水位	m	145.195
	下游加大水位	m	145.865
	设计水深	m	7.50
	加大水深	m	8.17
	渠顶高程	m	147.065
	渠底高程	m	137.695
	渠底宽度	m	23.0
渠道边坡			1：2
渠道纵坡			1/25 000

3.1.5　交叉断面河道特征值

工程区两岸地势开阔，河床宽浅。河渠交叉处主河床靠近右岸，左岸有较宽阔的漫滩，两岸有一、二级阶地分布。

湍河渡槽为大型河渠交叉建筑物。工程防洪标准为：100 年一遇洪水设计，相应洪峰流量为 7 590 m³/s；300 年一遇洪水校核，相应洪峰流量为 9 950 m³/s。

湍河交叉断面处，枯水期水面宽 80～150 m，洪水期水面宽 700 多米，河床两侧漫滩呈不对称发育，左岸宽阔，低漫滩宽 50～200 m，高漫滩宽 200～400 m，高出低漫滩约 2 m，右岸漫滩不连续，狭窄分布，宽 20～50 m，前缘呈低坎或缓坡，与河床相接。工程区河流特性见表 3.1.3。

表 3.1.3   湍河交叉断面处河流特性

项目	洪水频率				
	0.33%	1%	2%	3.33%	5%
流量/（m³/s）	9 950	7 590	6 160	5 130	4 360
水位/m	134.92	134.25	133.83	133.49	133.23
河床底高程/m			127.9		

3.2 湍河渡槽工程布置

3.2.1 线路与槽身段长度

1. 湍河渡槽线路

湍河渡槽是南水北调中线工程跨越湍河的大型输水渡槽，根据总干渠左右两岸渠道工程布置，交叉河段河道宽阔、主槽贴靠右岸，左岸为大片滩地。该河段主槽顺直，主槽与滩地边线近乎直线，主槽宽度变化不大，河道左右两岸无堤防。

从湍河左右两岸渠道连线与河道的交叉关系看，连线与河道水流流向交角约为 82°，要进一步调整渡槽轴线与湍河交叉断面的水流角度，宜将渡槽左岸端点沿河岸向上游移动或将渡槽右岸端点沿河岸向下游调整；然而，右岸渡槽起点位于河岸矶头略下游侧，该部位岸坡稳定，沿河岸向上游移动则使得渡槽进口建筑物处于不利条件，且总干渠渠道左右两侧受王营和孙和村庄制约，可调整裕度不大；左岸总干渠右侧受冀寨居民点制约，调整幅度也受到限制，且干渠地基条件不利，技术经济方面没有明显优势。因此，湍河渡槽线路基本以渡槽与湍河左右两岸总干渠端点连线为主线展开布置，两岸岸坡稳定，交通便利，有利于施工场地布置。湍河渡槽轴线与河道的关系见图 3.2.1。

2. 渡槽槽身段长度

工程轴线区域地势开阔，地形平坦，地面高程 129～138 m，河谷切深 4～7 m，地貌形态呈 U 形，河谷宽 700 多米，河道上建渡槽后，即使渡槽布置不缩窄河床，由于槽墩的阻水作用，仍将引起上游河道洪水位一定程度的壅高。当遭遇 20 年一遇洪水时，交叉断面河道水位壅高约 24 cm，未超过初步设计技术规定允许值，同时渡槽上游河道两侧无堤防，水位壅高后洪水不出河槽，不增加当地防洪负担，也不造成新的淹没损失。综合考虑，湍河渡槽在交叉断面全断面布置跨河渡槽，根据两岸河道布置条件，渡槽槽身段长度为 720 m。

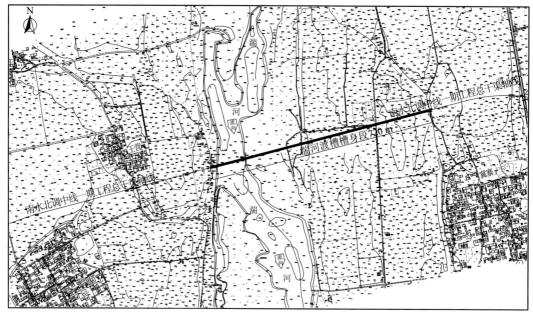

图 3.2.1 湍河渡槽线路图

3.2.2 槽体断面设计

1. 槽跨与断面选型

根据湍河河道行洪要求，经技术经济比较，矩形和 U 形两种断面结构的渡槽均采用 40 m 跨度。

考虑渡槽运行期间需具备轮换检修条件，渡槽可独立输水通道不少于 2 个，结合不同断面形式的结构特点，湍河渡槽重点比较了简支箱体结构的三向预应力双通道矩形渡槽和简支薄壳双向预应力三通道 U 形渡槽。

双通道矩形渡槽由于断面大、结构荷载自重大，结合当时的施工设备水平，采用满堂支架施工；三通道 U 形渡槽采用专用造槽机施工。经技术经济比较，双通道矩形渡槽满堂支架施工需要在湍河河道内进行施工导流，渡槽下方河道内需要进行支架地基处理，渡槽施工临时费用较高；三通道 U 形渡槽直接采用专用造槽机在渡槽槽顶施工作业，可大幅度简化施工期间的施工导流设施，不需要对渡槽下方的河道地基进行加固，临时工程费用较少，但专用造槽机费用较高。经设计方案比较，当湍河渡槽槽身段长度为 600 m 时，专用造槽机施工费用与满堂支架施工方案综合费用相当，渡槽长度进一步加大时专用造槽机方案的优势明显上升。因此，湍河渡槽槽身段采用三通道 U 形渡槽方案，专用造槽机施工。

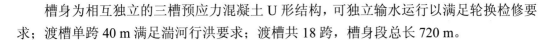

槽身为相互独立的三槽预应力混凝土 U 形结构,可独立输水运行以满足轮换检修要求;渡槽单跨 40 m 满足湍河行洪要求;渡槽共 18 跨,槽身段总长 720 m。

2. U 形渡槽过水断面

初步拟定渡槽过水断面进口槽底高程为 139.25 m,出口槽底高程为 139.00 m,槽身下部为内半径为 4.50 m 的半圆,半圆上部接直立边墙。渡槽过水表面粗糙系数取 0.014,根据总干渠水头分配,渡槽进口渐变段入口断面与出口渐变段出口断面可利用水头差为 0.45 m,水力学断面设计中拟定直立边墙段高度 f 与底半径 R_0 的关系为 $f=(0.4\sim0.6)R_0$。设计流量下渡槽槽身过水断面按明渠均匀流确定,根据拟定的渡槽断面参数,经水力学计算,设计流量下渡槽进出口水位差为 0.448 m,小于可利用水头 0.45 m,满足要求。此时,槽内设计水深为 6.04 m,直立边墙段设计水深为 1.54 m。

渡槽过加大流量时,根据渡槽进出口干渠水位,按非均匀渐变流水面线确定渡槽加大流量下的过水断面。计算中根据明渠渐变流能量方程,由渡槽出口渐变段末端总干渠水位 145.865 m 向进口推算加大流量水面线,推算结果为进口加大水位为 146.365 m,槽内最大加大水深为 6.71 m,直立边墙段加大水位高度为 2.51 m。设计流量和加大流量下渡槽水面线推算结果见表 3.2.1。

表 3.2.1　渡槽水力学计算成果

断面名称	长度/m	设计流量		加大流量	
		水位/m	水深/m	水位/m	水深/m
进口渠道连接段	113.30	145.645	8.00	146.365	8.72
退水闸段					
退水闸出口/进口渐变段进口		145.633	7.99	146.352	8.71
进口渐变段	41.00				
进口渐变段出口/进口闸闸室进口		145.573	6.32	146.270	7.02
进口闸闸室段	26.00				
进口闸闸室出口/进口连接段进口		145.421	6.17	146.093	6.84
进口连接段（方形变圆形）	20.00				
进口连接段出口/槽身段进口		145.294	6.04	145.960	6.71
槽身段	720.00				
槽身段出口/出口连接段进口		145.044	6.04	145.693	6.69
出口连接段（圆形变方形）	20.00				
出口连接段出口/出口闸闸室进口		144.997	6.00	145.641	6.64
出口闸闸室段	15.00				

续表

断面名称	长度/m	设计流量		加大流量	
		水位/m	水深/m	水位/m	水深/m
出口闸闸室出口/出口渐变段进口		145.158	6.16	145.817	6.82
出口渐变段	55				
出口渐变段出口/出口渠道连接段进口		145.198	7.50	145.866	8.17
出口渠道连接段	19.7				
出口渠道连接段出口		145.197	7.50	145.865	8.17

3. 槽体结构断面

在满足设计流量和加大流量下过水断面要求的前提下，按相关技术标准，渡槽水面以上需要一定超高，并根据渡槽纵横向槽体结构强度和构造要求确定渡槽槽壁厚度与局部构造，见图 3.2.2。

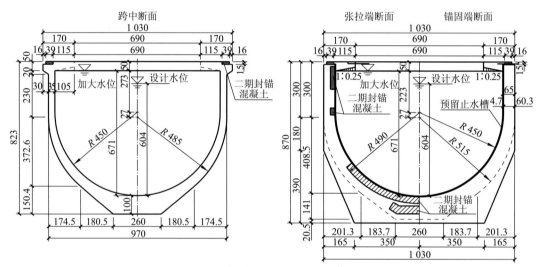

图 3.2.2　槽身断面图（单位：cm）

1）过水断面以上超高

利用水力学计算的设计水深 $h=6.04$ m 和加大水深 $h'=6.71$ m，可得渡槽总高度为 $H=6.71$ m。拟定渡槽进口槽顶高程为 146.48 m，槽底高程为 139.25 m，出口槽顶高程为 146.23 m，槽底高程为 139.00 m，槽身高度为 8.23 m，半圆上部接 2.73 m 直立边墙。

2）跨中断面结构厚度

U 形渡槽槽身横断面底部为半圆形，两边墙为直线段，槽顶设置拉杆。槽顶端加大形成边梁以增加槽身刚度并作为施工及运行期的人行道，槽底弧形段加厚以便于布置纵向受力钢筋同时加大槽身刚度。

渡槽跨中断面槽壁厚度取值主要考虑渡槽横截面承载能力、壳体稳定、纵环向预应力钢绞线布置、普通钢筋布置及其保护的基本要求；结合同类工程经验，槽壁厚度 t 与槽底半径 R_0 的关系为 $t=(1/15\sim1/10)R_0$，取 35 cm。

渡槽侧墙顶部设置顶梁，一方面增加对壳体横断面方向的约束刚度，同时纵向上可作为槽体纵向简支梁的上翼缘，另一方面增加纵向弯曲的受压区混凝土截面面积，参考同类工程经验，顶梁宽度 $a=(1.5\sim2.5)t$，厚度 $b=(1\sim2)t$。根据横断面横向框架结构内力分布特征，渡槽槽体横断面方向上，槽底弯矩最大，结构上需要适当加厚，以提高截面抗弯承载能力，经结构分析，将槽底外轮廓圆心在过水断面基础上下移 27 cm；考虑到渡槽纵向预应力钢筋布置构造要求和混凝土施工要求，槽底外轮廓按平底设计，中心线处厚度增加到 100 cm。

3）支座截面

简支 U 形渡槽纵向上可视为简支梁，内力纵向分布特征为：跨中断面弯矩最大、剪力最小，自跨中向两端支座纵向弯矩逐渐减小，但剪力逐渐增大。而渡槽在纵向横截面方向上弯矩与剪力分布变化不大，支座段横截面方向上的弯矩与剪力随着纵向剪力的增加而增加，支座处达到最大值。由于渡槽横向结构尺寸与纵向槽跨的比约为 1/4，不占绝对优势。为增加渡槽整体刚度，将渡槽支座范围内槽壁面加厚，形成框架结构，一方面增加渡槽的整体刚度，另一方面减少渡槽端部支座横向跨度对槽体结构横向内力分布的影响，同时为满足纵向预应力锚索锚头布置构造要求，对槽体端部 2 m 区域壁面进行加厚，槽壁需加厚到 65 cm，端肋底部渡槽弧底混凝土最小厚度为 140 cm；为避免结构外形突变造成局部应力集中，设置 215 m 的渐变过渡段。

4）顶梁与拉杆

南水北调中线渡槽为运行期间轮换检修，各输水通道需具备独立输水条件。为便于运行维护和巡查，槽体顶部一般按开口断面设计；为增加 U 形渡槽断面的稳定性、有利于槽体结构横向截面变形控制、增加渡槽侧壁的稳定性、改善渡槽的受力状况，渡槽顶部设横向拉杆，拉杆中心间距为 2.5 m，拉杆截面尺寸为 0.5 m×0.5 m；结合造槽机施工特点，拉杆均采用预制的方式施工，与槽体钢筋同期安装，作为埋件浇筑形成渡槽槽体。在槽身顶部通过盖板形成人行道，便于槽身之间的联系及检修。

3.2.3　工程布置方案

1. 湍河渡槽平面布置

湍河渡槽总平面布置见图 3.2.3，顺总干渠流向，自起点至终点，依次为进口渠道连接段、进口渐变段、进口闸闸室段、进口连接段、槽身段、出口连接段、出口闸闸室段、出口渐变段、出口渠道连接段 9 段[10]。在渡槽进口渠道连接段右岸布置退水闸。工程轴线总长 1 030 m。湍河渡槽的设计流量为 350 m³/s，加大流量为 420 m³/s。结合渡槽造槽机施工和下部基础设计，三槽之间间距为 3.6 m，渡槽三槽水平布置总宽（顺河流向）为 37.50 m。

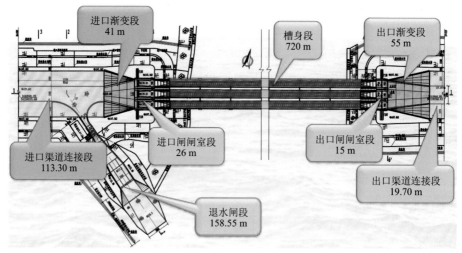

进口渐变段 41 m
槽身段 720 m
出口渐变段 55 m
进口闸闸室段 26 m
出口闸闸室段 15 m
进口渠道连接段 113.30 m
出口渠道连接段 19.70 m
退水闸段 158.55 m

图 3.2.3　湍河渡槽总平面布置图

2. 进出口渐变段

进口渐变段进水口和出口渐变段出水口分别与渡槽两端梯形断面渠道过水断面一致，底高程也相同。进口渐变段出水口和出口渐变段进水口分别与渡槽进口闸和出口闸的总宽度一致，为矩形断面，断面底高程与闸室底高程相同。进口渐变段和出口渐变段长度分别按渐变段各自两端的水面宽度差值的 2.0 倍和 2.5 倍取值，分别为 41 m 和 55 m。

渡槽进出口渐变段均为直线扭曲面体型，进口局部水头损失系数取 0.2，出口局部水头损失系数取 0.4。

3. 进口闸

结合总干渠运行调度和渡槽检修需要，在渡槽进口段布置有节制闸，节制闸共三个闸室，每个闸室控制一条输水通道。进口闸设有弧形门和检修门两道闸门，弧形门可局部开启，正常运行条件下，进口闸主要配合运行调度要求，利用弧形门控制不同输水流量下通过渡槽单个输水通道的流量，以及渡槽上游明渠水位，进口闸的检修门则主要为弧形门检修服务。

渡槽进口闸按无坎宽顶堰设计，闸室宽度与渡槽过水断面宽度相同，为 9 m，闸室长度根据其闸门布置和稳定要求按 26 m 设计。

4. 出口闸

出口闸（检修闸）为渡槽单通道检修而设置，出口闸共三个闸室，与进口闸配合，每个闸室控制一条输水通道。出口闸设平板工作门一道，不考虑局部开启，正常运行条件下，闸门全开不控制水流，输水通道检修时，下闸反向挡水，截断渡槽下游总干渠进入检修通道的水流，为渡槽单通道检修提供条件。

渡槽出口闸也按无坎宽顶堰设计，闸室宽度与渡槽过水断面宽度相同，为 9 m，闸室长度根据其闸门布置和稳定要求按 15 m 设计。

5. 进出口连接段

为满足渡槽进出口闸闸门挡水和过流表面渐变需要，进出口闸闸室均按矩形断面设计，但渡槽输水通道为 U 形断面，过水断面底部为半圆形。两断面形状差别较大，为避免水流流动过程中过水断面发生突变，造成流态混乱，增加局部水头损失，在渡槽进出口闸与渡槽槽体连接部位各设一连接段。进出口连接段与进出口闸的连接断面为矩形，与进出口闸断面相同，进出口连接段与渡槽的连接断面为 U 形，与渡槽断面相同，其间采用斜圆锥面过渡。

进出口连接段也为简支结构，一端坐落在进出口闸闸室建基面上，为避免连接段与闸室段之间出现不均匀沉降错台，闸室与连接段分缝处结构下方骑缝设置枕梁。连接段的另一端坐落在渡槽盖梁上，与渡槽支承条件相同。

6. 渡槽下部结构

湍河渡槽的主要下部结构自下而上依次为基础、承台、盖梁、槽墩。

1）一般冲刷

河床覆盖层均为砂性土，计算公式见式（3.2.1）：

$$h_{\mathrm{p}} = \left[\frac{A\dfrac{Q_{\mathrm{c}}}{B_{\mathrm{c}}}\left(\dfrac{h_{\mathrm{mc}}}{\overline{h}_{\mathrm{c}}}\right)^{\frac{5}{3}}}{E\overline{d}_{\mathrm{c}}^{\frac{1}{6}}} \right]^{\frac{3}{5}} \tag{3.2.1}$$

式中：h_{p} 为一般冲刷后的最大水深，m；h_{mc} 为河槽最大水深，m；$\overline{h}_{\mathrm{c}}$ 为河槽平均水深，m；B_{c} 为河槽部分过水净宽，m；Q_{c} 为河槽部分通过的设计流量，m³/s；E 为与汛期含砂量有关的系数；A 为单宽流量集中系数；$\overline{d}_{\mathrm{c}}$ 为河槽土平均粒径。

河床最低高程为 127.9 m，河床一般冲刷计算成果见表 3.2.2。

表 3.2.2　河床一般冲刷计算成果

洪水频率/%	流量/（m³/s）	水位/m	天然水深/m	冲刷后水深/m	冲刷深度/m	冲刷线高程/m
1	7 590	134.25	5.64	6.67	1.03	126.87
0.33	9 950	134.92	6.34	7.04	0.70	127.20

湍河一般冲刷深度为 1.03 m。

2）局部冲刷

当 $v \leqslant v_0$ 时，

$$h_b = K_\xi K_\eta B_k^{0.6} (v - v_0') \qquad (3.2.2)$$

当 $v > v_0$ 时，

$$h_b = K_\xi K_\eta B_k^{0.6} (v - v_0') \left(\frac{v - v_0'}{v_0 - v_0'} \right)^n \qquad (3.2.3)$$

式中：h_b 为槽墩局部冲刷深度，m；B_k 为槽墩计算宽度，m；v_0 为河床泥沙起动流速，m/s；v 为一般冲刷后墩前行近流速，m/s；K_ξ 为墩形系数，取 1.0；K_η 为河床颗粒影响系数；v_0' 为墩前始冲流速，m/s；n 为指数。

$$v_0 = 0.0246 \left(\frac{h_p}{\bar{d}} \right)^{0.14} \sqrt{332\bar{d} + \frac{10 + h_p}{\bar{d}^{0.72}}} \qquad (3.2.4)$$

$$K_\eta = 0.8 \left(\frac{1}{\bar{d}^{0.45}} + \frac{1}{\bar{d}^{0.15}} \right) \qquad (3.2.5)$$

$$v_0' = 0.462 \left(\frac{\bar{d}}{B_k} \right)^{0.06} \qquad (3.2.6)$$

$$n = \left(\frac{v_0}{v} \right)^{0.25\bar{d}^{0.19}} \qquad (3.2.7)$$

式中：$\bar{d}$ 为河床土平均粒径，mm。

经计算，局部冲刷深度为 2.73 m。

3）基础

湍河渡槽采用钻孔灌注桩基础，按端承摩擦桩设计，在桩体承载力计算中，扣除河道修建渡槽后导致的一般冲刷和槽墩附近的局部冲刷。

4）承台

渡槽承台位于渡槽基桩与槽墩之间，底部置于渡槽基桩顶部，基桩主筋伸入承台固结为整体；上部作为槽墩的基础，槽墩也通过主筋与承台固结。承台底高程根据计算的河道冲刷后河床地面高程确定；一般条件下，承台底面略低于计算冲刷高程，承台顶面不宜高于一般冲刷河床地面高程。承台厚度根据抵抗基桩的冲切和槽墩应力扩散条件经计算确定，为 3.0 m。

5）盖梁

盖梁位于渡槽下方，直接承担渡槽支座下传的槽体和水体重量，盖梁顶部与渡槽槽体端肋横梁底面之间的垂直高度满足渡槽支座和支座垫石构造要求即可，盖梁宽度根据渡槽支座布置及安装要求取 5.1 m，盖梁垂直于河道水流方向的长度除满足渡槽支座布置要求外，还需要考虑造槽机施工时设备过孔要求，确定为 12.5 m。盖梁结构根据顶部支座布置按牛腿设计，其体型也类似牛腿，经结构计算牛腿高度为 2.8 m。

6）槽墩

（1）槽墩结构选型。

在渡槽下部结构设计中，比较了柱式墩、圆端实体板墩和空心墩三个方案。其中，柱式墩阻水面积小、构造简单、技术成熟、施工方便、工期较短、工程量省，但抗冲击和抗震性能较差；圆端实体板墩每槽一墩、结构简单、施工方便、工期短，在同厚度情况下，具有刚度大、承载力高、抗冲击和抗震能力强、顺流向导流性较柱式墩好的优点，但其自重和工程量较大；空心墩为圆端实体板墩优化墩型，节省材料、墩身重量较轻，保留了刚度较大、抗冲击和抗震能力较强的优点，缺点是结构相对复杂。工程区地震烈度为 VI 度，考虑到工程的重要性及湍河渡槽上部荷载大，从有利于抗震，同时尽量减少槽墩结构重量方面考虑采用空心墩。

槽墩外部轮廓厚度取 2.5 m，墩壁厚度取 0.75 m，槽墩水平截面见图 3.2.4。

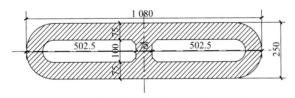

图 3.2.4　空心墩水平截面（单位：cm）

（2）槽墩高度。

槽墩位于盖梁与桩基承台之间，不同盖梁按等高度设计，而渡槽桩基的承台高度基本相同，渡槽槽体为输水工程，需要一定的纵坡，渡槽盖梁顶高程沿渡槽轴线方向存在高差；承台底高程则根据河床冲刷计算确定，不同墩位也存在差异；此外，设计洪水或校核洪水条件下，槽底净空条件需满足相关技术要求。上述条件均通过合理设置各槽墩高度得以满足。

根据渡槽水力学计算，渡槽进出口过水断面底高程分别为 139.25 m 和 139.00 m，渡槽架空高度按较低一端控制，在渡槽过水断面弧底结构厚度 140 cm 的基础上，考虑支座埋件布置要求，端肋加厚 20.5 cm，渡槽槽底最低高程取 137.395 m，扣除支座及支座垫石高度即盖梁顶高程。根据确定的槽底高程和支座高程，经复核槽下净空满足表 1.2.1 所列出的支座、槽丁净空相关技术标准要求。

（3）渡槽槽墩结构设计。

槽墩的主要荷载包括槽顶活荷载、槽体结构重量、槽体内水体重量、槽墩自重、槽体承受的风压力、河道水流动水压力、漂浮物冲击力等。其中，槽体内水体重量需考虑单槽通水条件下的不同组合。渡槽槽墩按偏心受压普通钢筋混凝土限裂设计。

7. 渡槽纵断面与横断面

渡槽输水槽体简支在槽墩顶部盖梁上,每个槽段布置四个支座,包括一个双向限位支座、两个单向限位支座、一个双向活动支座。渡槽单跨纵、横向结构布置见图 3.2.5、图 3.2.6。

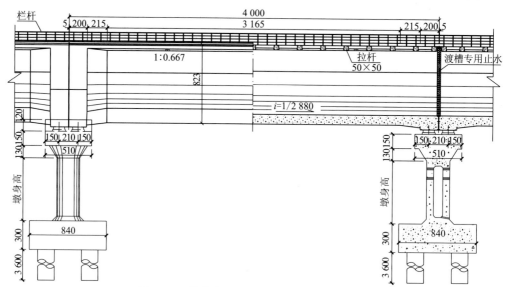

图 3.2.5　槽身段标准跨布置图(单位:cm)

i 表示渠道纵坡

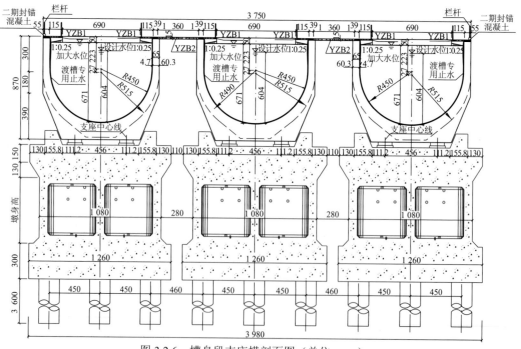

图 3.2.6　槽身段支座横剖面图(单位:cm)

YZB1、YZB2 表示预制板 1、预制板 2

3.2.4　渡槽施工方案

湍河渡槽工程是世界上最大的 U 形输水渡槽工程，也为南水北调中线干线工程的控制性工程，为确保 2013 年底工程完工，经技术经济比较，确定渡槽采用三台 DZ40/1600 U 形渡槽造槽机进行现浇施工[11]。

造槽机外形尺寸为 88 m×13.5 m×16.5 m（长×宽×高），由外梁系统（580 t）、外模及外肋系统（约 275 t）、内梁系统（220 t）、内模及支承系统（175 t）组成，总重约 1 250 t。造槽机需要在先浇渡槽槽顶翼缘板上走行以移位过孔，再进行下一槽的浇筑，施工过程中，巨大的造槽机自重对槽身结构的影响及过孔时机需要研究。

1. 造槽机基本构造

造槽机施工涉及了外梁主支腿液压顶升、外模液压开模、内梁支腿液压升降、内模翻转模板液压支承系统等高精度液压系统操作技术，以及外梁系统、内梁系统过孔移位电动驱动系统的控制工艺。造槽机结构见图 3.2.7。

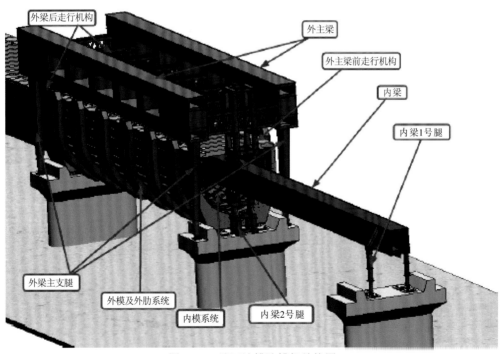

图 3.2.7　湍河渡槽造槽机结构图

造槽机外梁主支腿支承于墩顶，主支腿支承外主梁框架，外肋及外模安装在外主梁下方形成渡槽外轮廓；内梁支腿分别支承于前方墩顶及后方渡槽底，内梁支腿支承内梁，内梁两跨长，内梁后半段安装内模系统形成渡槽内腔轮廓。外梁外模系统及内梁内模系统配合形成一个可以纵向移动的 U 形渡槽制造平台，完成 U 形渡槽的现浇施工。

2. 造槽机施工主要步骤

外模横向旋转开启，外梁携外模升高使其能够通过桥墩，内纵梁向前移位过孔到达下一施工位，外梁携外模降低，外模合拢，开始下一孔施工。造槽机运行操作详细步骤如图 3.2.8～图 3.2.10 所示，标准作业流程如下。

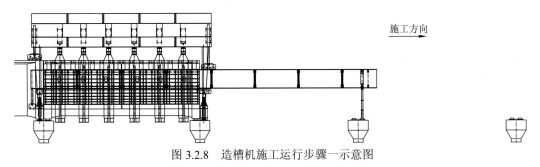

图 3.2.8　造槽机施工运行步骤一示意图

步骤一：外模连接件拆除及外模张开脱模，见图 3.2.8。详细步骤为：①拆除内、外梁之间的支架和外肋拉杆；②外梁前后支腿降低 5 cm，使外模整体与渡槽混凝土脱开，外模旋转张开；③将外梁前走行支腿落放在内梁顶轨道上，后走行支腿落放在渡槽顶走行轨道上；④逐步顶升外梁及外模直到外模躲开渡槽槽墩盖梁；⑤外梁前后支腿收空，外梁及外模准备过孔走行。

步骤二：外梁携外模过孔移位，见图 3.2.9。详细步骤为：①外梁携外模前移 40 m 到位；②外梁前后支腿起顶并逐步将外梁及外模下落至工作高度；③外模旋转闭合并调整外模标高；④内梁 3 号腿吊挂自行到渡槽前端施工站位；⑤内梁 2 号腿吊挂自行到前方墩顶施工站位；⑥清理外模表面并涂脱模剂，绑扎渡槽底板及腹板钢筋；⑦内腔模板折叠收拢脱模。

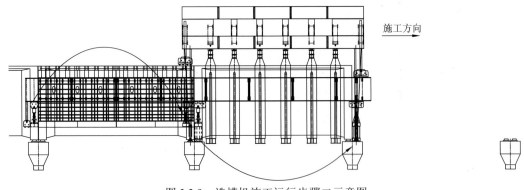

图 3.2.9　造槽机施工运行步骤二示意图

步骤三：造槽机外梁、外模轴线位置调整及外模就位，见图 3.2.10。详细步骤为：①恢复内腔模板，安装内、外梁之间的支架和外肋拉杆；②渡槽混凝土浇筑及养生；③混凝土强度满足设计要求后，张拉纵向及环向预应力钢筋；④一孔 40 m 渡槽施工完毕，重复以上步骤，进行下一孔渡槽施工。

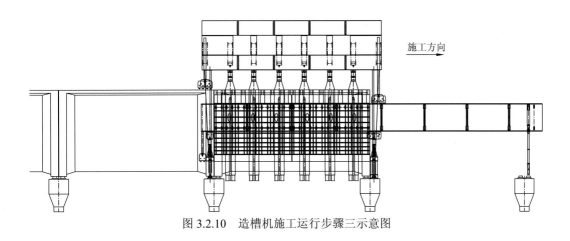

图 3.2.10　造槽机施工运行步骤三示意图

3.3　渡槽设计标准与基本参数

3.3.1　工程等级与建筑物级别

南水北调中线工程，供水对象以北京、天津、石家庄、郑州等大中型城镇居民生活、工业生产为主，兼顾生态，供水对象特别重要。根据相关技术标准，中线一期工程输水总干渠为一等工程。大型输水渡槽为总干渠的重要组成部分，总干渠输水渡槽工程等别为一等，其主要建筑物输水渡槽、渡槽进出口控制工程、相应连接工程建筑物及其他直接影响输水安全的建筑物为 1 级建筑物[10]。

3.3.2　渡槽结构设计标准

南水北调中线工程规模大，流量大，相应地所选渡槽的尺寸也大，由于大型、新型渡槽结构形式的特殊性，目前国内外工程实例不多，无相应规范规程可依，渡槽的设计以南水北调中线一期工程总干渠初步设计专用技术标准《南水北调中线一期工程总干渠初步设计梁式渡槽土建工程设计技术规定（试行）》（NSBD-ZGJ-1-25）为依据，同时参考了《水工混凝土结构设计规范》（SL 191—2008）。

1. 正截面抗裂验算

按严格不出现裂缝的构件进行控制，要求在荷载效应的短期组合下符合下列规定：

$$\sigma_{cs} - \sigma_{pc} \leqslant 0 \qquad (3.3.1)$$

式中：σ_{cs} 为荷载效应短期组合下抗裂验算边缘混凝土的法向应力；σ_{pc} 为扣除全部预应力损失后再验算边缘混凝土的法向预压应力。

同时要求，在任何组合条件下槽身内壁表面不出现拉应力。槽身外壁表面拉应力不大于混凝土轴心抗拉强度设计值的90%。

2. 斜截面抗裂验算

按严格不出现裂缝的构件进行控制，混凝土主拉应力和主压应力应符合下列规定：

$$\sigma_{tp} \leqslant 0.85 f_{tk}, \quad \sigma_{cp} \leqslant 0.6 f_{ck} \tag{3.3.2}$$

式中：σ_{tp}、σ_{cp} 分别为荷载效应短期组合下混凝土主拉应力及主压应力；f_{tk} 为混凝土轴心抗拉强度标准值；f_{ck} 为混凝土轴心抗压强度标准值。

3. 槽身挠度要求

$$f \leqslant L/600$$

式中：f 为渡槽跨中挠度；L 为渡槽跨度。

4. 抗裂等级

渡槽出现裂缝后不仅会引起渗漏，而且会影响渡槽结构的耐久性和预应力效果，因此其抗裂等级为一级，即严格要求不出现裂缝。考虑到渡槽为断面比较大的薄壁梁结构，且温度荷载作用显著，因此要求在任何荷载组合条件下，槽身内壁表面不出现拉应力，槽身外壁表面拉应力不大于混凝土轴心抗拉强度设计值的90%。

5. 渡槽抗震设计

湍河渡槽所在区域地震基本烈度为 Ⅵ 度。根据相关规定，渡槽结构设计可不进行抗震结构计算，但设计中需考虑落槽等工程措施。

3.3.3 荷载与基本参数

1. 结构自重

渡槽的自重自上至下大体可分为三部分，即槽体自重、下部结构自重和基础自重，自重荷载作用方向始终向下。

1）槽体自重

在进行渡槽槽体结构计算时，槽体自重按体积力施加在槽体结构上，由于南水北调中线一期工程大型渡槽槽体结构为预应力钢筋混凝土结构，根据相关规定，槽体预应力混凝土容重取 24.5 kN/m³，其荷载分项系数 $\gamma_G = 1.05$。

采用结构力学法计算时，将其简化为作用在概化构件轴线上的线荷载，荷载集度为单位长轴线对应的混凝土块体重量。采用有限单元法计算时，自重作为体积力施加在剖分的单元体上。

在进行下部结构计算时，槽体自重将与其他参与组合的荷载一起，通过槽体支承反力以集中力施加在槽体支承点的下部结构上。

2）下部结构自重

在进行渡槽下部结构计算时，下部结构自重按体积力施加在下部结构上，由于南水北调中线一期工程大型渡槽下部结构为普通钢筋混凝土结构，根据相关规定，下部结构混凝土容重取 23.5 kN/m^3，其荷载分项系数 $\gamma_G = 1.05$。

采用结构力学法计算时，盖梁、槽墩和承台分别依据假设条件对自重荷载进行简化。采用有限单元法计算时，自重作为体积力施加在剖分的单元体上。

在进行基础结构计算时，下部结构自重将与其他荷载一起，通过盖梁支承反力施加在基础上。

3）基础自重

在进行渡槽基础设计时，基础自重按体积力施加在地基上；不同形式的基础，按基础材料选择容重，中线一期工程渡槽基础所用材料的容重一般为 20.6～23.5 kN/m^3，其荷载分项系数 $\gamma_G = 1.05$。

渡槽基础以不同方式作用在地基上。当基础为扩大基础时，基础的地基反力按分布力作用于地基上，反力分布在参与荷载组合的所有力向基础中心简化后，按材料力学法进行计算。当渡槽基础为桩基时，则采用与扩大基础类似的方法计算承台底部的反力分布，然后根据承台底部反力分布及基桩布置计算单桩设计荷载。

2. 温度荷载

渡槽的温度荷载根据不同部位的结构特点、运行环境条件区别对待。

1）槽体结构温度荷载

根据其运行条件，施工期和检修期渡槽外部与输水通道均暴露于大气环境下，考虑到通风条件较好，槽身内外温差为零，同时，要求在渡槽混凝土浇筑施工期间加强无水条件下槽身的保温措施，运行过程中渡槽的检修安排避开剧烈的气温变化日。

在输水运行期间，渡槽槽体外环境温度为所在地大气温度，槽内壁面直接与运输水体接触，而水体温度取决于丹江口水库取水口水温和输水过程，水体与总干渠沿线环境温度进行热交换，边界条件十分复杂。经过大量典型环境条件、瞬态温度场、稳态温度场的分析和研究，通过大量敏感性分析，经概化确定，正常运行工况陶岔—鲁山段渡槽外壁面的稳态最大温度荷载取 ±8℃。由于槽身为开口 U 形结构，空槽工况（建成无水期和检修期）槽身内外的温差较小，计算中按 3℃的温差荷载取值。

2）下部结构温度荷载

下部结构外壁面一般暴露在大气环境下，设计中不考虑内外温差，考虑到下部结构特点，结构温度按当地环境温度季平均值确定。在结构力学法计算中，均匀温度变化不产生结构内力，不做专门计算。

3）基础与地基温度荷载

渡槽基础一般埋于地下，温度环境较为稳定，设计中基础结构温度按年平均地温确定。在结构力学法计算中，均匀温度变化不产生结构内力，不做专门计算。

3. 水荷载

根据输水渡槽工程的布置条件，梁式输水渡槽槽体不考虑对天然河道水流的阻挡作用，其水荷载主要来源于槽体输水通道内的水体作用。

1）横截面计算水压力

在渡槽横截面计算中，水荷载为垂直作用于渡槽内壁面的不均匀分布力，水压力永远沿作用面法线方向，指向作用面，其荷载集度按式（3.3.3）计算：

$$q_0 = \gamma_w h_0 \tag{3.3.3}$$

式中：q_0 为计算点的水压力集度，kN/cm^2；γ_w 为水的容重，$10 \ kN/m^3$；h_0 为水面到计算点的位置高差，m。

当采用结构力学法进行渡槽横向结构计算时，由于水压力作用面为渡槽内壁面，而结构计算简图一般为渡槽横截面结构的轴线，需要将水压力换算到轴线上。

对于 U 形断面，将直立边墙水压力直接移到计算简图的轴线上；对于半圆形槽底的槽壁面，由于槽底计算简图轴线与过水断面内壁面半径不同，作用于轴线上的水压力应通过换算确定，大小可近似按以下方法计算。

（1）换算压力作用线仍沿内壁面法线方向；

（2）当微段内厚度变化较小时，将弧段分为若干微小弧段，微小弧段起止点和圆心的连线与计算简图截面概化轴线交点对应的轴线弧段平均厚度为 δ，压力大小按式（3.3.4）近似计算：

$$q = q_0 \cdot \frac{R_0}{R_0 + \delta} \tag{3.3.4}$$

式中：q 为作用于计算简图轴线上的换算水压力集度，kN/m^2；R_0 为槽体计算简图截面轴线曲率半径，m。

2）纵向计算水压力

在采用结构力学法进行渡槽纵向结构计算时，作用在渡槽横截面上的水压力与作用于槽体上水平方向的分力相互平衡，合力为零；竖向分力等于槽段所在部位槽体内水体重量，沿渡槽纵轴线分布的水荷载按沿渡槽纵向分布的线荷载计算，荷载作用方向铅直向下，大小等于计算点对应的单位长度槽体内的水体重量。

3）荷载分项系数

渡槽纵、横方向水荷载计算均与槽体输水通道内水面和槽体设计水深、加大水深、满槽水深有关，根据可控性，参照相关技术标准，水荷载分项系数 $\gamma_Q = 1.10$。

4）河流作用于槽墩的动水压力

作用于槽墩上的动水压力按式（3.3.5）计算：

$$P = K_d \frac{\gamma_w v^2}{2g} \cdot A \qquad (3.3.5)$$

式中：K_d 为槽墩（架）的形状系数，与迎水面形状有关，可按表 3.3.1 选用；γ_w 为水的容重，kN/m³；v 为水流的计算平均流速，m/s；A 为水面以下槽墩（架）在水流正交面上的投影面积；g 为重力加速度，取 9.81 m/s²。动水压力 P 作用点可近似取在水面下离水面 1/3 水深处。

表 3.3.1　槽墩形状系数 K_d

水平截面形状	方形	矩形	圆形	尖圆形	圆端形
K_d	1.5	1.3	0.8	0.7	0.6

4. 风荷载

垂直于渡槽水流方向作用于渡槽的风压力，其值为风荷载强度 W（kN/m²）乘以横向风力的受风面积。W 按式（3.3.6）计算：

$$W = \beta_z \mu_s \mu_z \mu_t W_0 \qquad (3.3.6)$$

式中：W_0 为基本风压值，kN/m²，参照《建筑结构荷载规范》（GB 50009—2012）中全国基本风压分布，取工程区附近城市 100 年一遇基本风压值；β_z 为风振系数，根据结构的基本自振周期取值；μ_s 为风载体型系数，根据槽型及高宽比取值，对于特殊结构形式的渡槽，由风洞试验确定；μ_z 为风压高度变化系数，根据风力槽身着力点距地面的高度取值；μ_t 为地形地理条件系数，与风向一致的谷口、山口取 1.2～1.5，山间盆地或谷地等闭塞地形取 0.75～0.85。

5. 施工荷载

施工荷载与渡槽施工方案及施工组织有关，湍河渡槽将已完成施工的槽段作为造槽机设备的走行通道，设计中就相关工况进行了专门复核。

渡槽造槽机施工荷载主要发生在已经浇筑形成的渡槽上和槽墩盖梁上。其中，一跨渡槽施工完成后，外主梁携带外模走行过孔，后走行支腿需落在渡槽直段顶部翼缘板上走行，因渡槽槽身最小壁厚仅 35 cm，分析确定该施工步骤为槽身施工的控制工况，荷载见图 3.3.1，图中 R2 为 48 t，单侧分布 4 个支点共 192 t，两侧共 384 t。该施工步骤中后走行支腿将从前一跨已经施工完成的渡槽末端顶部翼缘板上走行至当前施工完毕的渡槽末端顶部进行锁定。

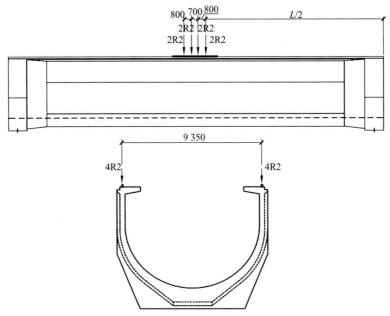

图 3.3.1　造槽机移位过孔外主梁后走行支腿荷载示意图（单位：cm）

6. 冰压力

冰压力与冻胀力位于有冰凌河流中的渡槽墩柱，应根据当地冰凌的具体情况及墩柱的结构形式计算冰压力和冻胀力。静冰压力和动冰压力可按式（3.3.7）计算（静冰压力作用点取冰面以下 1/3 冰厚处）：

$$F = \gamma m f_{ib} b_i \delta_i \qquad (3.3.7)$$

式中：F 为静冰压力或动冰压力，MN；γ 为荷载修正系数，取 1.1；m 为墩柱前缘的平面形状系数，矩形取 1.0，多边形或圆形取 0.9；f_{ib} 为冰的抗挤压强度，MPa，流冰初期可取 0.75 MPa，后期可取 0.45 MPa；b_i 为墩柱在冰作用高程上的前沿宽度，m；δ_i 为冰厚度，m，对流冰可取最大冰厚的 70%～80%（流冰初期取大值）。

冻胀力可按《水工建筑物抗冰冻设计规范》（GB/T 50662—2011）计算。

7. 预应力模拟

在进行结构承载能力极限状态计算时，预应力不作为作用力，应将预应力作为结构抗力的一部分，具体可参照《水工混凝土结构设计规范》（SL 191—2008），计算体内预应力应考虑张拉锚固、压浆和混凝土形成组合截面的过程，预应力损失同步计入。

8. 其他荷载

1）槽面活荷载

槽面活荷载主要指运行期作用于两侧翼缘板上的人群荷载，取 2.5 kN/m²，$\gamma_Q = 1.20$。

2）栏杆及其他自重

栏杆及其他零星附件自重取 1.0 kN/m²。

3）其他不确定荷载

根据实际情况计算。

3.4 纵向结构计算

3.4.1 槽体纵向结构概化

渡槽槽体结构力学法将渡槽槽体结构沿纵向视为单跨或多跨连续梁；在横向上根据槽体结构受力特点和结构断面特征，取若干典型的单位长度槽段，并将其视为平面框架结构。分别计算出渡槽槽体纵向和横向控制截面的内力（包括弯矩、轴力和剪力），然后根据内力计算结果对槽体进行预应力钢筋或普通钢筋的配置。

1. 渡槽纵向结构计算简图

渡槽纵向结构根据支座布置可简化为单跨简支梁或多跨连续梁，考虑到南水北调中线一期工程输水渡槽规模超大，荷载巨大，其抗裂、纵向变形控制标准高，渡槽纵向设计中均采用单跨简支结构。因此，渡槽纵向结构均可简化为单跨简支静定结构，由于渡槽靠近支座截面的抗剪要求，槽体两端槽壁通常需要局部加厚。因此，纵向结构的自重荷载沿纵向为非均匀分布，纵向结构沿轴线方向为变截面梁，其计算简图见图 3.4.1。

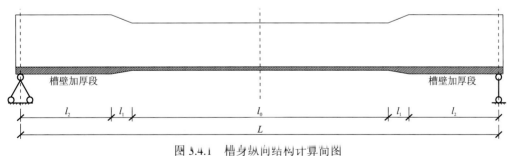

图 3.4.1 槽身纵向结构计算简图

L 为渡槽跨度

考虑到渡槽纵向结构两端局部加厚所引起的荷载变化有限，为简化计算，设计中做如下偏安全处理。

（1）渡槽纵向槽体自重荷载取加厚截面的自重增量与跨中标准截面自重之和，沿渡槽纵向均匀分布，简化将使得渡槽跨中弯矩偏大，渡槽端部剪力不变；

（2）渡槽结构不同截面的预应力钢筋配置、正截面和斜截面抗剪强度复核、抗裂验算均采用相应部位实际截面尺寸；

（3）渡槽的挠度计算采用跨中截面，该简化将导致计算所得渡槽挠度大于实际挠度，偏安全。

简化槽身纵向结构计算简图见图 3.4.2。

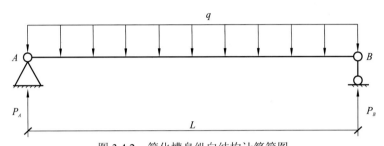

图 3.4.2　简化槽身纵向结构计算简图

P_A、P_B 分别为支座 A、B 的反力；q 为等效均布竖向荷载

经复核，简化后湍河渡槽跨中槽段自重荷载加大了 45 280 N/m，占纵向荷载的 4.8%。

2. 槽身纵向梁截面概化

渡槽纵向结构为静定结构，温度荷载不产生内力，渡槽的预应力总体上沿渡槽纵向施加，风荷载为水平方向，可按单独作用计算其应力后与竖向荷载产生的应力叠加。在竖向荷载作用下，渡槽纵向弯曲平面为渡槽轴线所在的铅直平面，无论是开口矩形薄壁渡槽还是 U 形薄壁渡槽，槽体纵向结构均可概化为工字形截面梁，其上翼缘为渡槽顶部的两侧纵向肋板（通常兼作检修维护通道），下翼缘为渡槽的底板，腹板为渡槽两侧槽壁边墙。根据不同槽型的断面结构特点，经适当简化后，渡槽纵向计算简图中，纵梁概化断面见图 3.4.3。

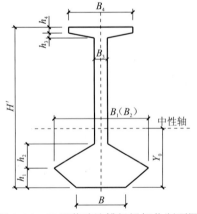

图 3.4.3　U 形薄壁渡槽纵梁概化断面图

图 3.4.3 中，工字梁底缘宽度 B 为渡槽底宽，B_1（B_2）为渡槽两侧弧形壁面下部水平宽度之和，简化为内贴角宽度，B_3 为渡槽两侧弧形槽壁顶部厚度之和，B_4 为渡槽顶部两侧翼缘板宽度之和，H' 为渡槽断面结构总高度，h_1 为渡槽底板厚度，h_2 为渡槽简化内贴角高度，h_3 为渡槽顶部纵向翼缘板根部厚度增量，h_4 为渡槽顶部纵向翼缘板端部厚度，Y_0 为槽底到中性轴的距离。纵梁概化后的工字形截面尺寸见表 3.4.1。

表 3.4.1　湍河渡槽纵梁概化后的工字形截面尺寸表

尺寸代号	B	B_1	B_2	B_3	B_4	H'	h_1	h_2	h_3	h_4
值/m	1.00	5.00	5.00	0.70	3.40	8.23	1.00	1.25	0.26	0.30

3.4.2　纵向结构内力计算

对于简支梁渡槽，设坐标原点位于 A 端（图 3.4.2），渡槽纵向结构计算局部坐标系 x 沿渡槽中轴线方向，正方向为 A 指向 B，渡槽两端槽壁加厚区域的长度为 l_2，对应段荷载为 q_2，过渡区长度为 l_1，跨中标准断面长度为 l_0，对应段荷载为 q_0。根据静力平衡条件，任意截面的弯矩和剪力可按式（3.4.1）～式（3.4.3）计算：

$$P_A = \frac{1}{2} L \cdot q \tag{3.4.1}$$

$$M_x = \frac{1}{2}(L \cdot x - x^2) \cdot q \tag{3.4.2}$$

$$Q_x = \left(\frac{1}{2} L - x\right) \cdot q \tag{3.4.3}$$

式中：x 为计算截面位置的局部坐标，mm；M_x 为 x 截面弯矩设计值，N·mm；Q_x 为 x 截面剪力设计值，N；P_A 为支座 A 的反力，N；q 为等效均布竖向荷载，N/mm；L 为渡槽支座间距离，mm。

渡槽纵向内力计算公式表明，支座端 $x=0$，对应截面弯矩 $M_x=0$，$Q_x=0.5Lq$ 为最大值；跨中截面 $x=0.5L$，$M_x=0.125L^2q$，取得最大值，$Q_x=0$。

渡槽支承形式为简支，满槽水工况为纵向承载力计算的控制工况，计算中主要考虑槽身自重、水重和槽面活荷载。

跨中弯矩设计值：

$$M=(\gamma_G g_k + \gamma_Q q_{1k} + \gamma_Q q_{2k})L^2/8 = 184\,359.9 \quad (\text{kN·m})$$

支座端剪力设计值：

$$V=(\gamma_G g_k + \gamma_Q q_{1k} + \gamma_Q q_{2k})L/2 = 19\,442.1 \quad (\text{kN})$$

式中：g_k 为永久荷载标准值产生的荷载效应；q_{1k} 为一般可变荷载标准值产生的荷载效应；q_{2k} 为可控制其不超过规定限值的可变荷载标准值产生的荷载效应；γ_G、γ_Q 为荷载分项系数。

3.4.3　槽体纵向预应力配筋设计

进行槽身纵向预应力钢筋配置计算时，空槽时跨中槽底受压区混凝土结构的纵向压应力不超过混凝土抗压强度，槽顶混凝土在预应力的作用下不出现纵向拉应力；满槽水时，跨中槽底混凝土不出现纵向拉应力，槽顶混凝土结构的纵向压应力不超过混凝土抗压强度。经试算确定跨中槽底按 1.0 MPa 的压应力控制；同时，考虑施工期预应力钢筋张拉对槽身顶部的不利影响，槽身形心轴之上分别在腰部及直段布置一定量的预应力钢筋。

各部位预应力钢筋布置后，分别对槽身形心轴计算弯矩，并与其他荷载形成的弯矩叠加，得出槽身各荷载效应的总弯矩 $M_\text{总}$，结合槽身横断面的几何特性槽底应力按式（3.4.4）计算：

$$\sigma = \frac{M_\text{总}\,y}{I_z} \tag{3.4.4}$$

式中：y 为槽底与形心轴的距离；I_z 为槽身截面惯性矩。

通过结构布置和试算，在槽底加厚部位布置一层共 8 束 $12 \times \phi^s 15.2$ mm 间距 40 cm 的纵向预应力钢绞线，在槽身下部 104.4° 范围内布置一层共 22 束 $12 \times \phi^s 15.2$ mm 间距 40 cm 的纵向预应力钢绞线，在槽身腰部及两侧直墙上各布置 5 束 $6 \times \phi^s 15.2$ mm 钢绞线，见图 3.4.4。

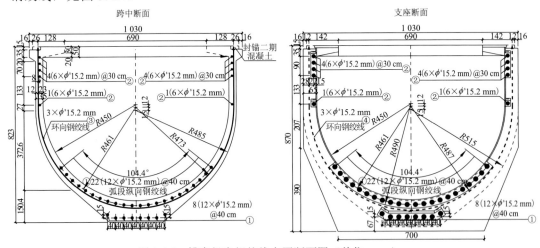

图 3.4.4　槽身纵向钢绞线布置断面图（单位：cm）

3.4.4　槽体纵向承载能力复核

1. 受弯承载力复核

$$M_u = f_c b x\left(h_0 - \frac{x}{2}\right) + f_c (b'_f - b) x\left(h_0 - \frac{h'_f}{2}\right) - (\sigma'_{p0} - f'_{py}) A'_p (h_0 - \alpha'_p) = 413\,420.36 \ (\text{kN·m})$$

$$KM = 1.35 \times 184\,359.9 = 248\,885.865 \text{ (kN·m)}$$
$$M_u > KM$$

式中：K 为承载力安全系数；M 为跨中弯矩设计值；M_u 为截面受弯承载力；f_c 为混凝土轴心抗压强度设计值；b 为截面宽度；h_0 为截面有效高度；b_f' 为受压区翼缘计算宽度；h_f' 为受压区翼缘计算高度；σ_{p0}' 为受压区预应力合力点处混凝土法向应力等于零时的预应力钢筋应力；f_{py}' 为预应力钢筋抗压强度设计值；A_p' 为受压区纵向预应力钢筋的截面面积；α_p' 为受压区纵向预应力钢筋合力点至截面近边距离。

因此，正截面受弯承载力满足要求。

2. 斜截面抗剪复核

首先，进行截面尺寸验算。
$$0.2 f_c b h_0 / K = 19\,595.6 \text{ (kN)}$$
$$V = 19\,442.1 \text{ (kN)}$$
$$0.2 f_c b h_0 / K > V$$

因此，截面尺寸满足要求。

然后，通过计算判断是否需要按计算配置箍筋。
$$V_c = 0.7 f_t b h_0 = 0.7 \times 1.89 \times 700 \times 8\,180 = 7\,575.498 \text{ (kN)}$$
$$N_{P0} = \sigma_{p0} A_p + \sigma_{p0}' A_p' = 69\,186.53 \text{ (kN)}$$
$$(V_c + V_p)/K = 8173.94 \text{ (kN)} < V = 19\,442.1 \text{ (kN)}$$

式中：V_c 为混凝土的受剪承载力；f_t 为混凝土轴心抗拉强度设计值；N_{P0} 为混凝土法向应力等于零时预应力钢筋与非预应力钢筋的合力；σ_{p0} 为受拉区预应力合力点处混凝土法向应力等于零时的预应力钢筋应力；A_p 为受拉区预应力钢筋截面面积；V_p 为预应力钢筋提高的抗剪承载力。

因此，需要配置箍筋。

根据横向计算的配筋结果，槽身支座附近箍筋为 2 层 $\phi25@160$。

$$(V_c + V_{sv} + V_p)/K = \left(0.7 f_t b h_0 + 1.25 f_{yv} \frac{A_{sv}}{s} h_0 + 0.05 \times N_{P0}\right)/K$$
$$= 36\,104.13 \text{ (kN)} > V = 19\,442.1 \text{ (kN)}$$
$$(V_c + V_{sv} + V_p)/K > V$$

式中：V_{sv} 为预应力弯起筋受剪承载力；f_{yv} 为钢筋抗拉强度设计值；A_{sv} 为配置在同一截面内箍筋各肢的全部截面面积；s 为箍筋间距。

配箍率：

$$\rho_{sv} = \frac{A_{sv}}{bs} = 0.018 > \rho_{sv\min} = 0.001$$

式中：$\rho_{sv\min}$ 为最小配箍率。

复核结果表明，渡槽箍筋配置满足斜截面抗剪承载力要求，同时满足最小配箍率要求。

3. 渡槽挠度计算

湍河渡槽为简支梁渡槽，跨中挠度计算结果表明，满槽水条件下跨中挠度为 9.25 mm，满足设计控制标准。

$$f = \frac{5qL^4}{384EI_z} = 9.25 \text{ (mm)} \leqslant L/600 \approx 67 \text{ (mm)}$$

式中：E 为弹性模量。

3.5 横向结构计算

3.5.1 横向结构概化

考虑到拉杆截面较小，且拉杆施工均在渡槽槽体结构施工完成后，采用二期施工方式进行安装。在渡槽横截面设计中，其拉杆近似简化为两端铰接于槽顶的横向杆件，并在横截面计算时将其重量近似纳入槽顶荷载以简化处理。横向结构计算单元沿渡槽纵向切取与拉杆间距相同的槽段作为脱离体，按平面问题进行计算；考虑到渡槽横截面方向的对称性，计算简图见图 3.5.1。

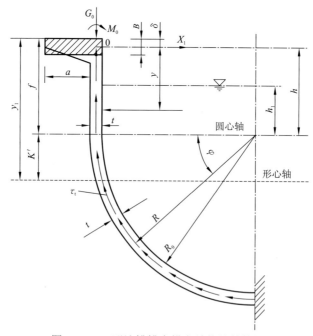

图 3.5.1　U 形渡槽槽身横向结构计算简图

h 为渡槽翼缘板形心轴与直段底的距离；h_1 为运行水位与圆心轴的距离；R 为渡槽壁厚中线半径；R_0 为渡槽内壁半径；φ 为从圆心轴起算的角度；y_1 为槽顶与形心轴的距离；a 为渡槽翼缘板悬臂长度；X_1 为拉杆均匀化后的拉力；y 为从拉杆中心起算的纵坐标；t 为渡槽壁厚

图 3.5.1 中，G_0 为作用在槽顶的集中力（包括槽壳顶部加厚部分的自重、拉杆自重及人行便桥荷载等），M_0 为槽顶集中力由实际位置平移到槽壳直段顶部中点时所产生的附加弯矩。为简化计算，槽壳顶部加厚部分的梯形面积用矩形面积（$B \times a$）代替，B 为矩形的等效宽度；δ 为拉杆厚度的一半；f 为直段高度；K' 为槽壳横截面形心轴到圆心轴的距离；τ_t 为分布于槽壳截面上的剪力。

3.5.2　结构内力计算

根据计算简图图 3.5.1，U 形槽顶设置拉杆时单槽体结构横向可简化为一次超静定框架结构。因拉杆的抗弯能力小，将拉杆和槽壁考虑成铰接。拉杆的拉力通过一次超静定结构求解，然后利用静力平衡，求解槽壳直段的横向弯矩 M_y、轴力 N_y 和圆弧段的横向弯矩 M_φ、轴力 N_φ。

1. 横向弯矩

横向弯矩以槽壳外壁受拉为正。直段部分弯矩求解见式（3.5.1）。

$$M_y = \begin{cases} M_0 + \dfrac{1}{2}aT_1 + X_1 y, & y \leqslant h - h_1 \\ M_0 + \dfrac{1}{2}aT_1 - \dfrac{1}{6}\gamma[y-(h-h_1)]^3 + X_1 y, & y > h - h_1 \end{cases} \tag{3.5.1}$$

圆弧部分在角度为 φ 时横向弯矩 M_φ 的求解见式（3.5.2）。

$$M_\varphi = M_{M_0} + M_{G_0} + M_h + M_W + M_\tau + M_{X_1} \tag{3.5.2}$$

其中，M_{M_0}、M_{G_0}、M_h、M_W、M_τ 和 M_{X_1} 分别为弯矩 M_0、集中力 G_0、槽壳自重、水压力、剪应力 τ 和拉杆轴力 X_1 在圆弧部分角度为 φ 时产生的横向弯矩，计算公式见式（3.5.3）。

$$\begin{cases} M_{M_0} = M_0 \\ M_{G_0} = -G_0 R(1-\cos\varphi) \\ M_h = -\gamma_h t R^2 \left[\dfrac{f}{R}(1-\cos\varphi) + \sin\varphi - \varphi\cos\varphi \right] \\ M_W = -\gamma\left[\dfrac{1}{2}(h_1^2 R + RR_\delta^2)\sin\varphi - \left(\dfrac{1}{2}RR_\delta^2\varphi + RR_\delta h_1\right)\cos\varphi + \dfrac{1}{6}h_1^3 + RR_\delta h_1 \right] \\ M_\tau = \dfrac{qt}{2J}R^4[\sin\varphi - \varphi\cos\varphi + \lambda(\varphi^2 - \pi\varphi + 2\cos\varphi + \pi\sin\varphi - 2)] + TR(1-\cos\varphi) + \dfrac{1}{2}aT_1 \\ M_{X_1} = X_1(h + R\sin\varphi) \end{cases} \tag{3.5.3}$$

$$\begin{cases} T = T_1 + T_2 \\ T_1 = \dfrac{q}{J}\left(\dfrac{y_1 B}{2} - \dfrac{B^2}{6}\right)(t+a) \\ T_2 = \dfrac{q}{J}\left[t y_1 \left(\dfrac{f^2}{2} - Bf + \dfrac{B^2}{2}\right) - t\left(\dfrac{f^3}{6} - \dfrac{B^2 f}{2} + \dfrac{B^3}{3}\right) + (t+a)\left(y_1 B - \dfrac{B^2}{2}\right)(f-B) \right] \end{cases} \tag{3.5.4}$$

式中：γ 为水的重度；γ_h 为钢筋混凝土的重度；J 为横截面对形心轴的惯性矩；$\lambda = K'/R$；T_1 为直段顶部加大部分剪力；T_2 为加大部分以下的直段剪力；T 为直段上的总剪力；q 为单位槽壳长度内的所有荷载（包括自重、水重、人群荷载等）之和。

2. 轴力

轴力以压力为正。直段部分轴力求解见式（3.5.5）。

$$N_y = \begin{cases} G_0 + \gamma_h(t+a)B - T_1, & y = B - \delta \\ G_0 + \gamma_h(tf + aB) - T, & y = f - \delta \end{cases} \tag{3.5.5}$$

圆弧部分在角度为 φ 时轴力 N_φ 求解见式（3.5.6）。

$$N_\varphi = N_{G_0} + N_h + N_W + N_\tau + N_{X_1} \tag{3.5.6}$$

其中，N_{G_0}、N_h、N_W、N_τ 和 N_{X_1} 分别为集中力 G_0、槽壳自重、水压力、剪应力 τ 和拉杆轴力 X_1 在圆弧部分角度为 φ 时产生的轴力，计算公式见式（3.5.7）。

$$\begin{cases} N_{G_0} = G_0 \cos\varphi \\ N_h = \gamma_h t R\left(\dfrac{f}{R} + \varphi\right)\cos\varphi \\ N_W = \dfrac{1}{2}\gamma R_0^2 \varphi \cos\varphi - \dfrac{1}{2}\gamma(R_0^2 + h_1^2)\sin\varphi - \gamma h_1 R_0(1 - \cos\varphi) \\ N_\tau = -\dfrac{qt}{2J}R^3[\varphi\cos\varphi + (1 - \pi\lambda)\sin\varphi - 2\lambda(\cos\varphi - 1)] - T\cos\varphi \\ N_{X_1} = X_1 \sin\varphi \end{cases} \tag{3.5.7}$$

3.5.3　典型工况下横向结构内力

分别选取设计水深和满槽水深进行横向内力计算，成果见图 3.5.2（弯矩外侧受拉为正，内侧受拉为负；轴力受拉为负，受压为正）。在槽身断面整理了直段顶部、水面线位置及弧段从 0° 起每隔 15° 位置处的弯矩和轴力值。由计算结果可以看出，直段顶至弧段 40° 左右槽壁外侧受拉，而在弧段 40°～90° 段，槽身内侧受拉。

槽身在 0° 和 90° 位置的弯矩最大，0° 及 90° 为控制断面，满槽水深为控制工况。

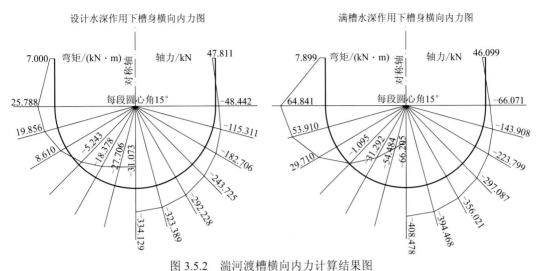

图 3.5.2　湍河渡槽横向内力计算结果图

3.5.4　横向结构配筋计算

1. 环向预应力钢筋配置计算

湍河渡槽环向预应力钢筋长近 21 m，为曲线筋，考虑到其长度大且结构横向对称，为减少预应力损失，设计采用无黏结预应力钢筋，控制张拉应力 σ_{con} 取 $0.7f_{ptk}$（f_{ptk} 为预应力钢筋的强度标准值），要求预应力两端对称张拉。

根据渡槽槽身横向内力计算结果，槽身环向在内外壁均存在受拉区，而槽身跨中环向最小厚度为 35 cm，槽底厚度也仅为 1.0 m，配置双层预应力钢筋空间位置不足，经研究提出环向预应力钢筋圆心略低于槽身内壁圆心，槽身上部直段环向预应力钢筋靠近外壁，槽身下部圆弧段预应力钢筋与内壁面的距离由腰部向底部渐变加大的"环向非同心"布置模式。在该布置模式下，槽身环向仅布置单层预应力钢筋，通过调整环向非同心度，达到槽身结构应力条件最优的目的。

通过结构布置和试算，环向在跨中 1/2 跨区域内布置 $3\times\phi^s15.2$ mm 间距 18 cm 的钢绞线，而在两端 1/4 跨内，对钢绞线进行加密，布置 $3\times\phi^s15.2$ mm 间距 15 cm 的钢绞线，见图 3.5.3。

2. 普通钢筋配置计算

根据《无粘结预应力混凝土结构技术规程》（JGJ 92—2016），非预应力纵向受力钢筋配置的最小截面面积应符合下列规定：

$$\frac{f_yA_sh_s}{f_yA_sh_s+\sigma_{pu}A_ph_p}\geqslant0.25 \quad \text{或} \quad A_s\geqslant0.003bh$$

其中，f_y 为普通钢筋的抗拉强度设计值，A_s 为受拉区纵向非预应力钢筋截面面积，h_s 为

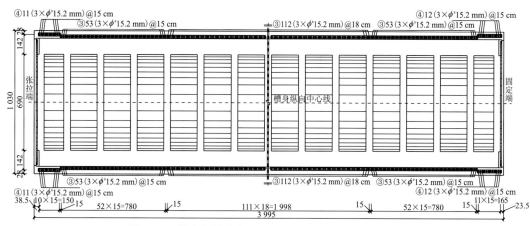

图 3.5.3　槽身钢绞线布置图（平面图）（单位：cm）

纵向受拉非预应力钢筋合力点到截面受压边缘的距离，σ_{pu} 为在正截面承载力计算中无黏结预应力钢筋的应力设计值，A_p 为无黏结预应力钢筋截面面积，h_p 为纵向受拉无黏结预应力钢筋合力点到截面受压边缘的距离，b 为截面宽度。取以上两式计算结果的较大者。钢筋直径不应小于 14 mm。

　　按单向体系结构，环向取 1 m 长的槽身为分析对象，分别截取弧段 0°（直段底部）、15°、30°、45°、60°、75° 和 90° 处截面进行计算。计算结果表明，0° 和 90° 截面为控制截面，控制截面的计算配筋面积见表 3.5.1，实际配筋结果见表 3.5.2。

表 3.5.1　控制截面计算配筋面积表

区间范围	截面位置	h_s 和 h_p/mm	位置	计算配筋面积/mm²
两端 1/4 跨	0°	315 和 230	槽外侧	3 005
	90°	965 和 650	槽内侧	2 772
跨中 1/2 跨	0°	315 和 230	槽外侧	2 504
	90°	965 和 650	槽内侧	2 310

表 3.5.2　槽身环向非预应力配筋结果

区间范围	位置	计算配筋面积/mm²	实际配筋	实际配筋面积/mm²
两端 1/4 跨	槽内侧	2 772	$\phi25@160$	3 068
	槽外侧	3 005	$\phi25@160$	3 068
跨中 1/2 跨	槽内侧	2 310	$\phi22@150$	2 534
	槽外侧	2 504	$\phi22@150$	2 534

3.5.5　横向截面抗弯承载能力复核

　　根据内力计算结果，取 1 m 长的槽跨，以 0° 和 90° 截面为控制截面进行承载力计算，两截面见图 3.5.4。

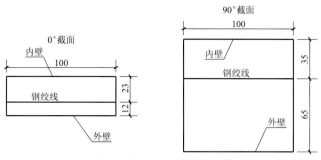

图 3.5.4　湍河渡槽横向控制截面（单位：cm）

0°截面受弯承载力复核：

$$M_u = 908.72 \text{（kN·m）}$$

0°位置弯矩设计值为 $M = 64.84$ kN·m，因此 $KM \leqslant M_u$ 成立，承载力满足要求。

90°截面受弯承载力复核：

$$M_u = 3\,404.85 \text{（kN·m）}$$

90°位置弯矩设计值为 $M = 66.21$ kN·m，因此，$KM \leqslant M_u$ 成立，承载力满足要求。

3.6　三维有限元复核

南水北调中线渡槽结构及受力复杂，结构力学法不能很好地反映渡槽的空间受力特征，另外，温度荷载作为渡槽设计的重要荷载，其分布形式也不能通过结构力学法得到体现，因此，数值模拟是南水北调中线渡槽设计的重要手段。数值模拟主要对渡槽槽体的应力、变形进行复核计算，分析渡槽槽身整体受力、变形状态及局部的构造应力。

3.6.1　结构模型与计算方法

1. 结构模型

由于板、壳单元难以描述渡槽局部应力分布，大型渡槽一般采用三维实体单元来建立网格模型，单元类型采用六面体八节点块体单元。结合计算精度需要，有限元网格可以做得较密集，六面体单元的边长一般控制在 0.1～0.2 m。根据支座的实际布置情况约束渡槽模型，存在几何对称性和荷载对称性的渡槽可取 1/2 或 1/4 槽进行建模。

对渡槽进行数值模拟计算时，为了模拟预应力钢筋的实际布置位置，可将钢筋布置的特征位置设置成为控制参数，然后据此生成网格。模型中假定混凝土与预应力钢筋之间黏结很好，不会产生相对滑移，混凝土单元与钢筋单元之间通过公共节点铰接，两者在公共节点上协调工作。

2. 预应力模拟

根据槽身应力控制标准，确定预应力钢筋（束）的布置形式、锚具类型、张拉方式、张拉控制应力等，在此基础上计算各钢筋（束）的预应力损失，并将考虑预应力损失后的预应力钢筋（束）拉力作为有限元计算的依据。

南水北调中线工程渡槽均采用后张法施工，主要考虑以下几种预应力损失：①张拉端锚具变形损失σ_{l1}；②预应力钢筋与孔道摩擦损失σ_{l2}；③预应力钢筋的松弛损失σ_{l4}；④混凝土收缩徐变引起的损失σ_{l5}。

3. 计算方法及模型

采用通用软件 ANSYS 对槽身进行三维有限元复核计算。鉴于结构和荷载的对称性，取半跨渡槽槽身进行三维有限元分析。槽身混凝土采用 SOLID45 号单元模拟，有限元模型的节点数为 43 640，单元数为 32 838。模型网格见图 3.6.1。

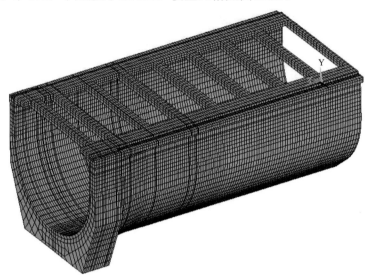

图 3.6.1　ANSYS 有限元分析计算网格

坐标轴 x 以横槽向右为正，y 以竖向向上为正，z 以沿槽顺流向为正。对支座处进行了模拟铰接处理，支座一侧底座沿 x、y 方向约束，另一侧沿 y 方向约束；跨中施以对称约束。

槽身预应力计算分别考虑了张拉端锚具变形损失、预应力钢筋与孔道摩擦损失、预应力钢筋的松弛损失、混凝土收缩徐变引起的损失等。根据预应力计算分析及 1∶1 仿真模型试验成果，纵向锚索预应力损失最大约为 20%，以集中力的形式施加在模型上；环向锚索考虑沿程损失后，将其对槽身的拖拽力及挤压力的合力作为节点力施加于模型上。

4. 计算工况与荷载组合

1）完建及检修期

工况一：自重＋槽面活荷载＋风荷载。
工况二：自重＋槽面活荷载＋风荷载+温度荷载（温升）。
工况三：自重＋槽面活荷载＋风荷载＋温度荷载（温降）。

2）通水运行期

工况四：自重＋水荷载（设计流量）＋槽面活荷载＋风荷载。

工况五：自重＋水荷载（加大流量）＋槽面活荷载＋风荷载。

工况六：自重＋水荷载（满槽水）＋槽面活荷载。

工况七：自重＋水荷载（满槽水）＋槽面活荷载＋温度荷载（温升）。

工况八：自重＋水荷载（满槽水）＋槽面活荷载＋温度荷载（温降）。

3.6.2 不同运行工况条件下计算结果

根据 U 形渡槽的结构受力特点，选定槽体跨中、1/4 跨及支座附近断面作为正应力成果整理的典型断面，在每个典型断面上又环向选取槽顶截面扩大处及槽身下部半圆（0°～90°，其中以水平向为 0°）内每间隔 15°的截面整理渡槽的纵、横向正应力。

1. 纵向应力成果

纵向应力成果见表 3.6.1～表 3.6.3。

表 3.6.1　跨中断面纵向应力计算成果　　　（单位：MPa）

部位	分项	工况							
		工况一	工况二	工况三	工况四	工况五	工况六	工况七	工况八
槽顶截面扩大处	内壁应力	-3.89	-3.18	-4.52	-7.38	-7.90	-8.29	-6.41	-9.98
	外壁应力	-5.73	-6.26	-5.19	-9.23	-9.70	-10.11	-11.51	-8.66
0°	内壁应力	-4.65	-3.95	-5.36	-6.76	-7.15	-7.33	-5.47	-9.23
	外壁应力	-5.42	-5.97	-4.81	-7.06	-7.20	-7.15	-8.62	-5.52
15°	内壁应力	-5.05	-4.41	-5.74	-6.19	-6.38	-6.37	-4.67	-8.21
	外壁应力	-5.41	-5.97	-4.79	-6.10	-6.15	-5.97	-7.47	-4.34
30°	内壁应力	-5.26	-4.69	-5.94	-5.47	-5.49	-5.33	-3.82	-7.14
	外壁应力	-5.33	-5.94	-4.73	-5.12	-5.08	-4.83	-6.44	-3.21
45°	内壁应力	-5.37	-4.89	-6.04	-4.77	-4.64	-4.40	-3.11	-6.18
	外壁应力	-5.22	-5.89	-4.63	-4.21	-4.10	-3.83	-5.62	-2.24
60°	内壁应力	-5.51	-5.13	-6.15	-4.28	-4.05	-3.78	-2.77	-5.50
	外壁应力	-4.86	-5.60	-4.29	-3.22	-3.05	-2.78	-4.75	-1.25
75°	内壁应力	-5.53	-5.26	-6.12	-3.93	-3.68	-3.47	-2.76	-5.04
	外壁应力	-4.37	-4.00	-3.84	-1.76	-1.43	-1.14	-0.15	0.29
90°	内壁应力	-5.54	-5.36	-6.12	-3.80	-3.52	-3.36	-2.89	-4.91
	外壁应力	-4.35	-4.24	-3.82	-1.77	-1.46	-1.28	-0.99	0.14

注：应力符号以受压为负。

表 3.6.2　1/4 跨断面纵向应力计算成果　　　　　　（单位：MPa）

部位	分项	工况							
		工况一	工况二	工况三	工况四	工况五	工况六	工况七	工况八
槽顶截面扩大处	内壁应力	-3.25	-2.56	-3.89	-5.66	-6.04	-6.30	-4.45	-8.00
	外壁应力	-5.23	-5.74	-4.69	-7.63	-7.95	-8.26	-9.63	-6.81
0°	内壁应力	-4.30	-3.59	-5.00	-5.83	-6.12	-6.26	-4.39	-8.14
	外壁应力	-4.70	-5.24	-4.09	-5.77	-5.82	-5.78	-7.24	-4.16
15°	内壁应力	-4.86	-4.22	-5.55	-5.70	-5.83	-5.83	-4.11	-7.66
	外壁应力	-4.79	-5.35	-4.18	-5.24	-5.24	-5.10	-6.61	-3.48
30°	内壁应力	-5.18	-4.61	-5.86	-5.34	-5.34	-5.23	-3.70	-7.03
	外壁应力	-5.05	-5.66	-4.44	-4.90	-4.86	-4.68	-6.30	-3.06
45°	内壁应力	-5.42	-4.93	-6.09	-4.99	-4.88	-4.70	-3.39	-6.48
	外壁应力	-5.35	-6.02	-4.75	-4.68	-4.61	-4.42	-6.22	-2.81
60°	内壁应力	-5.72	-5.34	-6.37	-4.84	-4.67	-4.47	-3.45	-6.19
	外壁应力	-5.30	-6.04	-4.72	-4.22	-4.12	-3.94	-5.91	-2.40
75°	内壁应力	-5.95	-5.69	-6.55	-4.85	-4.66	-4.51	-3.80	-6.09
	外壁应力	-5.00	-4.62	-4.47	-3.18	-2.97	-2.78	-1.78	-1.37
90°	内壁应力	-6.02	-5.85	-6.61	-4.81	-4.61	-4.50	-4.03	-6.05
	外壁应力	-5.05	-4.95	-4.53	-3.28	-3.08	-2.97	-2.70	-1.57

注：应力符号以受压为负。

表 3.6.3　支座断面纵向应力计算成果　　　　　　（单位：MPa）

部位	分项	工况							
		工况一	工况二	工况三	工况四	工况五	工况六	工况七	工况八
槽顶截面扩大处	内壁应力	-4.10	-3.71	-4.49	-4.21	-4.22	-4.22	-3.18	-5.25
	外壁应力	-1.57	-1.78	-1.37	-1.59	-1.58	-1.59	-2.14	-1.04
0°	内壁应力	-2.26	-2.06	-2.48	-2.37	-2.38	-2.35	-1.80	-2.94
	外壁应力	-0.04	-0.22	0.18	0.08	0.08	0.056	-0.44	0.63
15°	内壁应力	-1.10	-0.92	-1.28	-0.99	-0.96	-0.90	-0.42	-1.39
	外壁应力	0.70	0.61	0.79	0.65	0.61	0.57	0.34	0.82
30°	内壁应力	-2.54	-2.41	-2.66	-2.16	-2.09	-2.02	-1.67	-2.34
	外壁应力	0.99	0.91	1.07	0.75	0.70	0.64	0.43	0.87
45°	内壁应力	-7.47	-7.36	-7.57	-6.90	-6.82	-6.74	-6.46	-7.03
	外壁应力	1.51	1.47	1.53	1.29	1.25	1.22	1.12	1.29
60°	内壁应力	-8.08	-8.01	-8.19	-7.26	-7.17	-7.08	-6.90	-7.37
	外壁应力	0.49	0.92	0.40	0.35	0.32	0.30	1.44	0.06
75°	内壁应力	-8.85	-8.85	-9.03	-7.97	-7.88	-7.81	-7.80	-8.28
	外壁应力	-0.51	-0.44	-0.32	-1.01	-1.01	-1.03	-0.84	-0.53
90°	内壁应力	-9.44	-9.49	-9.62	-8.70	-8.62	-8.60	-8.73	-9.10
	外壁应力	-1.19	-1.15	-1.04	-1.80	-1.87	-1.91	-1.81	-1.52

注：应力符号以受压为负。

2. 渡槽内壁面横向应力成果

渡槽内壁面横向应力成果见表 3.6.4～表 3.6.6。

表 3.6.4 跨中断面渡槽内壁面横向应力计算成果 （单位：MPa）

部位	分项	工况							
		工况一	工况二	工况三	工况四	工况五	工况六	工况七	工况八
槽顶截面扩大处	内壁竖向应力	-2.80	-2.24	-3.20	-3.01	-3.22	-3.10	-1.60	-4.17
0°	内壁切向应力	-4.43	-3.71	-5.26	-5.12	-5.73	-6.08	-4.18	-8.32
15°	内壁切向应力	-4.86	-4.29	-5.69	-5.15	-5.45	-5.59	-4.05	-7.79
30°	内壁切向应力	-4.96	-4.48	-5.73	-4.80	-4.75	-4.67	-3.40	-6.72
45°	内壁切向应力	-4.98	-4.58	-5.70	-4.39	-4.05	-3.80	-2.72	-5.72
60°	内壁切向应力	-5.50	-5.21	-6.07	-4.57	-4.10	-3.77	-2.99	-5.29
75°	内壁切向应力	-5.60	-5.45	-5.88	-4.73	-4.41	-4.18	-3.79	-4.92
90°	内壁切向应力	-5.58	-5.48	-5.82	-4.66	-4.32	-4.10	-3.81	-4.74

注：应力符号以受压为负。

表 3.6.5 1/4 跨断面渡槽内壁面横向应力计算成果 （单位：MPa）

部位	分项	工况							
		工况一	工况二	工况三	工况四	工况五	工况六	工况七	工况八
槽顶截面扩大处	内壁竖向应力	-3.08	-2.55	-3.48	-3.26	-3.44	-3.32	-1.90	-4.39
0°	内壁切向应力	-5.91	-5.21	-6.72	-6.78	-7.34	-7.65	-5.77	-9.80
15°	内壁切向应力	-6.35	-5.76	-7.14	-6.84	-7.11	-7.20	-5.63	-9.30
30°	内壁切向应力	-5.82	-5.32	-6.58	-5.78	-5.73	-5.61	-4.27	-7.62
45°	内壁切向应力	-5.06	-4.62	-5.79	-4.42	-4.11	-3.83	-2.64	-5.78
60°	内壁切向应力	-5.09	-4.76	-5.69	-3.97	-3.54	-3.20	-2.32	-4.79
75°	内壁切向应力	-5.44	-5.28	-5.74	-4.41	-4.11	-3.89	-3.46	-4.69
90°	内壁切向应力	-5.35	-5.24	-5.62	-4.24	-3.92	-3.71	-3.42	-4.42

注：应力符号以受压为负。

表 3.6.6 支座断面渡槽内壁面横向应力计算成果 （单位：MPa）

部位	分项	工况							
		工况一	工况二	工况三	工况四	工况五	工况六	工况七	工况八
槽顶截面扩大处	内壁竖向应力	-2.78	-2.44	-3.11	-3.39	-3.61	-3.62	-2.72	-4.49
0°	内壁切向应力	-2.85	-2.32	-3.65	-5.38	-5.95	-6.11	-4.69	-8.25
15°	内壁切向应力	-3.61	-3.13	-4.40	-5.81	-6.19	-6.18	-4.92	-8.29
30°	内壁切向应力	-4.33	-3.97	-4.98	-5.03	-5.06	-4.81	-3.86	-6.54
45°	内壁切向应力	-4.00	-3.73	-4.52	-3.23	-2.99	-2.57	-1.84	-3.94
60°	内壁切向应力	-3.90	-3.68	-4.30	-2.34	-2.01	-1.56	-0.97	-2.61
75°	内壁切向应力	-3.34	-3.30	-3.85	-2.31	-2.10	-1.80	-1.68	-3.15
90°	内壁切向应力	-3.79	-3.80	-4.33	-3.09	-2.90	-2.81	-2.82	-4.23

注：应力符号以受压为负。

3. 渡槽外壁面横向应力成果

渡槽外壁面横向应力成果见表 3.6.7~表 3.6.9。

表 3.6.7　跨中断面渡槽外壁面横向应力计算成果　　　　（单位：MPa）

部位	分项	工况							
		工况一	工况二	工况三	工况四	工况五	工况六	工况七	工况八
槽顶截面扩大处	外壁竖向应力	-13.68	-14.37	-13.21	-13.52	-13.34	-13.53	-15.38	-12.27
0°	外壁切向应力	-8.04	-8.69	-7.23	-7.05	-6.45	-6.06	-7.80	-3.89
45°	外壁切向应力	-4.08	-4.44	-3.43	-3.97	-4.20	-4.35	-5.30	-2.62
90°	外壁切向应力	0.53	0.44	0.80	0.29	0.08	-0.04	-0.29	0.66

注：应力符号以受压为负。

表 3.6.8　1/4 跨断面渡槽外壁面横向应力计算成果　　　　（单位：MPa）

部位	分项	工况							
		工况一	工况二	工况三	工况四	工况五	工况六	工况七	工况八
槽顶截面扩大处	外壁竖向应力	-14.72	-15.39	-14.24	-14.57	-14.41	-14.59	-16.36	-13.31
0°	外壁切向应力	-7.86	-8.52	-7.08	-6.72	-6.16	-5.80	-7.54	-3.71
45°	外壁切向应力	-4.90	-5.30	-4.24	-4.89	-5.10	-5.26	-6.32	-3.50
90°	外壁切向应力	0.008	-0.08	0.29	-0.37	-0.56	-0.67	-0.92	0.08

注：应力符号以受压为负。

表 3.6.9　支座断面渡槽外壁面横向应力计算成果　　　　（单位：MPa）

部位	分项	工况							
		工况一	工况二	工况三	工况四	工况五	工况六	工况七	工况八
槽顶截面扩大处	外壁竖向应力	-4.86	-5.15	-4.59	-4.42	-4.24	-4.23	-5.00	-3.52
0°	外壁切向应力	-4.52	-5.02	-3.69	-2.95	-2.54	-2.50	-3.84	-0.30
45°	外壁切向应力	-0.88	-0.91	-0.66	-2.74	-3.10	-3.55	-3.63	-2.95
90°	外壁切向应力	-1.08	-1.16	-0.65	-2.21	-2.46	-2.51	-2.75	-1.38

注：应力符号以受压为负。

4. 槽身最大主应力

槽身最大主应力见表 3.6.10。

表 3.6.10　槽身最大主应力计算成果　　　　（单位：MPa）

分项	工况							
	工况一	工况二	工况三	工况四	工况五	工况六	工况七	工况八
最大主拉应力	0.88	0.91	1.00	0.79	0.84	0.86	1.36	1.74
最大主压应力	-13.63	-14.21	-13.17	-13.62	-13.46	-13.58	-15.12	-12.65

注：应力符号以受压为负。

5. 跨中竖向位移成果

跨中竖向位移成果见表 3.6.11。

表 3.6.11　跨中竖向位移计算成果　　　　　（单位：mm）

工况	工况一	工况二	工况三	工况四	工况五	工况六	工况七	工况八
位移	-0.04	0.14	-0.02	-4.35	-4.86	-5.15	-4.65	-5.08

注：位移为正表示向上。

6. 复核结论

（1）在拟定的八种工况下，除支座断面局部范围外，槽身内外壁纵向几乎全断面受压。

（2）槽身环向内侧均处于受压状态，外侧槽底局部区域会出现拉应力，最大值出现在空槽温降工况，最大值为 0.80 MPa，其值小于混凝土轴心抗拉强度设计值的 90%，满足规范要求。

（3）八种工况中，最大主拉应力值为 1.74 MPa，出现在支座附近，主要由该部位较大的剪应力引起，满足 $\sigma_{tp} \leqslant 0.85 f_{tk}$（$\sigma_{tp}$ 为荷载效应短期组合下混凝土主拉应力，f_{tk} 为混凝土轴心抗拉强度标准值）的要求；最大主压应力值为 15.12 MPa，满足 $\sigma_{cp} \leqslant 0.6 f_{ck}$（$\sigma_{cp}$ 为荷载效应短期组合下混凝土主压应力，f_{ck} 为混凝土轴心抗压强度标准值）的要求。

（4）各种运行工况中，跨中竖向最大向下位移为 5.15 mm（小于 $L/600$），满足规范要求。

（5）支座截面和预应力钢绞线锚固处，应力分布较复杂且应力水平较高，应加强普通钢筋。

3.6.3　U 形渡槽预应力钢筋布置优化

1. 纵向预应力钢筋布置

根据受力分析，槽身纵向为简支体系，跨中梁底拉应力最大，槽身纵向预应力钢筋应以"碗底"布置为主。考虑到施工期槽身竖向荷载较小，张拉预应力钢筋过程中由于反拱效应，在跨中槽顶会出现一定的拉应力，为防止拉应力过大，需在槽身顶部布置一定数量的预应力钢筋。

一般箱体桥梁或渡槽（矩形渡槽）为抵抗支座附近的剪力，会在箱体两侧腹板配置曲线预应力钢筋，但 U 形渡槽横断面两侧为曲线结构，沿槽身纵向布置曲线预应力钢筋的难度很大，只能通过环向预应力钢筋配合普通钢筋抗剪。

在实际超大薄壁 U 形渡槽结构设计过程中，对结构进行三维有限元分析发现，槽身"碗底"纵向预应力钢筋布置量大，在预应力作用下，支座端槽身底部向跨中挤压变形明显，由于槽身高度大，在支座端内壁弧段 0°～15°附近会出现一定的纵向拉应力，不能满足槽身内壁面零拉应力的要求，为此在腰部适当布置纵向预应力钢筋，以消除拉应力，见图 3.6.2。

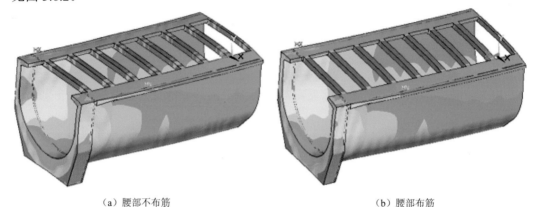

（a）腰部不布筋　　　　　　　　　　　　　　（b）腰部布筋

图 3.6.2　渡槽纵向应力

因此，槽身纵向预应力钢筋采取以"碗底"布置为主，以腰部和顶部布置为辅，"碗底"与腰部逐渐过渡的分区布置模式。

U 形渡槽纵向预应力钢绞线的布置理论上可以使槽身满足纵向应力的控制标准，在纵向钢绞线的布置过程中辅以横向钢绞线的调整可以使整个槽身满足应力控制标准。

2. 环向预应力钢筋布置

槽身环向预应力钢筋依据横向内力图（图 3.5.2）布置，布置的原则是在各种工况条件下，使内外壁的应力基本均衡。

从图 3.5.2 可以看出，在水荷载作用下，槽身横向由上而下轴力逐渐增大，上部直段轴力较小；槽身弯矩在中上部使外壁面受拉，下部弧段 45°角附近出现反转，45°角以下弯矩使内壁面受拉。

根据以上特点，槽身横向上部直段预应力钢筋应布置在靠近外壁面处，且在槽身直段预应力钢筋布置在距外壁面约 1/3 壁厚处较佳。槽身下部预应力钢筋应逐渐向内壁面靠近，为应对下部较大的水压力，同时也为了满足纵向预应力钢筋布置的需要，槽身横向断面尺寸在直段等厚度，而在下部弧段至槽底为渐变加厚布置。大量的实践及研究表明，槽身下部环向预应力钢筋应逐渐向内壁面靠近，在 45°角附近基本为 1/2 厚，而在 45°～90°应逐渐向槽身内壁面靠近，但也不宜偏离厚度形心轴过快，故要求环向预应力钢筋圆心略低于槽身内壁面圆心。

通过精细数值仿真研究和分析比较，提出了 U 形渡槽环向预应力钢筋圆心略低于槽身内壁面圆心，槽身上部直段环向预应力钢筋靠近外壁面，槽身下部圆弧段预应力钢筋与内壁面的距离由腰部向底部渐变加大的"环向非同心"布置模式。在该布置模式下，可通过调整纵向分区锚索数量和环向非同心度，达到槽身结构应力条件最优的目的。

3.7　壳体稳定复核

3.7.1　计算理论

屈曲稳定分析也称为分岔变形分析，用来确定结构在失稳（包括局部失稳）前所能承受的最大荷载及失稳的形态。屈曲稳定分析又分为非线性屈曲分析和线性屈曲分析。非线性屈曲分析根据非线性理论，采用荷载增量法，逐步寻求实际结构在失稳时的最大荷载（图 3.7.1）；线性屈曲分析（也称特征值分析）在弹性范围确定结构失稳的理论荷载（图 3.7.2）。这个失稳荷载并非实际的失稳荷载。事实上，实际结构失稳荷载要小于理论值。

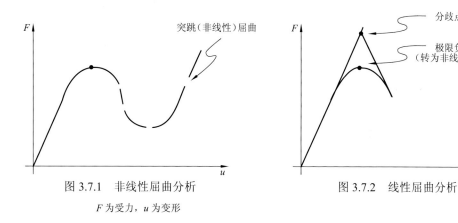

图 3.7.1　非线性屈曲分析　　　　图 3.7.2　线性屈曲分析

F 为受力，u 为变形

线性屈曲分析这种类型的分岔屈曲采用线性模型的弹性稳定。分岔屈曲指的是无限增长的一个新的变形模式。屈曲问题可由式（3.7.1）所示的特征值方程组表示：

$$(\boldsymbol{K} + \lambda_i \boldsymbol{S})\psi_i = 0 \tag{3.7.1}$$

式中：$\boldsymbol{K}$ 为结构刚度矩阵；$\boldsymbol{S}$ 为应力刚度矩阵（相当于其他分析的质量矩阵）；λ_i 为第 i 阶特征值；ψ_i 为第 i 阶特征值对应的位移特征向量。

对特征向量归一正交化，以使其最大分量为 1.0。因此，应力或位移输出只是一个相对关系，表示分布，而不是真实的大小。

线性屈曲分析的计算步骤如下。

（1）用静态分析法计算出结构的内力分布。

（2）建立特征值方程，获得屈曲特征值 λ_{cr}。

（3）为了解屈曲失稳形态，扩展模态。

（4）结构失稳的临界荷载：

$$\{F\}_{cr} = \lambda_{cr}\{F_0\} \tag{3.7.2}$$

式中：$\{F\}_{cr}$ 为失稳临界荷载；λ_{cr} 为屈曲特征值；$\{F_0\}$ 为实际初始荷载。

3.7.2 计算模型

鉴于结构和荷载的对称性，将半跨渡槽槽身作为研究对象，采用有限元分析软件 ANSYS 进行屈曲稳定分析，模型网格见图 3.7.3。特征值方程求解用子空间迭代法。

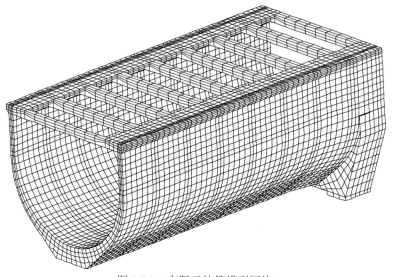

图 3.7.3 有限元计算模型网格

3.7.3 计算结果

采用子空间迭代法，计算得到工况一～工况四的屈曲特征值 λ_{cr}，如表 3.7.1 所示。

表 3.7.1 屈曲特征值计算结果

工况	屈曲特征值 λ_{cr}
工况一	119.71
工况二	123.85
工况三	119.61
工况四	116.88

计算结果如下。

（1）渡槽水平向位移偏离不大。

（2）渡槽竖向位移：跨中左槽壁向上移动，而右槽壁向下移动，即左右上下摆动。支座端位移较小，只有跨中的约 1/9。

（3）渡槽顺河向位移：从靠近 1/4 跨到支座端，上部横系梁出现左右位移错动，左侧向后移动，右侧向前移动。

（4）槽中有水与无水情况下，处于临界失稳状态时，结构的屈曲变形类似，但放大乘子不同，有水对稳定不利。

（5）侧向风荷载对结构稳定是有影响的，但由于侧向风荷载数值不大，这种影响可以忽略不计。

渡槽完建无水期的线性屈曲分析表明，发生临界失稳的荷载比实际初始荷载大 119～123 倍；渡槽运行和检修期的分析表明，发生临界失稳的荷载比实际初始荷载大 116～119 倍。槽身结构是稳定的。侧向风荷载对结构稳定是有影响的，但由于数值不大，这种影响可以忽略不计。

工况四第一阶特征值对应的失稳位移模态计算结果见图 3.7.4～图 3.7.7，位移单位为 m。由图 3.7.4～图 3.7.7 可知，当结构处于临界失稳状态时，槽身位移很小。

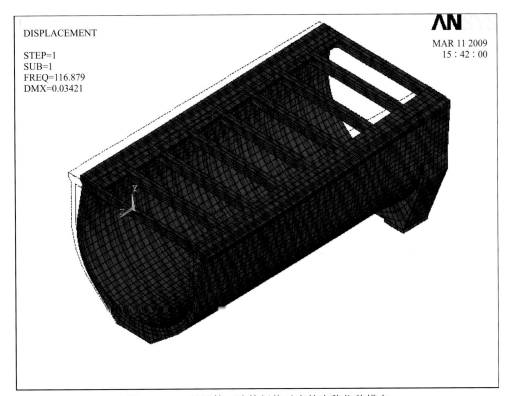

图 3.7.4　工况四第一阶特征值对应的失稳位移模态

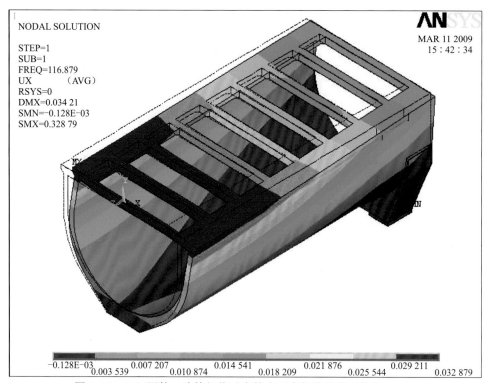

图 3.7.5　工况四第一阶特征值对应的水平向位移分布（单位：m）

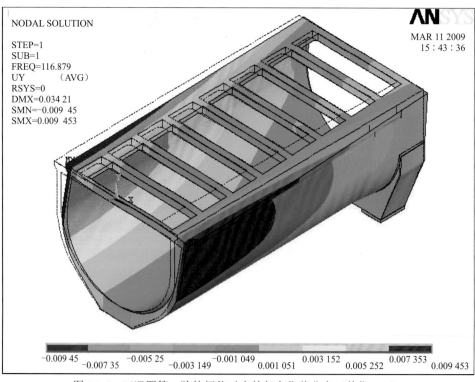

图 3.7.6　工况四第一阶特征值对应的竖向位移分布（单位：m）

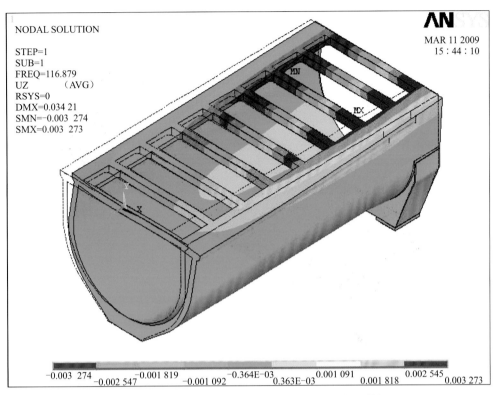

图 3.7.7　工况四第一阶特征值对应的顺河向位移分布（单位：m）

3.8　施工工况复核

3.8.1　造槽机过孔槽体应力复核

1. 计算模型与造槽机位置

取整跨渡槽槽身作为研究对象进行三维有限元分析。槽身混凝土采用 SOLID45 号单元模拟，有限元模型的节点数为 87 923，单元数为 66 676。模型网格见图 3.8.1。

坐标轴 x 以横槽向右为正，y 以竖向向上为正，z 以沿槽顺流向为正。对支座处进行了模拟铰接处理，支座一侧底座沿 x、y 方向约束，另一侧沿 y 方向约束。

2. 复核工况与荷载组合

工况一：自重＋槽面活荷载＋风荷载+纵向预应力+环向预应力。
工况二：自重＋槽面活荷载＋风荷载+纵向预应力+环向预应力+渐变段造槽机荷载。
工况三：自重＋槽面活荷载＋风荷载+纵向预应力+环向预应力+1/4 跨造槽机荷载。

工况四：自重＋槽面活荷载＋风荷载+纵向预应力+环向预应力+1/2跨造槽机荷载。

工况五：自重＋槽面活荷载＋风荷载+纵向预应力+1/2跨造槽机荷载。

图 3.8.1　施工工况复核计算网格

3. 计算结果

根据 U 形渡槽的结构受力特点，选定槽体跨中、1/4 跨及支座附近断面作为正应力成果整理的典型断面，在每个典型断面上又环向选取槽顶截面扩大处及槽身下部半圆（0°～90°，其中以水平向为 0°）内每间隔 15°的截面整理渡槽的纵、横向正应力。

1）纵向应力成果

纵向应力成果见表 3.8.1～表 3.8.3。

表 3.8.1　跨中断面纵向应力计算成果（施工工况复核）　　（单位：MPa）

部位	分项	工况				
		工况一	工况二	工况三	工况四	工况五
槽顶截面 扩大处	内壁应力	-3.97	-4.13	-4.66	-5.61	-6.01
	外壁应力	-5.77	-5.93	-6.46	-7.62	-5.91
0°	内壁应力	-4.59	-4.71	-5.08	-5.57	-5.60
	外壁应力	-5.28	-5.42	-5.73	-5.15	-4.48
15°	内壁应力	-4.91	-5.00	-5.23	-5.41	-5.25
	外壁应力	-5.20	-5.31	-5.48	-4.65	-4.29
30°	内壁应力	-5.09	-5.14	-5.20	-5.06	-4.85
	外壁应力	-5.11	-5.16	-5.18	-4.53	-4.40

续表

部位	分项	工况				
		工况一	工况二	工况三	工况四	工况五
45°	内壁应力	-5.22	-5.21	-5.12	-4.77	-4.56
	外壁应力	-5.03	-5.00	-4.88	-4.50	-4.54
60°	内壁应力	-5.39	-5.34	-5.12	-4.72	-4.43
	外壁应力	-4.72	-4.63	-4.38	-4.17	-4.57
75°	内壁应力	-5.48	-5.39	-5.12	-4.77	-4.47
	外壁应力	-4.31	-4.14	-3.68	-3.49	-4.30
90°	内壁应力	-5.56	-5.46	-5.16	-4.80	-4.45
	外壁应力	-4.39	-4.21	-3.77	-3.61	-4.37

注：应力符号以受压为负。

表 3.8.2　1/4 跨断面纵向应力计算成果（施工工况复核）　（单位：MPa）

部位	分项	工况				
		工况一	工况二	工况三	工况四	工况五
槽顶截面扩大处	内壁应力	-3.30	-3.56	-4.55	-3.94	-4.29
	外壁应力	-5.23	-5.49	-6.68	-5.89	-3.98
0°	内壁应力	-4.29	-4.55	-5.02	-4.77	-4.69
	外壁应力	-4.70	-4.90	-4.36	-5.11	-4.53
15°	内壁应力	-4.83	-5.02	-5.20	-5.15	-4.83
	外壁应力	-4.79	-4.94	-4.15	-5.06	-4.82
30°	内壁应力	-5.14	-5.21	-5.08	-5.25	-4.92
	外壁应力	-5.04	-5.09	-4.48	-5.11	-5.03
45°	内壁应力	-5.39	-5.33	-5.02	-5.28	-4.98
	外壁应力	-5.33	-5.30	-4.93	-5.20	-5.18
60°	内壁应力	-5.70	-5.55	-5.18	-5.43	-5.07
	外壁应力	-5.27	-5.17	-4.95	-4.97	-5.26
75°	内壁应力	-5.95	-5.78	-5.44	-5.60	-5.20
	外壁应力	-4.98	-4.71	-4.49	-4.38	-5.18
90°	内壁应力	-6.03	-5.85	-5.50	-5.65	-5.22
	外壁应力	-5.06	-4.82	-4.62	-4.48	-5.23

注：应力符号以受压为负。

表 3.8.3　支座断面纵向应力计算成果（施工工况复核）　　　（单位：MPa）

部位	分项	工况				
		工况一	工况二	工况三	工况四	工况五
槽顶截面扩大处	内壁应力	-4.08	-4.25	-4.11	-4.10	-4.38
	外壁应力	-1.58	-1.62	-1.57	-1.58	-1.44
0°	内壁应力	-2.20	-2.29	-2.21	-2.20	-2.51
	外壁应力	-0.08	0.02	-0.09	-0.07	0.23
15°	内壁应力	-1.04	-1.01	-0.98	-0.99	-1.16
	外壁应力	0.64	0.65	0.58	0.62	0.63
30°	内壁应力	-2.50	-2.37	-2.37	-2.40	-2.32
	外壁应力	0.92	0.84	0.81	0.86	0.82
45°	内壁应力	-7.46	-7.32	-7.29	-7.31	-7.15
	外壁应力	1.46	1.41	1.39	1.41	1.33
60°	内壁应力	-8.05	-7.93	-7.84	-7.83	-7.70
	外壁应力	0.46	0.39	0.42	0.45	0.48
75°	内壁应力	-8.77	-8.70	-8.57	-8.52	-8.69
	外壁应力	-0.62	-0.48	-0.60	-0.64	-0.26
90°	内壁应力	-9.39	-9.29	-9.22	-9.18	-9.42
	外壁应力	-1.12	-1.19	-1.25	-1.32	-1.09

注：应力符号以受压为负。

2）渡槽内壁面横向应力成果

渡槽内壁面横向应力成果见表 3.8.4～表 3.8.6。

表 3.8.4　跨中断面渡槽内壁面横向应力计算成果（施工工况复核）　　（单位：MPa）

部位	分项	工况				
		工况一	工况二	工况三	工况四	工况五
槽顶截面扩大处	内壁竖向应力	-2.76	-2.79	-2.86	-4.51	-2.76
0°	内壁切向应力	-4.43	-4.44	-4.70	-6.65	-2.55
15°	内壁切向应力	-4.81	-4.81	-5.06	-6.40	-1.57
30°	内壁切向应力	-4.88	-4.88	-4.98	-5.20	-0.12
45°	内壁切向应力	-4.91	-4.90	-4.81	-4.25	0.92
60°	内壁切向应力	-5.44	-5.44	-5.22	-4.37	1.29
75°	内壁切向应力	-5.57	-5.57	-5.41	-4.89	0.85
90°	内壁切向应力	-5.57	-5.57	-5.38	-4.85	0.86

注：应力符号以受压为负。

表 3.8.5　1/4 跨断面渡槽内壁面横向应力计算成果（施工工况复核）　（单位：MPa）

部位	分项	工况				
		工况一	工况二	工况三	工况四	工况五
槽顶截面扩大处	内壁竖向应力	-3.10	-3.21	-4.63	-3.21	-1.06
0°	内壁切向应力	-5.85	-6.27	-8.04	-6.22	-1.04
15°	内壁切向应力	-6.18	-6.58	-7.77	-6.53	-0.71
30°	内壁切向应力	-5.64	-5.80	-5.97	-5.79	-0.12
45°	内壁切向应力	-4.91	-4.76	-4.26	-4.79	0.51
60°	内壁切向应力	-5.01	-4.64	-3.93	-4.70	0.88
75°	内壁切向应力	-5.43	-5.16	-4.73	-5.19	0.66
90°	内壁切向应力	-5.38	-5.07	-4.64	-5.10	0.70

注：应力符号以受压为负。

表 3.8.6　支座断面渡槽内壁面横向应力计算成果（施工工况复核）　（单位：MPa）

部位	分项	工况				
		工况一	工况二	工况三	工况四	工况五
槽顶截面扩大处	内壁竖向应力	-2.77	-3.47	-3.00	-2.86	-0.67
0°	内壁切向应力	-2.65	-4.86	-3.51	-3.03	-2.03
15°	内壁切向应力	-3.32	-5.14	-4.08	-3.66	-1.74
30°	内壁切向应力	-4.04	-4.57	-4.32	-4.15	-1.31
45°	内壁切向应力	-3.76	-3.18	-3.57	-3.65	-0.35
60°	内壁切向应力	-3.66	-2.63	-3.22	-3.43	-0.15
75°	内壁切向应力	-3.07	-2.38	-2.82	-2.95	-0.27
90°	内壁切向应力	-3.63	-2.92	-3.46	-3.59	-0.77

注：应力符号以受压为负。

3）渡槽外壁面横向应力成果

渡槽外壁面横向应力成果见表 3.8.7～表 3.8.9。

表 3.8.7　跨中断面渡槽外壁面横向应力计算成果（施工工况复核）　（单位：MPa）

部位	分项	工况				
		工况一	工况二	工况三	工况四	工况五
槽顶截面扩大处	外壁竖向应力	-13.69	-13.66	-13.62	-16.48	-1.76
0°	外壁切向应力	-8.00	-7.99	-7.78	-7.09	1.16
45°	外壁切向应力	-4.11	-4.12	-4.24	-4.76	-0.68
90°	外壁切向应力	0.53	0.53	0.39	0.02	-0.46

注：应力符号以受压为负。

表 3.8.8　1/4 跨断面渡槽外壁面横向应力计算成果（施工工况复核）　（单位：MPa）

部位	分项	工况				
		工况一	工况二	工况三	工况四	工况五
槽顶截面扩大处	外壁竖向应力	-14.65	-14.56	-17.16	-14.58	1.04
0°	外壁切向应力	-7.90	-7.54	-6.98	-7.59	0.84
45°	外壁切向应力	-4.99	-5.21	-5.64	-5.17	-0.40
90°	外壁切向应力	0.03	-0.20	-0.49	-0.17	-0.34

注：应力符号以受压为负。

表 3.8.9　支座断面渡槽外壁面横向应力计算成果（施工工况复核）　（单位：MPa）

部位	分项	工况				
		工况一	工况二	工况三	工况四	工况五
槽顶截面扩大处	外壁竖向应力	-4.84	-4.40	-4.65	-4.77	1.44
0°	外壁切向应力	-4.66	-3.58	-4.13	-4.44	1.51
45°	外壁切向应力	-1.06	-2.37	-1.73	-1.38	-1.25
90°	外壁切向应力	-0.94	-1.93	-1.46	-1.12	-0.35

注：应力符号以受压为负。

4）槽身最大主应力

槽身最大主应力见表 3.8.10。

表 3.8.10　槽身最大主应力计算成果（施工工况复核）　（单位：MPa）

分项	工况				
	工况一	工况二	工况三	工况四	工况五
最大主拉应力	0.88	0.87	0.77	0.51	1.88
最大主压应力	-13.59	-18.22	-15.30	-19.14	-8.91

注：应力符号以受压为负。

5）跨中竖向位移成果

跨中竖向位移成果见表 3.8.11。

表 3.8.11　跨中竖向位移计算成果（施工工况复核）　（单位：mm）

工况	工况一	工况二	工况三	工况四	工况五
位移	0.01	-0.33	-0.95	-1.30	-0.92

注：位移为正表示向上。

4. 主要结论

复核结果表明，槽身预应力钢筋张拉完成后，造槽机再移位过孔槽身内壁面均处于受压状态，支座断面外侧局部区域会出现纵向拉应力，最大值约为 1.46 MPa，其值小于混凝土轴心抗拉强度设计值的 90%，满足规范要求；若环向预应力钢筋不张拉，槽身纵向除支座断面外侧局部会出现拉应力外，其余部位纵向均处于受压状态，但槽身环向内壁面和外壁面的较大区域均出现了拉应力，不能满足规范要求。

综上所述，湍河渡槽施工时，槽身纵、横向预应力钢筋张拉完毕后造槽机才能进行移位过孔。

3.8.2　槽身钢绞线张拉施工

1. 钢绞线张拉施工控制标准

1）张拉时间

钢绞线开始张拉时，混凝土龄期大于 7 天。

2）混凝土强度及弹性模量

槽身 C50 混凝土的轴心抗拉强度标准值为 2.64 MPa，轴心抗压强度标准值为 32.4 MPa，弹性模量为 34.5 GPa。钢绞线张拉施工期，混凝土强度不低于设计强度的 85%，混凝土的计算弹性模量取设计弹性模量的 80%，即：

$$f'_{tk} \geqslant 2.64 \times 85\% = 2.244（\text{MPa}）$$
$$f'_{ck} \geqslant 32.4 \times 85\% = 27.54（\text{MPa}）$$
$$E_c = 34.5 \times 80\% = 27.6（\text{GPa}）$$

式中：f'_{tk}、f'_{ck} 分别为与施工阶段混凝土立方体抗压强度相应的抗拉、抗压强度标准值，N/mm^2；E_c 为混凝土的计算弹性模量。

3）应力控制标准

参考《水工混凝土结构设计规范》（SL 191—2008），钢绞线张拉施工阶段槽体应力控制标准如下。

预应力混凝土结构构件施工阶段，除应进行承载能力极限状态验算外，对于预拉区不允许出现裂缝的构件或预压时全截面受压的构件，在预应力、自重（必要时应考虑动力系数）及施工荷载作用下，其截面边缘的混凝土法向应力应符合下列规定：

$$\sigma_{ct} \leqslant f'_{tk}$$
$$\sigma_{cc} \leqslant 0.8 f'_{ck}$$

式中：σ_{cc}、σ_{ct} 分别为相应施工阶段计算截面边缘纤维的混凝土压应力、拉应力，N/mm^2。

2. 钢绞线张拉施工工序研究模型

钢绞线张拉施工工序研究利用有限单元法进行，根据对称性，取渡槽的半跨进行分析，见图 3.8.2。坐标系 x 轴沿横向（垂直于渡槽轴线），y 轴铅直向上，z 轴沿轴线（顺流向）。有限元模型的节点数为 16 932，单元数为 12 438。

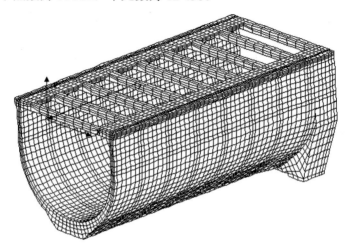

图 3.8.2　钢绞线张拉施工工序研究模型网格

跨中设置截面法向约束。在渡槽的端部与槽墩连接部位设置垫层单元，以模拟实际的简支情况。垫层单元厚度取 10 cm，纵向长 195 cm，其弹性模量取渡槽混凝土的 1/10，取值的原则是垫层中不产生纵向拉应力，且受力均匀。垫层下部加水平横向和铅直向约束，使其能承受横向和铅直向荷载。

成果图中，纵向应力指水流方向的应力（轴线方向），环向应力指渡槽横截面的周向应力。应力以拉为正，以压为负，单位为 MPa。跨中断面为断面 1（$z=0.0$），1/4 跨断面为断面 2（$z=-8.95$ m），渐变段中部断面为断面 3（$z=-16.45$ m），支座处断面为断面 4（$z=-18.77$ m），断面 A 为直线段与渐变段相交的断面，断面位置示意见图 3.8.3。

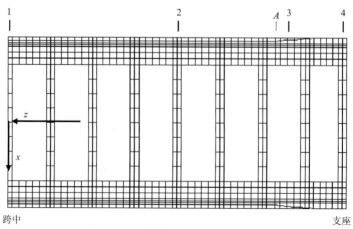

图 3.8.3　成果整理断面位置示意图

3. 钢绞线张拉具体方案

1）张拉方案一

所有钢绞线张拉完成后再拆模，因此不考虑槽身自重，温度荷载考虑±3 ℃。纵向钢绞线按间隔对称分两组：Q 对称取奇数组、U 对称取偶数组。环向钢绞线按间隔分两组：HQ 奇数组、HU 偶数组。纵向和环向钢绞线分 6 批次张拉，全部荷载共分 11 步施加，张拉工序及荷载组合如下。

步骤 1：Q 施加至控制应力的 50%。

步骤 2：U 施加至控制应力的 105%。

步骤 3：Q 施加至控制应力的 105%。

步骤 4：HQ 施加至控制应力的 50%。

步骤 5：HU 施加至控制应力的 105%。

步骤 6：HQ 施加至控制应力的 105%。

步骤 7：施加温降荷载（温差 3 ℃）。

步骤 8：施加温升荷载（温差 3 ℃）。

步骤 9：拆模后考虑自重（无温度荷载）。

步骤 10：拆模后考虑自重+温降荷载（温差 3 ℃）。

步骤 11：拆模后考虑自重+温升荷载（温差 3 ℃）。

计算表明，拆模前加纵向预应力时，槽身会出现环向拉应力，数值跨中最小，趋于支座时，拉应力增大。在纵向钢绞线施加完荷载的步骤 3 中，跨中最大环向拉应力为 0.206 MPa，渐变段中部断面最大达 0.876 MPa，这也是渡槽中的最大拉应力（不考虑应力集中的支座端）。当纵向和环向预应力全部施加完成后，槽顶出现纵向拉应力，最大值出现在温降情况下的步骤 7 中，跨中断面内侧顶部拉应力达 1.17 MPa。但拆模后，此拉应力消失。

如果按在任何荷载组合下，槽身内壁表面不允许出现拉应力的标准，则所有钢绞线张拉完成后拆模的方案（本方案）不能满足应力要求。但若采用施工期的应力控制标准，本方案可以满足要求。

2）张拉方案二

本张拉方案所有纵向钢绞线张拉完成后再拆模，拆模后考虑槽身自重，温度荷载考虑±5 ℃。纵向钢绞线按间隔对称分两组：Q 对称取奇数组、U 对称取偶数组。环向钢绞线按间隔分两组：HQ 奇数组、HU 偶数组。纵向和环向钢绞线分 6 批次张拉，全部荷载共分 9 步施加，张拉工序及荷载组合如下。

步骤 1：Q 施加至控制应力的 50%。

步骤 2：U 施加至控制应力的 105%。

步骤 3：Q 施加至控制应力的 105%。

步骤 4：拆模。

步骤 5：HQ 施加至控制应力的 50%。

步骤 6：HU 施加至控制应力的 105%。

步骤 7：HQ 施加至控制应力的 105%。

步骤 8：施加温降荷载（温差 5 ℃）。

步骤 9：施加温升荷载（温差 5 ℃）。

3）张拉方案三

由计算结果可知，单独施加纵向钢绞线拉力，将引起环向拉应力；单独施加环向钢绞线拉力，将引起纵向拉应力。纵向钢绞线引起环向拉应力是局部的，主要在纵向钢绞线布置范围附近，且支座处大于跨中部位；环向钢绞线引起纵向拉应力是全断面的。

在拆模前施加所有纵向和环向钢绞线的控制应力，渡槽顶部将出现纵向拉应力（最大达 1.17 MPa），渡槽变形成拱形。因此，先加力后拆模的方案不妥。

经反复试算，确定了纵横向钢绞线交叉批次张拉的施工方案，部分纵横向钢绞线张拉完成后拆模，拆模后考虑槽身自重，温度荷载考虑±3 ℃。

将纵向钢绞线按间隔对称分四组：顶部 4 束纵向钢绞线一组（D4）、槽壁两侧纵向钢绞线各一组（MU11、MQ12）、底部 8 束纵向钢绞线一组（B8）。将环向钢绞线按间隔分奇数组（HQ）、偶数组（HU）两组。纵向和环向钢绞线分 7 批次张拉，全部荷载共分 9 步施加，张拉工序及荷载施加步骤如下。

步骤 1：HQ、D4、MQ12 同时施加至控制应力的 50%。

步骤 2：D4、MU11 施加至控制应力的 105%。

步骤 3：MQ12 施加至控制应力的 105%。

步骤 4：HU 施加至控制应力的 105%。

步骤 5：拆模。

步骤 6：HQ 施加至控制应力的 105%。

步骤 7：B8 施加至控制应力的 105%。

步骤 8：施加温降荷载（温差 3 ℃）。

步骤 9：施加温升荷载（温差 3 ℃）。

计算表明，此方案的施工过程能确保在任何荷载组合条件下，槽身内壁表面不出现拉应力（支座处除外），槽身外壁表面拉应力的最大值为 0.744 MPa，为外侧环向拉应力，出现在步骤 3 扩大段中部断面；最大主拉应力为 1.33 MPa，出现在步骤 4 中（不大于混凝土轴心抗拉强度设计值的 90%）。

4. 钢绞线张拉方案选择

通过分析可得，先张拉部分或全部纵向钢绞线时，槽身会出现环向拉应力，方案一、方案二的施工过程不能满足槽身内壁表面不允许出现拉应力的控制标准。但按施工期的应力控制标准，槽身混凝土截面的法向应力均可满足要求，且方案一略优于方案二。

方案三的施工过程能确保在任何荷载组合条件下，槽身内壁表面不出现拉应力（支座处除外），槽身外壁表面的拉应力不大于混凝土轴心抗拉强度设计值的 90%，但施工工艺相对于方案一、方案二较为复杂。由于三种施工方案槽身应力均能满足施工期槽体应力控制标准，从简单方便和节约工期的角度出发，推荐采用先张拉完成纵向钢绞线后拆模，然后进行环向钢绞线张拉施工的方案，即方案二。

设计中对方案一、方案二、方案三均进行了结构计算，以下仅列出方案二的计算成果，各加力步典型断面、典型点的应力见表 3.8.12～表 3.8.22。

表 3.8.12 跨中断面应力（内侧） （单位：MPa）

方向	部位	步骤								
		步骤 1	步骤 2	步骤 3	步骤 4	步骤 5	步骤 6	步骤 7	步骤 8	步骤 9
内侧环向	D*	0.002	−0.014	−0.012	−0.571	−0.919	−2.625	−3.008	−3.551	−2.465
	0°	−0.064	−0.216	−0.287	−0.468	−1.45	−4.501	−5.58	−6.617	−4.543
	15°	−0.053	−0.158	−0.216	−0.134	−1.166	−4.001	−5.136	−6.087	−4.185
	30°	−0.027	−0.056	−0.086	0.104	−0.964	−3.483	−4.658	−5.564	−3.751
	45°	0.008	0.074	0.083	0.278	−0.855	−3.219	−4.466	−5.331	−3.6
	60°	0.036	0.166	0.206	0.348	−0.912	−3.486	−4.872	−5.534	−4.209
	75°	0.036	0.139	0.179	0.284	−1.057	−3.799	−5.275	−5.577	−4.973
	90°	0.045	0.153	0.202	0.282	−1	−3.756	−5.166	−5.453	−4.88
内侧纵向	D*	−0.166	−0.507	−0.69	−3.608	−3.598	−3.568	−3.557	−4.34	−2.773
	0°	−0.779	−2.281	−3.137	−4.518	−4.592	−4.809	−4.889	−5.736	−4.042
	15°	−1.039	−3.039	−4.181	−4.826	−4.971	−5.144	−5.304	−6.13	−4.477
	30°	−1.267	−3.71	−5.103	−5.082	−5.269	−5.303	−5.508	−6.321	−4.695
	45°	−1.443	−4.24	−5.827	−5.274	−5.478	−5.446	−5.67	−6.471	−4.869
	60°	−1.57	−4.636	−6.363	−5.419	−5.585	−5.675	−5.858	−6.611	−5.105
	75°	−1.652	−4.909	−6.725	−5.52	−5.672	−5.808	−5.975	−6.648	−5.303
	90°	−1.671	−4.996	−6.834	−5.546	−5.622	−5.893	−5.977	−6.644	−5.31

注：D*表示顶部点。

表 3.8.13 跨中断面应力（外侧） （单位：MPa）

方向	部位	步骤								
		步骤 1	步骤 2	步骤 3	步骤 4	步骤 5	步骤 6	步骤 7	步骤 8	步骤 9
外侧环向	D*	−0.008	−0.005	−0.014	0.314	−0.45	−5.353	−6.194	−5.812	−6.576
	0°	0.049	0.159	0.213	0.38	−1.611	−5.61	−7.802	−6.82	−8.783
	15°	0.032	0.089	0.125	0.153	−1.428	−4.423	−6.162	−5.254	−7.07
	30°	0.012	0.009	0.022	0.027	−1.298	−3.912	−5.37	−4.502	−6.237
	45°	−0.014	−0.086	−0.101	−0.05	−1.158	−3.488	−4.708	−3.874	−5.541
	60°	−0.035	−0.152	−0.19	−0.085	−0.634	−1.826	−2.429	−1.735	−3.122
	75°	−0.021	−0.076	−0.099	−0.041	0.014	0.109	0.169	0.469	−0.13
	90°	−0.037	−0.125	−0.165	−0.061	0.001	0.132	0.201	0.599	−0.196

方向	部位	步骤								
		步骤 1	步骤 2	步骤 3	步骤 4	步骤 5	步骤 6	步骤 7	步骤 8	步骤 9
外侧纵向	D*	−0.182	−0.548	−0.748	−3.641	−3.773	−4.192	−4.337	−3.702	−4.971
	0°	−0.783	−2.282	−3.143	−4.47	−4.689	−4.679	−4.921	−4.148	−5.693
	15°	−1.089	−3.173	−4.37	−4.919	−5.159	−4.758	−5.022	−4.258	−5.787
	30°	−1.354	−3.954	−5.443	−5.225	−5.437	−5.012	−5.245	−4.482	−6.007
	45°	−1.559	−4.572	−6.286	−5.414	−5.551	−5.212	−5.363	−4.603	−6.123
	60°	−1.724	−5.086	−6.981	−5.541	−5.592	−5.093	−5.15	−4.399	−5.9
	75°	−1.883	−5.579	−7.65	−5.591	−5.504	−4.972	−4.877	−4.202	−5.552
	90°	−1.89	−5.65	−7.728	−5.606	−5.43	−5.063	−4.87	−4.171	−5.569

表 3.8.14　1/4 跨断面应力（内侧）　　　　　　　　（单位：MPa）

方向	部位	步骤								
		步骤 1	步骤 2	步骤 3	步骤 4	步骤 5	步骤 6	步骤 7	步骤 8	步骤 9
内侧环向	D*	0.037	0.06	0.101	−0.285	−1.108	−2.287	−3.192	−3.696	−2.689
	0°	−0.19	−0.597	−0.806	−1.1	−2.374	−5.184	−6.584	−7.618	−5.55
	15°	−0.162	−0.466	−0.644	−0.651	−1.883	−4.657	−6.013	−6.961	−5.064
	30°	−0.085	−0.189	−0.283	−0.132	−1.287	−3.859	−5.129	−6.035	−4.223
	45°	0.025	0.179	0.206	0.435	−0.711	−3.157	−4.419	−5.286	−3.551
	60°	0.113	0.45	0.575	0.811	−0.426	−3.094	−4.456	−5.12	−3.791
	75°	0.103	0.373	0.486	0.676	−0.68	−3.503	−4.996	−5.3	−4.691
	90°	0.116	0.399	0.527	0.705	−0.599	−3.419	−4.854	−5.143	−4.565
内侧纵向	D*	−0.223	−0.706	−0.951	−3.316	−3.118	−3.083	−2.865	−3.662	−2.068
	0°	−0.765	−2.207	−3.049	−4.153	−4.206	−4.328	−4.385	−5.23	−3.54
	15°	−1.001	−2.884	−3.984	−4.523	−4.605	−4.676	−4.767	−5.589	−3.944
	30°	−1.224	−3.55	−4.896	−4.907	−5.016	−5.033	−5.152	−5.961	−4.343
	45°	−1.41	−4.124	−5.674	−5.255	−5.383	−5.379	−5.521	−6.319	−4.723
	60°	−1.556	−4.592	−6.303	−5.568	−5.686	−5.82	−5.95	−6.702	−5.198
	75°	−1.662	−4.947	−6.775	−5.835	−5.975	−6.153	−6.307	−6.98	−5.634
	90°	−1.689	−5.053	−6.91	−5.904	−5.985	−6.266	−6.356	−7.024	−5.688

表 3.8.15　1/4 跨断面应力（外侧）　　　　（单位：MPa）

方向	部位	步骤								
		步骤1	步骤2	步骤3	步骤4	步骤5	步骤6	步骤7	步骤8	步骤9
外侧环向	D*	-0.033	-0.051	-0.088	0.265	-1.865	-5.287	-7.629	-7.243	-8.015
	0°	0.128	0.388	0.528	0.783	-1.228	-5.38	-7.593	-6.614	-8.572
	15°	0.093	0.248	0.35	0.43	-1.147	-4.311	-6.046	-5.14	-6.952
	30°	0.035	0.043	0.082	0.095	-1.26	-4.009	-5.499	-4.633	-6.366
	45°	-0.041	-0.209	-0.254	-0.25	-1.415	-3.884	-5.165	-4.332	-5.999
	60°	-0.103	-0.397	-0.51	-0.496	-1.108	-2.354	-3.027	-2.332	-3.721
	75°	-0.05	-0.177	-0.232	-0.218	-0.173	-0.088	-0.038	0.262	-0.339
	90°	-0.086	-0.295	-0.389	-0.366	-0.318	-0.211	-0.158	0.242	-0.558
外侧纵向	D*	-0.24	-0.69	-0.954	-3.085	-3.17	-3.49	-3.583	-2.942	-4.224
	0°	-0.709	-1.995	-2.774	-3.82	-3.973	-4.227	-4.395	-3.62	-5.17
	15°	-0.983	-2.802	-3.883	-4.377	-4.502	-4.454	-4.592	-3.822	-5.362
	30°	-1.26	-3.656	-5.042	-4.95	-5.062	-4.93	-5.054	-4.285	-5.823
	45°	-1.509	-4.443	-6.103	-5.487	-5.576	-5.453	-5.551	-4.786	-6.316
	60°	-1.734	-5.156	-7.063	-5.977	-5.987	-5.67	-5.681	-4.931	-6.432
	75°	-1.933	-5.778	-7.904	-6.28	-6.15	-5.688	-5.545	-4.876	-6.214
	90°	-1.958	-5.884	-8.037	-6.366	-6.197	-5.838	-5.653	-4.961	-6.345

表 3.8.16　直线与扩大段相交断面应力（内侧）　　　　（单位：MPa）

方向	部位	步骤								
		步骤1	步骤2	步骤3	步骤4	步骤5	步骤6	步骤7	步骤8	步骤9
内侧环向	D*	0.028	0.029	0.059	-0.344	-1.163	-2.954	-3.854	-4.344	-3.365
	0°	-0.286	-0.745	-1.059	-2.039	-3.216	-5.766	-7.06	-8.148	-5.972
	15°	-0.26	-0.672	-0.958	-1.515	-2.769	-5.4	-6.78	-7.74	-5.819
	30°	-0.086	-0.228	-0.322	-0.399	-1.711	-4.418	-5.862	-6.727	-4.997
	45°	0.091	0.264	0.364	0.711	-0.593	-3.292	-4.728	-5.545	-3.91
	60°	0.147	0.471	0.632	1.197	-0.107	-2.862	-4.296	-4.971	-3.622
	75°	0.115	0.42	0.546	0.937	-0.401	-3.23	-4.703	-5.088	-4.319
	90°	0.127	0.478	0.617	0.981	-0.276	-2.934	-4.316	-4.723	-3.91
内侧纵向	D*	-0.45	-1.371	-1.865	-2.757	-2.661	-2.581	-2.476	-3.272	-1.68
	0°	-0.52	-1.447	-2.019	-2.683	-2.566	-2.261	-2.132	-3.053	-1.211
	15°	-0.675	-1.878	-2.62	-3.03	-3.004	2.616	2.407	3.307	-1.506
	30°	-0.907	-2.578	-3.575	-3.694	-3.584	-3.244	-3.123	-4.005	-2.241
	45°	-1.177	-3.419	-4.714	-4.544	-4.47	-4.209	-4.127	-4.99	-3.264
	60°	-1.416	-4.19	-5.747	-5.392	-5.393	-5.312	-5.314	-6.112	-4.516
	75°	-1.573	-4.726	-6.456	-6.078	-6.159	-6.274	-6.363	-7.053	-5.673
	90°	-1.629	-4.927	-6.718	-6.325	-6.399	-6.567	-6.648	-7.327	-5.97

表 3.8.17　直线与扩大段相交断面应力（外侧）　　　　（单位：MPa）

方向	部位	步骤								
		步骤 1	步骤 2	步骤 3	步骤 4	步骤 5	步骤 6	步骤 7	步骤 8	步骤 9
外侧环向	D*	−0.041	−0.062	−0.108	0.117	−1.849	−5.871	−8.033	−7.658	−8.407
	0°	−0.044	−0.112	−0.16	0.375	−1.68	−6.116	−8.377	−7.382	−9.372
	15°	−0.031	−0.098	−0.133	0.165	−1.446	−4.929	−6.701	−5.784	−7.618
	30°	−0.062	−0.185	−0.253	−0.236	−1.583	−4.518	−6.001	−5.149	−6.852
	45°	−0.066	−0.196	−0.268	−0.526	−1.714	−4.306	−5.613	−4.803	−6.424
	60°	−0.029	−0.098	−0.13	−0.561	−1.266	−2.783	−3.558	−2.84	−4.276
	75°	−0.042	−0.131	−0.177	−0.327	−0.356	−0.432	−0.465	−0.108	−0.821
	90°	−0.014	−0.023	−0.038	−0.259	−0.393	−0.671	−0.818	−0.306	−1.33
外侧纵向	D*	−0.548	−1.261	−1.863	−2.684	−2.804	−3.241	−3.373	−2.714	−4.031
	0°	−0.469	−1.131	−1.647	−1.989	−2.17	−2.454	−2.653	−1.77	−3.536
	15°	−0.633	−1.648	−2.344	−2.419	−2.59	−2.834	−3.023	−2.145	−3.901
	30°	−1.071	−2.977	−4.154	−3.978	−4.135	−4.378	−4.551	−3.684	−5.418
	45°	−1.577	−4.558	−6.292	−5.925	−6.063	−6.284	−6.436	−5.58	−7.292
	60°	−1.957	−5.847	−7.999	−7.524	−7.554	−7.576	−7.609	−6.79	−8.429
	75°	−2.288	−6.994	−9.51	−8.955	−8.882	−8.726	−8.646	−7.942	−9.35
	90°	−2.308	−7.091	−9.629	−9.154	−9.088	−8.947	−8.875	−8.149	−9.6

表 3.8.18　渐变段中部断面应力（内侧）　　　　（单位：MPa）

方向	部位	步骤								
		步骤 1	步骤 2	步骤 3	步骤 4	步骤 5	步骤 6	步骤 7	步骤 8	步骤 9
内侧环向	D*	0.03	0.052	0.084	−0.302	−1.035	−2.778	−3.584	−4.067	−3.1
	0°	−0.224	−0.552	−0.798	−2.028	−3.02	−5.133	−6.223	−7.345	−5.101
	15°	−0.186	−0.464	−0.669	−1.417	−2.561	−4.898	−6.157	−7.164	−5.15
	30°	−0.03	−0.094	−0.127	−0.281	−1.533	−4.089	−5.466	−6.35	−4.582
	45°	0.109	0.277	0.397	0.767	−0.492	−3.112	−4.497	−5.304	−3.69
	60°	0.153	0.443	0.611	1.223	−0.014	−2.625	−3.986	−4.668	−3.303
	75°	0.175	0.586	0.779	1.128	−0.125	−2.809	−4.189	−4.626	−3.751
	90°	0.189	0.668	0.876	1.147	−0.05	−2.544	−3.86	−4.315	−3.406
内侧纵向	D*	−0.492	−1.509	−2.049	−2.731	−2.577	−2.589	−2.42	−3.217	−1.622
	0°	−0.405	−1.13	−1.575	−2.155	−2.133	−1.96	−1.936	−2.757	−1.114
	15°	−0.572	−1.587	−2.216	−2.588	−2.543	−2.288	−2.238	−3.054	−1.422
	30°	−0.87	−2.464	−3.421	−3.504	−3.462	−3.215	−3.169	−3.968	−2.369
	45°	−1.237	−3.597	−4.957	−4.722	−4.7	−4.524	−4.501	−5.278	−3.723
	60°	−1.543	−4.593	−6.29	−5.86	−5.892	−5.828	−5.865	−6.59	−5.139
	75°	−1.732	−5.25	−7.154	−6.727	−6.807	−6.911	−6.999	−7.634	−6.365
	90°	−1.812	−5.545	−7.538	−7.1	−7.173	−7.301	−7.38	−8.006	−6.755

表 3.8.19　渐变段中部断面应力（外侧）　　　　　（单位：MPa）

方向	部位	步骤								
		步骤 1	步骤 2	步骤 3	步骤 4	步骤 5	步骤 6	步骤 7	步骤 8	步骤 9
外侧环向	D*	−0.031	−0.037	−0.072	0.156	−1.588	−5.294	−7.213	−6.843	−7.583
	0°	−0.082	−0.227	−0.317	0.374	−1.607	−5.963	−8.143	−7.161	−9.124
	15°	−0.034	−0.111	−0.149	0.186	−1.288	−4.591	−6.213	−5.315	−7.111
	30°	0.005	0.008	0.013	−0.075	−1.248	−3.883	−5.174	−4.369	−5.979
	45°	0.088	0.265	0.361	−0.091	−1.112	−3.366	−4.489	−3.741	−5.236
	60°	0.166	0.518	0.701	0.073	−0.56	−1.956	−2.653	−1.972	−3.334
	75°	0.068	0.222	0.297	0.074	0.035	−0.061	−0.104	0.253	−0.461
	90°	0.179	0.612	0.809	0.489	0.346	0.046	−0.111	0.398	−0.62
外侧纵向	D*	−0.573	−1.268	−1.898	−2.475	−2.483	−3.006	−3.015	−2.382	−3.648
	0°	−0.306	−0.71	−1.047	−1.139	−1.263	−1.465	−1.601	−0.799	−2.404
	15°	−0.408	−1.04	−1.488	−1.449	−1.513	−1.641	−1.712	−0.924	−2.5
	30°	−0.764	−2.075	−2.915	−2.794	−2.825	−2.927	−2.96	−2.193	−3.727
	45°	−1.211	−3.432	−4.763	−4.586	−4.618	−4.717	−4.753	−3.997	−5.508
	60°	−1.602	−4.737	−6.499	−6.255	−6.245	−6.257	−6.247	−5.499	−6.994
	75°	−1.849	−5.647	−7.68	−7.497	−7.433	−7.325	−7.254	−6.627	−7.881
	90°	−1.925	−5.949	−8.066	−7.953	−7.915	−7.835	−7.793	−7.115	−8.471

表 3.8.20　支座断面应力（内侧）　　　　　（单位：MPa）

方向	部位	步骤								
		步骤 1	步骤 2	步骤 3	步骤 4	步骤 5	步骤 6	步骤 7	步骤 8	步骤 9
内侧环向	D*	−0.014	0.175	0.159	−0.3	−0.471	−1.19	−1.379	−1.908	−0.85
	0°	0.508	1.324	1.883	−0.419	−0.992	−1.364	−1.994	−3.154	−0.835
	15°	0.369	0.911	1.316	−0.264	−1.213	−2.578	−3.622	−4.545	−2.699
	30°	0.029	−0.066	−0.034	−0.481	−1.544	−3.464	−4.633	−5.367	−3.899
	45°	−0.168	−0.673	−0.857	−0.386	−1.489	−3.701	−4.914	−5.453	−4.376
	60°	−0.345	−1.142	−1.522	−0.629	−1.641	−3.761	−4.874	−5.302	−4.447
	75°	−0.396	−1.47	−1.906	−1.543	−2.52	−4.615	−5.69	−6.156	−5.224
	90°	−0.461	−1.461	−1.968	−2.006	−3.009	−5.096	−6.2	−6.693	−5.708
内侧纵向	D*	−0.694	−2.282	−3.045	−3.243	−3.131	−2.918	−2.794	−3.566	−2.023
	0°	0.001	−0.054	−0.053	−0.315	−0.276	0.033	0.076	−0.357	0.509
	15°	−0.179	−0.471	−0.668	−0.686	−0.766	−0.736	−0.824	−1.001	0.337
	30	−0.605	−1.53	−2.195	−1.961	−2.094	−2.224	−2.37	−2.517	−2.222
	45°	−1.776	−4.662	−6.614	−6.208	−6.351	−6.537	−6.695	−6.792	−6.598
	60°	−2.359	−7.114	−9.707	−9.151	−9.253	−9.363	−9.474	−9.578	−9.37
	75°	−2.71	−8.362	−11.342	−10.86	−10.881	−10.893	−10.917	−11.083	−10.751
	90°	−2.883	−9.183	−12.352	−11.99	−11.993	−11.981	−11.983	−12.171	−11.796

表 3.8.21　支座断面应力（外侧）　　　　　　（单位：MPa）

方向	部位	步骤								
		步骤 1	步骤 2	步骤 3	步骤 4	步骤 5	步骤 6	步骤 7	步骤 8	步骤 9
外侧环向	D*	-0.035	-0.094	-0.132	0.231	-1.796	-6.903	-9.133	-8.745	-9.52
	0°	-0.126	-0.222	-0.36	0.465	-1.649	-6.245	-8.57	-7.422	-9.718
	15°	0.023	0.146	0.171	-0.12	-1.085	-3.198	-4.26	-3.815	-4.706
	30°	0.086	0.273	0.368	-0.506	-1.143	-2.48	-3.18	-3.044	-3.316
	45°	0.106	0.274	0.39	-0.343	-0.878	-1.944	-2.532	-2.574	-2.489
	60°	0.058	0.187	0.251	-0.194	-0.603	-1.473	-1.923	-1.958	-1.888
	75°	0.19	0.567	0.776	0.447	0.255	-0.122	-0.334	-0.093	-0.575
	90°	0.327	1.178	1.537	0.88	0.662	0.201	-0.039	0.31	-0.388
外侧纵向	D*	-1.337	-2.578	-4.048	-4.016	-4.034	-4.475	-4.495	-4.065	-4.925
	0°	-0.058	-0.088	-0.152	0.022	-0.08	-0.401	-0.513	-0.027	-0.999
	15°	-0.015	-0.044	-0.06	-0.022	0.008	-0.013	0.019	0.146	-0.108
	30°	-0.103	-0.243	-0.356	-0.367	-0.327	-0.278	-0.234	-0.214	-0.255
	45°	-0.472	-1.2	-1.718	-1.75	-1.718	-1.651	-1.615	-1.627	-1.604
	60°	-0.517	-1.517	-2.085	-2.197	-2.165	-2.149	-2.115	-2.098	-2.131
	75°	-0.437	-1.108	-1.589	-1.78	-1.777	-1.767	-1.764	-1.588	-1.939
	90°	-0.8	-3.03	-3.91	-4.029	-4.023	-4.012	-4.006	-3.832	-4.18

表 3.8.22　渡槽内最大和最小主应力（不考虑应力集中）　　（单位：MPa）

应力	步骤								
	步骤 1	步骤 2	步骤 3	步骤 4	步骤 5	步骤 6	步骤 7	步骤 8	步骤 9
最大主应力	0.188	0.668	0.875	1.33	0.347	0.315	0.402	0.702	0.494
最小主应力	-2.33	-7.13	-9.7	-9.16	-9.09	-8.95	-11.2	-10.6	-11.8

　　计算结果表明，张拉纵向钢绞线时，槽身会出现环向拉应力，步骤 1～步骤 3 的成果与方案一的相同，在纵向钢绞线施加完荷载的步骤 3 中，跨中最大环向拉应力为 0.213 MPa，渐变段中部断面最大达 0.876 MPa，这也是渡槽中的最大拉应力（不考虑应力集中）。拆模后的步骤 4 中，跨中最大环向拉应力为 0.38 MPa，渐变段中部断面最大达 1.223 MPa，这也是渡槽中的最大拉应力（不考虑应力集中的支座端）。当预应力全部施加完后，跨中外侧最大环向拉应力为 0.599 MPa，出现在温降情况下的步骤 8 中。

　　如果按在任何荷载组合下，槽身内壁表面不允许出现拉应力的标准，则所有纵向钢绞线张拉完成后拆模的方案（本方案）不能满足应力要求。但若采用施工期的应力控制标准，本方案可以满足要求。

3.9　渡槽基础设计

3.9.1　渡槽基础的比选

湍河渡槽槽身段跨河床、漫滩、两岸二级阶地。两岸二级阶地段地质结构主要由上更新统粉质黏土、壤土、粗砂、砾砂层及新近系软岩组成；河床、漫滩段地质结构主要由全新统上部淤泥质粉质黏土、粗砂、砾砂层及新近系软岩组成。由于上更新统粉质黏土及粗砂的容许承载力较低，且地下水位较高，不适合采用刚性扩大基础。若采用沉井基础，需投入大量的施工机械，造价太高。因此，湍河渡槽主要考虑钻孔灌注桩基础，钻孔灌注桩基础结构简单，受力明确，可以承受压力、拉力或水平力，承载力较高，抗震性能好，沉降量小而且均匀，可以适用于各种硬、软土层，可以根据上部荷载合理设计桩径和桩长。同时，钻孔灌注桩施工设备简单，操作方便，可多工作面同时展开，施工工期较短。

基础桩径的选择通过比较确定。不同桩径基础工程量及投资见表 3.9.1。

表 3.9.1　不同桩径基础工程量及投资比较

项目	桩径/m			
	1.2	1.5	1.8	2.0
单个承台下桩数×桩长/m	8×36	6×47	6×36	6×33
桩总进尺/m	16 416	16 074	12 312	11 286
造价/万元	2 923	4 096	4 007	4 488

由表 3.9.1 可见，桩径为 1.2 m 的基础投资较低，但其桩身长细比较大，故推荐选用 1.8 m 桩径的钻孔灌注桩。

3.9.2　基础处理

1. 地基处理目的

1）提高地基承载能力

左右两岸表层均为上更新统粉质黏土、砾砂，粉质黏土承载力标准值为 180～200 kPa，进口渐变段地基应力为 240.48 kPa，退水闸进口挡墙地基应力为 265.7 kPa，均应进行处理以提高承载力，其他基底应力大于地基承载力的部位也需进行处理。

2）减少地基沉降量

《水闸设计规范》（SL 265—2001）（现已作废）规定"……天然土质地基上进口节

制闸地基最大沉降量不宜超过 15 cm，相邻部位的最大沉降差不宜超过 5 cm"，需对结构物进行沉降量复核。

2. 地基处理方法及计算

为了减少沉降量，提高承载能力，可以采取提高地基压缩模量的措施。提高地基压缩模量可以通过地基处理，改善地基地质特性实现。地基处理办法有多种，针对粉质黏土及细砂地基的比较有效而经济的处理办法有强夯置换法和振冲碎石桩法。

强夯置换法比较适用于较浅地基，且地基处于饱和时不宜使用。

振冲碎石桩法适用于处理正常固结的淤泥与淤泥质土、粉土、粉细砂土、黏性土及饱和松散砂土等地基，在工业与民用建筑领域使用较多，在水利工程中也有应用。

振冲碎石桩法具有操作简单、施工进度快等优点，对于粉质土、粉细砂地基效果较好，处理后的地基可作为竖向承载的复合地基，增强竖直方向的承载力，同时碎石桩可大幅度提高复合地基的压缩模量，显著减小地基沉降。振冲碎石桩法可以根据需要布置成各种形状，布桩间距也可灵活适应基础上部结构。

目前对碎石桩处理后的复合地基特性的评价采用几何置换法，利用打入地基的材料与原地基的体积和面积比例，算出地基的综合承载力参数，复合地基计算公式为

$$f_{spk} = [1 + m(n-1)] \cdot f_{sk} \tag{3.9.1}$$

式中：f_{spk} 为复合地基承载力特征值，kPa；m 为桩土面积置换率；n 为桩土应力比，一般 $n = 2 \sim 4$；f_{sk} 为处理后桩间土承载力特征值，取 169.0 kPa。

碎石桩复合地基的压缩模量 E_{sp} 计算公式为

$$E_{sp} = [1 + m(n-1)] \cdot E_s \tag{3.9.2}$$

式中：E_{sp} 为碎石桩复合地基的压缩模量；m 为桩土面积置换率；n 为桩土应力比，一般 $n = 2 \sim 4$；E_s 为桩间土压缩模量。

闸底板与砾砂层顶面之间的粉质黏土的压缩变形量 s_2 依据《建筑地基基础设计规范》（GB 50007—2002）（现已作废）计算，计算公式为

$$s_2 = \psi \sum_{i=1}^{N} \frac{p_0}{E_{si}} (z_i \overline{\alpha_i} - z_{i-1} \overline{\alpha_{i-1}}) \tag{3.9.3}$$

式中：p_0 为出口闸基底应力；E_{si} 为碎石桩复合地基的压缩模量；z_i、z_{i-1} 为进口闸底板底面至计算的第 i 层土、第 $i-1$ 层土底面的距离；$\overline{\alpha_i}$、$\overline{\alpha_{i-1}}$ 为基础底面计算点至第 i 层土、第 $i-1$ 层土底面范围内平均附加应力系数；N 为土层数；ψ 为沉降计算经验系数，查《建筑地基基础设计规范》（GB 50007—2002）（现已作废）取值。

3. 地基处理设计

湍河渡槽工程需要进行地基处理的部位主要有进出口渐变段、进出口闸闸室段和退水闸段。鉴于振冲碎石桩法的诸多优点，湍河渡槽工程地基处理选择振冲碎石桩法，碎石桩直径为 0.8 m，呈梅花形布置，间距为 2.0 m。

进出口渐变段扶壁式挡墙结构最大基底应力分别为 228.37 kPa 和 202.61 kPa，而天然地基承载力为 180 kPa，不能满足承载力要求。因此，需要进行地基处理，经振冲碎石桩法处理后地基承载力可提高至 232 kPa。

退水闸紧邻进口工作闸，地基条件与工作闸相同，退水闸进口挡墙的最大平均基底应力为 186.5 kPa，天然地基承载力为 180 kPa，不能满足承载力要求。处理后地基承载力可提高至 232 kPa，能满足承载力要求。

各建筑物沉降计算结果如表 3.9.2～表 3.9.4 所示，经振冲碎石桩法处理后，各建筑物地基承载力和沉降均能满足要求。

表 3.9.2 进口建筑物在总干渠轴线处的沉降计算

	计算内容	渐变段与闸室相接处	闸室与渐变段相接处	闸室中点	闸室与连接段相接处	连接段与闸室相接处	连接段中点
处理前	绝对沉降/m	0.145	0.160	0.175	0.190	0.135	0.071
	沉降差/m		0.015			0.055	
处理后	绝对沉降/m	0.112	0.123	0.135	0.146	—	—
	沉降差/m		0.011			0.011	

表 3.9.3 出口建筑物在总干渠轴线处的沉降计算

	计算内容	渐变段与闸室相接处	闸室与渐变段相接处	闸室中点	闸室与连接段相接处	连接段与闸室相接处	连接段中点
处理前	绝对沉降/m	0.131	0.143	0.156	0.168	0.131	0.070
	沉降差/m		0.012			0.037	
处理后	绝对沉降/m	0.101	0.110	0.120	0.130	—	—
	沉降差/m		0.009			0.001	

表 3.9.4 退水建筑物在中心线处的沉降计算

	计算内容	引渠与闸室相接处	闸室与引渠相接处	闸室中点	闸室与泄槽相接处	泄槽与闸室相接处
处理前	绝对沉降/m	0.162	0.174	0.160	0.146	0.134
	沉降差/m		0.012			0.012
处理后	绝对沉降/m	0.125	0.135	0.124	0.113	0.103
	沉降差/m		0.010			0.010

第 4 章

澧河矩形渡槽槽体结构设计

4.1 设计条件

4.1.1 水文气象

1. 流域概况

澧河为淮河流域沙颍河的主要支流，发源于方城西北伏牛山，自西向东流，在河口与干江河交汇，至空冢郭附近入汇沙颍河。

南水北调中线总干渠与澧河交叉建筑物中心线（以下简称交叉断面）位于叶县常村店刘南、孤石滩水库下游 7.2 km 处，交叉断面以上集水面积为 364.7 km²。交叉断面下游 600 m 处有右岸入汇的小支流，集水面积为 20.4 km²，根据工程布置方案并入澧河干流交叉断面。

澧河交叉断面上游 7.2 km 处，建有孤石滩大（二）型水库一座，水库以上集水面积为 286 km²。水库于 1958 年 2 月动工兴建，1961 年底基本建成。1993 年 3 月由河南省水利勘测设计院提出《澧河孤石滩水库除险加固工程可行性研究报告》，设计洪水标准为 100 年一遇，校核洪水标准为 2000 年一遇。澧河交叉断面以上流域内，1958年以来共建小型水库 21 座，总库容为 1 060 万 m³。

2. 气候特征

本区属暖温带湿润季风气候区，夏热多雨，冬寒晴燥，秋旱少雨。气象变化与季风关系密切，多年平均降水量为 900 mm 左右，其中 6～9 月降水最多，占年降水量的 61%左右。根据流域附近鲁山气象站实测资料的统计分析，多年平均降水量为 815.9 mm，多年平均气温为 14.6℃，历年最高气温为 43.3℃，历年最低气温为-18.1℃，多年平均地温（地表）为 16.9 ℃，历年平均风速为 2.28 m/s，最大风速为 21 m/s，最大冻土深度为 16 cm，多年平均相对湿度为 67.35%，日照时数为 2 045.3 h，历年最早和最晚降雪日期分别为 11 月 1 日和 4 月 6 日，年平均降雪天数为 13.2 天。

3. 洪水

1）历史洪水

据 1987 年 7 月出版的《河南省洪水调查资料》记载，孤石滩站建站前以 1896 年洪水为最大，推算的洪峰流量为 5 140 m³/s，仅次于 1975 年 8 月实测大洪水；1955 年洪水下孤石滩站实测流量为 4 650 m³/s，为 1896 年以来第三大洪水；1975 年实测洪水的洪峰及时段洪量由库水位反推得到，洪峰流量为 5 810 m³/s，最大 24 h 洪量为 1.3 亿 m³，最大 3 日洪量为 1.93 亿 m³。1993 年 3 月河南省水利勘测设计院提出的《澧河孤石滩水库除险加固工程可行性研究报告》中认为，澧河 1975 年洪水为近百年来最大洪水，定为 1896 年以来第一大洪水，重现期为 100 年左右。

2）设计洪水

澧河交叉断面洪水由孤石滩水库下泄洪水与水库至交叉断面区间洪水组成。其中，水库至交叉断面区间又分为水库至交叉断面干流区、右岸入汇的支流区 2 个小区。

交叉断面天然设计洪水，采用孤石滩水库设计洪水成果通过面积比放大方法计算得到。

孤石滩水库设计洪水：孤石滩水库具有 37 年实测洪水资料及经过审查的历史洪水调查资料，直接采用频率分析法计算设计洪水。上游小型水库对孤石滩站洪水的影响不大，洪水资料未进行还原。洪峰流量及 24 h 洪量和 3 日洪量采用年最大值法取样。

实测系列中有 1955 年及 1975 年两次大洪水，设计洪水频率分析时，从实测系列中提取出并按特大值处理。由 1955 年、1975 年、1896 年三年的大洪水和实测洪水组成不连续系列，本次直接采用按 P-III 型曲线适线的结果。将对水库调洪最为不利的 1975 年 8 月洪水作为典型洪水，采用同频率放大法计算设计洪水过程线。孤石滩水库各频率设计入库洪水过程经调洪演算后得出各频率下泄洪水过程。

将交叉断面设计洪量与区间同频率设计洪量的差值作为孤石滩水库相应洪水总量，再以此洪量为控制，按同倍比法缩放各频率设计入库洪水过程，得出相应频率设计入库洪水过程，经调洪演算后得出孤石滩水库相应的下泄洪水过程。

区间设计洪水：水库以下干流区集水面积为 58.3 km²，右岸入汇支流集水面积为 20.4 km²，设计洪水依据《河南省中小流域设计洪水暴雨图集》采用推理公式法计算洪峰流量，利用三角形概化过程线法推求设计洪水过程。

水库以下区相应洪水：将交叉断面天然 24 h 设计洪量与孤石滩水库同频率 24 h 设计入库洪量的差值作为水库以下区 24 h 相应洪量，再以此洪量为控制，按同倍比法缩放水库以下区设计洪水过程，得出孤石滩水库以下区相应洪水过程。

交叉断面设计洪水：澧河交叉断面设计洪水采用两种地区组成方案进行计算，即孤石滩水库与交叉断面同频率设计，水库以下区相应，以及水库以下区与交叉断面同频率设计，孤石滩水库相应。两种地区组成方案的计算均为上游水库调洪下泄过程与下游区间过程考虑传播时间后的叠加。对比分析后，选用峰高、峰量集中、过程较恶劣的水库以下区与交叉断面同频率设计，孤石滩水库相应的设计洪水地区组成成果作为澧河交叉断面设计洪水，交叉断面设计洪水成果见表 4.1.1。

表 4.1.1　澧河交叉断面设计洪水成果表

项目	频率					
	0.33%	1%	2%	5%	10%	20%
洪峰流量/（m³/s）	3 660	2 910	2 440	1 850	1 420	984
24 h 洪量/（万 m³）	14 200	11 000	9 090	6 560	4 820	3 140

4. 天然设计洪水位

澧河交叉断面的水位流量关系，主要依据实测大断面成果和野外调查测量的高、中、低水水面比降成果，采用水力学方法拟定。

天然情况下设计洪水位主要依据交叉断面不同频率的设计洪峰流量，通过天然河道水位流量关系曲线查算。澧河交叉断面现状情况下设计水位成果见表 4.1.2。

表 4.1.2　澧河交叉断面设计水位成果表

项目	频率					
	20%	10%	5%	2%	1%	0.33%
水位/m	120.58	120.95	121.25	121.59	121.86	122.25

4.1.2　工程地质

澧河右岸以低山残丘为主，地形起伏较大；左岸为垄岗及河谷冲积平原，地势平坦开阔。

工程区地层岩性主要有新元古界洛峪群（Pt_3Ly）石英砂岩、泥质粉（细）砂岩，新近系（N）软岩和第四系（Q）覆盖层。

工程区地震活动轻微，区域构造稳定，场地 50 年超越概率 10%的地震动峰值加速度为 0.05g，地震反应谱周期为 0.35 s，地震基本烈度为 VI 度。

工程区地下水分为第四系孔隙水、新近系孔隙裂隙水、新元古界裂隙水。第四系孔隙水主要赋存于全新统砂砾卵石、砂土层中，为孔隙潜水；新近系孔隙裂隙水主要赋存于新近系砂砾岩、中（粗）砂岩层中，为孔隙裂隙潜水或层间承压水；新元古界裂隙水主要赋存于新元古界石英砂岩断层带、裂隙中。河水和地下水均为弱碱性水，对混凝土不具侵蚀性。

右岸I级阶地：覆盖层上部为粉质壤土，下部为砂砾卵石，下伏基岩顶面起伏较大。河床及漫滩：覆盖层为第四系全新统上部冲积层，除漫滩局部表面有砂壤土或中细砂外，主要为砂砾卵石；濒右岸的支流河床部位下伏基岩为新元古界石英砂岩，岩体除沿断层破碎带局部有呈囊状分布的强风化层外，总体为弱风化；漫滩及主河床部位下伏基岩为新近系。左岸I级阶地：覆盖层上部为粉质壤土，下部为砂砾卵石，下伏基岩为新近系软岩。

全新统上部砂砾卵石，结构中密，不均一。全新统下部粉质壤土，呈可塑状；中细砂，结构稍密—密实；砂砾卵石，结构中密—密实。新近系黏土岩，硬塑—坚硬状，具弱—中等膨胀性；泥质粉细砂岩，具低—中等压缩性；中粗砂岩，含砾，中密—密实；砂砾岩，结构密实。新元古界洛峪群石英砂岩，岩质坚硬；页岩，属软岩。

建筑物区存在的主要工程地质问题是基坑涌水和岩土体强度不均一引起的不均匀沉降问题。

根据《水工建筑物抗震设计规范》（SL 203—97），澧河渡槽工程按设计烈度Ⅵ度进行抗震设防。

4.1.3　工程规模

总干渠各段采用两个流量标准，即设计流量与加大流量。设计流量选用相应段长系列流量过程中保证率为80%～90%的流量；加大流量即该系列中出现的最大流量。

按照水源工程丹江口水库的可调水量、受水区不同水平年的需水要求及调蓄设施等条件，经调节计算分析，一期工程渠首设计流量为 350 m³/s，加大流量为 420 m³/s，相应总干渠穿澧河的建筑物设计流量为 320 m³/s，加大流量为 380 m³/s。

根据调度需要，本工程段内上游设有退水闸（设计流量为 160 m³/s）和节制闸。

4.1.4　进出口水流衔接条件

根据南水北调中线一期工程总体设计，本工程设计输水流量为 320 m³/s，加大输水流量为 380 m³/s。总干渠设计参数见表 4.1.3[12]。

表 4.1.3　总干渠设计参数表

项目	单位	数量
设计流量	m³/s	320
加大流量	m³/s	380

续表

项目		单位	数量
上游渠道	设计水位	m	134.598
	加大水位	m	135.358
	设计水深	m	7.00
	加大水深	m	7.76
	渠顶高程	m	136.558
	渠底高程	m	127.598
	渠底宽度	m	24.5
	渠道边坡		1：2
	渠道纵坡		1/25 000
下游渠道	设计水位	m	134.118
	加大水位	m	134.828
	设计水深	m	7.00
	加大水深	m	7.71
	渠顶高程	m	136.028
	渠底高程	m	127.118
	渠底宽度	m	24.5
	渠道边坡		1：2
	渠道纵坡		1/25 000
可利用水头	设计流量下	m	0.48

4.1.5　澧河交叉部位防洪标准

澧河交叉断面处河道左岸地面高程为 119.8～124.0 m，右岸地面高程为 119.5～122.0 m，附近村庄地面高程在 123.0 m 以上。根据澧河的断面情况、交叉断面处两岸地面高程，结合澧河计算的设计洪水成果和推算的水位流量关系，与实际发生的洪水情况比较分析发现，澧河交叉断面处河道现有防洪标准为 10 年一遇，相应洪峰流量为 1 420 m^3/s，水位为 120.95 m。

4.2 澧河渡槽工程布置

4.2.1 工程位置

澧河渡槽位于河南平顶山叶县常村坡里与店刘之间的澧河上，起点（控制点 A）桩号为209+270，终点（控制点 B）桩号为210+130，全长860 m。工程区北东距叶县城关约20 km，有简易公路接常村至三常路口县级公路，向东15 km 与许（许昌）南（南阳）省级公路相连，对外交通方便。

4.2.2 建筑物轴线选择

澧河渡槽是南水北调中线总干渠跨越澧河的交叉建筑物，布置过河线路受南水北调总干渠总体走向和布置制约。其线路见图4.2.1。

图4.2.1　澧河渡槽线路图

澧河渡槽轴线选择主要考虑以下几个方面。

（1）尽量避让现有村庄和重要建筑物。总干渠轴线从坡里、孤山、店刘和文集之间穿过，避让了现有村庄。

（2）从地形条件看，右岸孤山上游地势、地面高程偏低，总干渠轴线上移将增加干渠土方填筑工程量。轴线下游为孤山，下移将增加干渠开挖工程量。因此，轴线选在靠近孤山处。

（3）总干渠轴线选在与天然河道主流基本正交，主流集中，河岸稳定的河段。

根据以上选线原则，确定澧河渡槽进口控制点 A 点、出口控制点 B 点。

4.2.3 建筑物形式选择

1）水位相对关系分析

跨河段总干渠渠底高程为 127.85～128.00 m，澧河 300 年一遇洪水的洪峰水位为 122.25 m，低于两岸渠底高程 5.6 m 和 5.75 m，因此具备采用渡槽架空过河的条件。采用渡槽过河方式符合高跨低的原则。

2）流量相对关系分析

澧河 20 年一遇洪水洪峰流量为 1 850 m³/s，远大于渠道加大流量 380 m³/s，不宜采用河穿渠类形式，采用渡槽符合小流量穿过大流量的原则。

3）结构安全和水头消耗

与渡槽可供比较的河渠交叉形式为渠道倒虹吸。因两岸总干渠设计水位为 134.598 m 和 134.118 m，澧河河床高程为 118 m 左右，考虑渠道倒虹吸涵管埋于河床以下 3 m 左右，涵管高按 7 m 考虑，涵管中心水头将达 23 m 左右，承受的内水压力较大，加之渠道倒虹吸需消耗较多的水头，工程投资也较大，故不宜采用。

综合以上分析，推荐南水北调中线总干渠采用跨越式渡槽过澧河。

4.2.4 渡槽长度

根据河道地形条件，拟定渡槽槽身段长度为 540 m，工程建成后常遇洪水时，交叉断面上游水位壅高不超过 0.14 m，经分析水位壅高对洪水流速、河道的主流态影响不大，不恶化当地的防洪条件，对河道管理、泄洪能力、下游河势的稳定、防汛抢险及第三人合法水事权益没有影响。根据水文资料调洪计算的成果见表 4.2.1。

表 4.2.1 断面洪水位及壅水高度成果表

项目	频率			
	5 年一遇	20 年一遇	100 年一遇	300 年一遇
天然洪水位/m	120.58	121.25	121.86	122.25
调洪水位/m	120.58	121.25	121.88	122.57
壅高水位/m	0.00	0.00	0.02	0.32

由表 4.2.1 可见，5 年一遇、20 年一遇洪水壅高值均为零，不增加上游淹没，100 年一遇洪水壅高值为 2 cm，相应水位为 121.88 m。300 年一遇洪水壅高值为 32 cm，相应水位为 122.57 m。左岸 I 级阶地地面高程为 119.8～124.0 m，右岸孤山坡脚高程为 121～122.6 m，部分耕地受淹，但淹没不大。渡槽轴线上游村庄地面高程为 122.6 m，文庄小学地面高程为 125.3 m，对村庄和学校均没有淹没影响。

4.2.5 渡槽布置与槽体断面选型

根据 2.1 节研究成果，澧河渡槽也采用简支梁式渡槽，槽跨为 40 m。

1. 建筑物布置

澧河渡槽结合总干渠总体设计，布置有进口闸、出口闸和退水闸。澧河渡槽全长 860 m，工程布置与湍河渡槽类似，退水闸段长 114 m，进口渐变段长 45 m，进口闸闸室长 26 m，进口过渡段长 20 m，槽身段长 540 m，出口过渡段长 20 m，出口闸闸室长 15 m，出口渐变段长 70 m，出口明渠段长 10 m。

2. 槽体结构选型

澧河渡槽槽体断面结构选型在湍河渡槽设计成果分析基础上，主要就双线双通道矩形槽、三线三通道矩形槽、一线三通道矩形槽和三线三通道 U 形槽四种槽体结构进行了技术经济比较。

1）双线双通道矩形槽

双线双通道矩形槽的上部槽体由两个独立的矩形槽组成，两矩形槽不共用槽墩基础，两槽无相互作用，各自单独承担荷载。槽体断面结构见图 4.2.2、图 4.2.3，纵向结构见图 4.2.4、图 4.2.5。

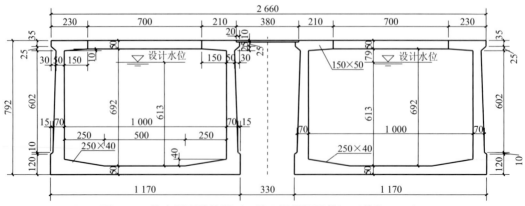

图 4.2.2 跨中断面结构图（双线双通道矩形槽）（单位：cm）

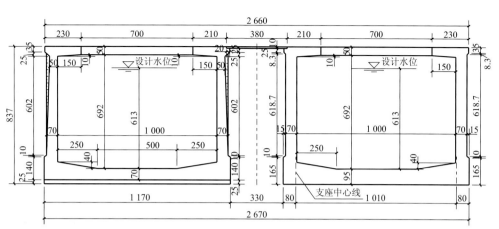

图 4.2.3　支座断面结构图（双线双通道矩形槽）（单位：cm）

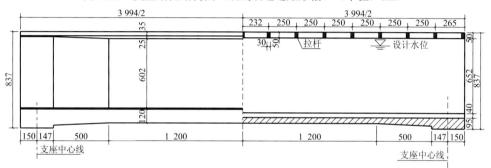

图 4.2.4　槽体立面图（双线双通道矩形槽）（单位：cm）

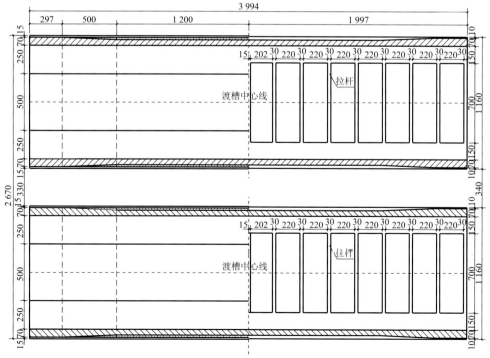

图 4.2.5　槽体平面图（双线双通道矩形槽）（单位：cm）

渡槽单槽顶部全宽 11.6 m，底部全宽 11.7 m，两槽间内壁间距 5.0 m，在两槽之间加盖人行道板。双线双通道矩形槽顶部全宽 26.6 m，底宽 26.7 m。箱梁底板在跨中厚 0.50 m，支座断面厚 0.95 m，梁高在跨中为 7.92 m，支座断面为 8.37 m。腹板厚度在跨中断面由顶部的 0.5 m 向底部的 0.7 m 过渡，在支座断面渡槽全高范围均为 0.7 m 厚。渡槽腹板顶部沿纵向每 2.5 m 设置一根 0.3 m×0.5 m 的拉杆。

渡槽槽身按三向预应力设计，预应力材料均采用 ϕ15.2 mm 高强低松弛钢绞线，在同一断面上，对于横向预应力，在底板上靠近板顶和板底分别布置 1 束 6×ϕ15.2 mm 钢绞线，在两侧腹板上分别斜向布置 1 束 7×ϕ15.2 mm 钢绞线，横向预应力钢绞线沿纵向每隔 0.4 m 布置一组。为消除施工期槽底纵向预应力钢绞线张拉时在槽顶出现的拉应力，在槽顶两侧截面扩大处均布置直线钢绞线，其中 40 m 跨布置 4 束 7×ϕ15.2 mm 的直线钢绞线，30 m 跨布置 3 束 7×ϕ15.2 mm 的直线钢绞线。对于 40 m 跨箱梁的纵向预应力，在底板上布置 21 束 13×ϕ15.2 mm 直线钢绞线，在两侧腹板各布置 4 束 13×ϕ15.2 mm 曲线钢绞线，对于 30 m 跨箱梁的纵向预应力，在底板上布置 15 束 13×ϕ15.2 mm 直线钢绞线，在两侧腹板各布置 3 束 13×ϕ15.2 mm 曲线钢绞线。曲线钢绞线在跨中至支座范围弯起。

2）三线三通道矩形槽

三线三通道矩形槽的上部槽体由三个独立的矩形槽组成，各个矩形槽的基础相互分离，其布置与三线三槽类似。其结构见图 4.2.6。

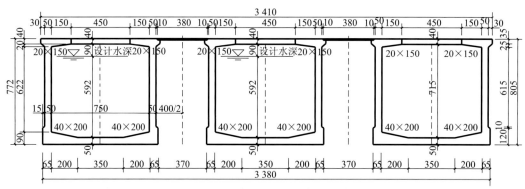

图 4.2.6　三线三通道矩形槽结构图（单位：cm）

渡槽单槽顶部全宽 9.1 m，底部全宽 8.8 m，两槽间内壁间距 4.0 m，在两槽之间加盖人行道板。三线三通道矩形槽顶部全宽 34.1 m，底宽 33.8 m。箱梁底板在跨中厚 0.50 m，支座断面厚 0.95 m。腹板厚度在跨中断面由顶部的 0.5 m 向底部的 0.7 m 过渡，在支座断面渡槽全高范围均为 0.7 m 厚。渡槽腹板顶部沿纵向每 2.5 m 设置一根 0.3 m×0.5 m 的拉杆。

渡槽槽身按三向预应力设计，预应力材料均采用 ϕ15.2 mm 高强低松弛钢绞线，在同一断面上，对于横向预应力，在底板上靠近板顶和板底分别布置 1 束 5×ϕ15.2 mm 钢绞线，在两侧腹板上分别斜向布置 1 束 7×ϕ15.2 mm 钢绞线，横向预应力钢绞线沿纵向每隔 0.4 m 布置一组。为消除施工期槽底纵向预应力钢绞线张拉时在槽顶出现的拉应力，在槽顶两侧截面扩大处各布置 2 束 13×ϕ15.2 mm 直线钢绞线。对于 40 m 跨箱梁的纵向预应力，在底板上布置 16 束 13ϕ15.2 mm 直线钢绞线，在两侧腹板各布置 3 束 13×ϕ15.2 mm 曲线钢绞线，对于 30 m 跨箱梁的纵向预应力，在底板上布置 12 束 13×ϕ15.2 mm 直线钢绞线，在两侧腹板各布置 2 束 13×ϕ15.2 mm 曲线钢绞线，曲线钢绞线在跨中至支座范围弯起。

3）一线三通道矩形槽

一线三通道矩形槽的上部槽体成为整体并共用下部结构，其结构见图 4.2.7～图 4.2.10。

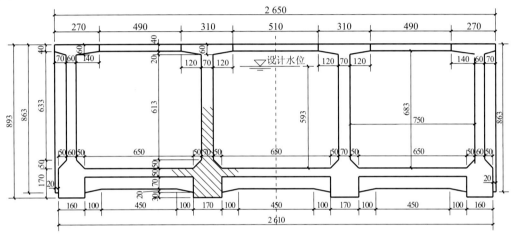

图 4.2.7　跨中断面结构图（一线三通道矩形槽）（单位：cm）

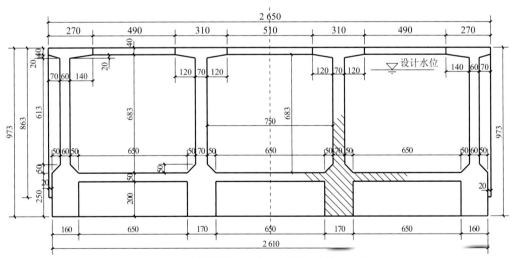

图 4.2.8　支座断面结构图（一线三通道矩形槽）（单位：cm）

槽身横向断面为三槽一联矩形槽多侧墙结构，单槽槽孔净宽为 7.5 m，槽底轮廓总宽为 26.1 m。槽身内墙高（底板以上）7.23 m，底板以下梁高跨中为 1.2 m，跨端为 2.0 m，侧墙总高跨中为 8.93 m，跨端为 9.73 m。底板以上墙宽中墙为 0.7 m，边墙为 0.6 m。底板以下墙宽中墙为 1.7 m，边墙为 1.6 m。墙顶设翼缘板，中墙板宽 3.10 m，边墙板宽 2.7 m。

底板厚 0.50 m。底板下设横梁，跨中断面尺寸为 0.7 m×0.5 m（高×宽），支座处断面尺寸为 2.0 m×0.7 m（高×宽）；墙顶设拉杆，断面尺寸为 0.5 m×0.3 m（高×宽），沿纵向间距均为 2.5 m。

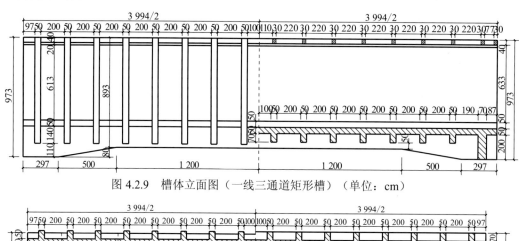

图 4.2.9　槽体立面图（一线三通道矩形槽）（单位：cm）

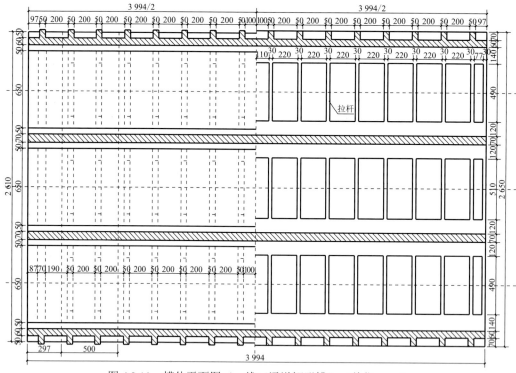

图 4.2.10　槽体平面图（一线三通道矩形槽）（单位：cm）

渡槽为纵、横、竖三向预应力体系。两边墙布置纵向弯起筋各 4 束，底部纵梁布置纵向直筋各 6 束，顶部布置纵向直筋各 1 束；两中墙布置纵向弯起筋各 8 束，底部纵梁布置直筋各 8 束，顶部布置纵筋各 2 束；底板共布置 21 束纵向直筋。纵向筋总数为 79 束，均为 $12×\phi15.2$ mm。底板横向筋为 $5×\phi15.2$ mm，间距为 40 cm，底肋处横向筋为 $12×\phi15.2$ mm 的曲线钢筋，在支座处弯起。中墙竖向筋于两侧布置，间距为 35 cm，边墙竖向筋靠内侧布置，间距为 40 cm，边肋腹板设 2 束竖向钢筋，竖向钢筋均为 $7×\phi15.2$ mm。

4）三线三通道 U 形槽

三线三通道 U 形槽为相互独立的三槽预应力混凝土 U 形结构，三槽基础相互独立，其结构见图 4.2.11～图 4.2.14。

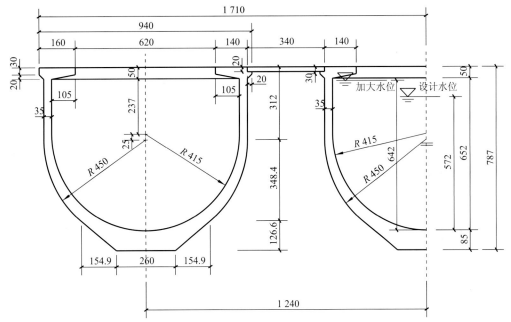

图 4.2.11　跨中断面结构图（三线三通道 U 形槽）（单位：cm）

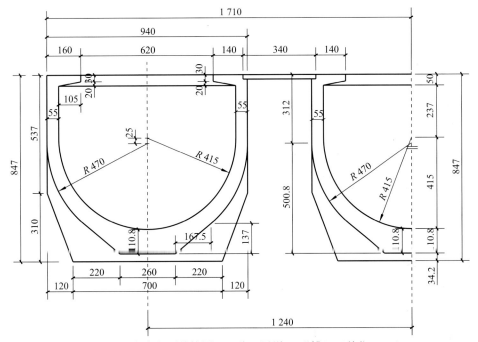

图 4.2.12　支座断面结构图（三线三通道 U 形槽）（单位：cm）

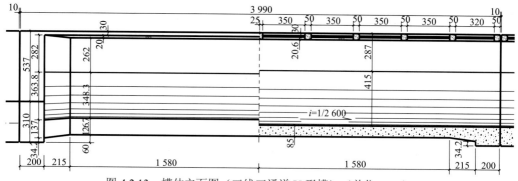

图 4.2.13　槽体立面图（三线三通道 U 形槽）（单位：cm）

i 表示纵坡

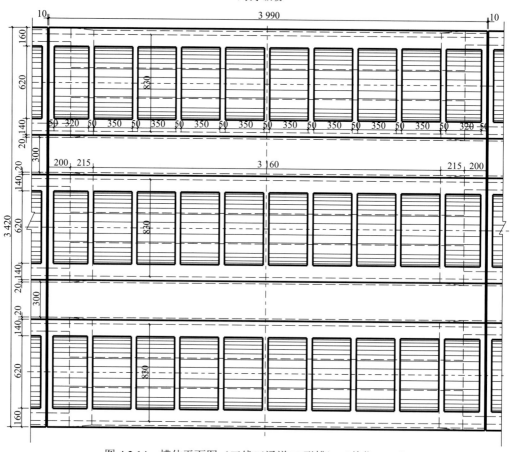

图 4.2.14　槽体平面图（三线三通道 U 形槽）（单位：cm）

　　三通道槽身水平布置总宽（顺河流向）为 34.1 m，槽身高度为 7.87 m，两端简支，槽身下部为内半径为 4.15 m 的半圆形，半圆上部接 2.37 m 高直立边墙，边墙厚 0.35 m。在槽身顶部每间隔 4 m 设置一拉杆，拉杆截面尺寸为 0.5 m×0.5 m，槽身之间设置盖板，形成人行道，便于槽身之间的联系及检修，单槽内空尺寸为 7.02 m×8.3 m（高×宽），底板厚 0.85 m，支座处底板加厚至 1.37 m。槽身为双向预应力体系，在槽底加厚部位布置一层共 8 束 12×∮15.2 mm 间距 32 cm 的纵向预应力钢绞线，在槽身下部布置一层共 19 束 12×∮15.2 mm 间距 32 cm 的纵向预应力钢绞线，在槽顶两侧截面扩大处各布置 2 束 12×∮15.2 mm 的钢绞线；环向在跨中 1/2 跨区域内布置 7×∮15.2 mm 间距 40 cm 的钢绞线，在两端 1/4 跨内，对钢绞线进行加密，布置 7×∮15.2 mm 间距 33 cm 的钢绞线。

5）槽体结构形式选择

（1）槽身应力条件。双线双通道矩形槽和三线三通道矩形槽体型简单，施加预应力方便，通过施加预应力可使其满足技术规定和规范要求。一线三通道矩形槽整体刚度大，纵向应力条件好，因约束较强，竖向应力较大，需要的钢绞线较多。三线三通道 U 形槽，应力分布均匀，但在渐变段局部小范围有较小的拉应力。从应力条件角度考虑，以上槽型在技术上均可行。

（2）工程量及投资。各方案的工程量及投资见表 4.2.2，跨径布置为 40 m×12+30 m×2＝540 m。

表 4.2.2　不同槽体工程量及投资表

方案	混凝土						钢绞线/t	钢筋/t	投资/万元
	纤维素 C50/m³	空心板墩 C40/m³	承台 C30/m³	桩径/m	桩长/m	C25 桩基/m³			
双线双通道矩形槽	21 916	11 920	14 308	2.0	9 960	31 174	1 360	8 080	11 324
一线三通道矩形槽	30 748	11 541	16 834	2.0	11 567	36 338	1 575	9 830	13 498
三线三通道 U 形槽	23 296	14 400	12 619	1.8	9 880	25 141	1 398	7 975	11 146
三线三通道矩形槽	28 109	15 142	11 889	1.8	11 326	28 821	1 606	8 944	12 592

注：桩径、桩长对应的也是混凝土工程量。

由表 4.2.2 可见，一线三通道矩形槽和三线三通道矩形槽投资较大，三线三通道 U 形槽和双线双通道矩形槽投资相当，三线三通道 U 形槽略小。从施工进度方面考虑，双线双通道矩形槽具有优势。

（3）三线三通道 U 形槽方案若采用造槽机施工，由于渡槽长度较短，设备费用摊销后满堂支架施工方案投资较优，所以长度较短的 U 形渡槽没有明显优势。因此，总体来看，双线双通道矩形槽投资最省。

（4）运行维护。各方案均能满足检修期总干渠通水要求，三线三通道矩形槽结构和三线三通道 U 形槽结构检修最为灵活，可对任意一孔进行检修；一线三通道矩形槽结构需对称检修；双线双通道矩形槽结构检修时，总干渠过水能力最小。一线三通道矩形槽结构为整体结构，抗震性能强，但其支座或槽身整体发生事故时，总干渠全线断水，影响供水安全。双线双通道矩形槽和三线三通道形式，槽体相互独立，一槽发生事故不影响其他槽体输水。

（5）施工情况。各方案均采用满堂支架现浇法施工。三线三通道 U 形槽方案，U 形槽模板制作安装要求高，难度较大，但其锚索张拉次数少。双线双通道矩形槽和三线三通道矩形槽施工难度相当，三线三通道矩形槽总的锚索数量要多。一线三通道矩形槽由肋板、底板、横梁、纵梁等组成，模板较为复杂，锚索布置也较为烦琐。一线三通道矩形槽为整体结构，单跨槽体混凝土量大，且主要混凝土量位于下部槽体，施工强度要求高，上下槽体浇筑间歇时间难以控制。

综上所述，考虑到双线双通道矩形槽方案体型简单，投资较省，运行维护较为方便，施工相对简单，澧河渡槽选择双线双通道矩形槽。

4.2.6 渡槽纵向结构

澧河渡槽工程布置与湍河渡槽工程布置的差别主要在于，澧河渡槽长度仅 540 m，较短，经技术经济比较，渡槽采用满堂支架施工方案更经济，造槽机施工不占优势。因此，澧河渡槽采用矩形双通道渡槽方案，渡槽进出口建筑物工程布置、下部结构设计等与湍河渡槽相比没有本质差别；本章重点介绍澧河渡槽槽体结构设计。澧河渡槽标准槽跨纵断面布置见图 4.2.15，其下部结构与湍河渡槽下部结构类似。

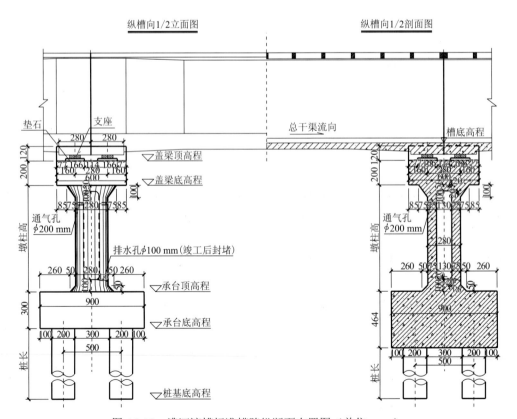

图 4.2.15　澧河渡槽标准槽跨纵断面布置图（单位：cm）

4.3 槽身结构体型设计

4.3.1 渡槽输水断面设计

渡槽水力设计的主要任务是在水头一定的情况下确定槽身断面尺寸、底坡、闸室宽度、进出口底板高程和渐变段长度。根据总干渠两岸已确定的渠底高程和过水断面形状、尺寸及水位，计算确定进出口闸闸室和渡槽的过水断面形状、尺寸及水位。

澧河渡槽单槽宽 10 m，设计流量为 320 m³/s，加大流量为 380 m³/s，设计水面线计算结果见表 4.3.1。

表 4.3.1 渡槽设计水面线计算结果表

断面	底高程/m	设计水深/m	设计水位/m	水面降落/m
进口明渠段进口（A 点）	127.598	7.000	134.598	
进口明渠段出口/进口渐变段进口	127.593	6.993	134.586	0.012
进口渐变段出口/进口闸闸室进口	128	6.427	134.427	0.159
进口闸闸室出口/进口过渡段进口	128	6.158	134.158	0.269
进口过渡段出口/槽身段进口	128	6.137	134.137	0.021
槽身段出口/出口过渡段进口	127.85	6.092	133.942	0.195
出口过渡段出口/出口闸闸室进口	127.85	6.097	133.947	-0.005
出口闸闸室出口/出口渐变段进口	127.85	6.192	134.042	-0.095
出口渐变段出口/出口明渠段进口	127.118	7.006	134.124	-0.082
出口明渠段出口（B 点）	127.118	7.005	134.123	0.001
合计				0.475

进出口水位差 0.475 m 小于 0.48 m，渡槽布置满足过水能力和水头分配要求。由出口推算过加大流量时的进口水位为 135.358 m，对应水深为 7.76 m。通过水力学计算，设计水深为 6.13 m，加大水深为 6.83 m。

4.3.2 渡槽结构断面设计

槽身段长 540 m，跨径布置为 30 m＋12×40 m＋30 m，上部结构为预应力箱体简支梁，按双槽布置。渡槽单槽净宽 10.0 m，设计水深为 6.13 m，加大水深为 6.83 m。渡槽单槽顶部全宽 11.6 m，底部全宽 11.7 m，双线双通道矩形槽顶部全宽 26.6 m，底宽 26.7 m。

箱梁底板在跨中厚 0.50 m，在支座断面厚 0.95 m，梁高在跨中为 7.92 m，在支座断面为 8.37 m。腹板厚度在跨中断面由顶部的 0.5 m 向底部的 0.7 m 过渡，在支座断面渡槽全高范围均为 0.7 m。渡槽腹板顶部沿纵向每隔 2.5 m 设置一根 0.3 m×0.5 m（宽×高）的拉杆，以减少腹板底部弯矩和增强开口箱梁的抗扭能力。

槽身之间设置盖板，便于槽身之间的联系及检修，形成检修人员与工程管理人员的人行道，人行道两侧设栏杆，机动车辆禁止通行。渡槽槽身按三向预应力设计，预应力材料均采用 $\phi 15.2$ mm 高强低松弛钢绞线，在同一断面上，对于横向预应力，在底板上靠近板顶和板底分别布置 1 束 $6×\phi 15.2$ mm 钢绞线，沿纵向水流方向在支座附近为 4 束 $10×\phi 15.2$ mm 钢绞线，在两侧腹板上分别斜向布置 1 束 $7×\phi 15.2$ mm 钢绞线，横向预应力钢绞线沿纵向每隔 0.4 m 布置一组。为消除施工期槽底纵向预应力钢绞线张拉时在槽顶出现的拉应力，对于 40 m 跨箱梁的纵向预应力，在底板上布置 21 束 $13×\phi 15.2$ mm 直线钢绞线，在两侧腹板上部各布置 4 束 $7×\phi 15.2$ mm 的直线钢绞线，在两侧腹板下部各布置 4 束 $13×\phi 15.2$ mm 曲线钢绞线；对于 30 m 跨箱梁的纵向预应力，在底板上布置 15 束 $13×\phi 15.2$ mm 直线钢绞线，在两侧腹板上部各布置 3 束 $7×\phi 15.2$ mm 的直线钢绞线，在两侧腹板下部各布置 3 束 $13×\phi 15.2$ mm 曲线钢绞线。曲线钢绞线在跨中至支座范围弯起。

渡槽下部结构包括盖梁、墩身、承台和桩基。盖梁高度为 1.5 m，纵向宽度为 6.2 m，横向宽度为 14.1 m。渡槽墩身采用空心板墩，板墩厚 0.75 m，纵向宽 2.8 m，横向宽 12.1 m。承台高 3.0 m，纵向宽 9.0 m，横向宽 14.7 m，两承台间距 0.3 m。单个承台下设 6 根桩，桩径 2.0 m，最大桩长 62 m，桩间距 5.0 m。

为提高混凝土的抗裂性能，槽身采用 C50F200 纤维混凝土。槽身结构断面见图 1.5.1。

4.4 渡槽结构设计

4.4.1 纵向结构计算

1. 纵向结构模型

开口矩形薄壁渡槽纵梁概化后的横截面见图 4.4.1。其中，工字梁底缘宽度 B 为渡槽底宽，B_1 为渡槽两侧墙与底板结合部内贴角底宽之和，B_2 为渡槽两侧墙与底板结合部内贴角顶宽之和，B_3 为渡槽两侧墙顶部厚度之和，B_4 为渡槽顶部两侧翼缘板宽度之和，H 为渡槽断面结构总高度，h_1 为渡槽底板厚度，h_2 为渡槽槽壁与底板结合部内贴角高度，h_3 为渡槽顶部纵向翼缘板根部厚度增量，h_4 为渡槽顶部翼缘板端部厚度，Y_0 为槽底到中性轴的距离。

澧河渡槽和湍河渡槽一样，均为简支梁结构，因此纵向结构计算简图一致。根据澧河矩形薄壁渡槽的结构尺寸，其纵梁概化后的工字形截面尺寸见表 4.4.1。

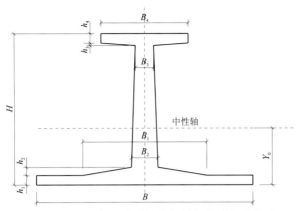

图 4.4.1　开口矩形薄壁渡槽纵梁概化后的横截面

表 4.4.1　澧河渡槽纵梁概化后的工字形截面尺寸表　　　　　　（单位：m）

尺寸代号									
B	B_1	B_2	B_3	B_4	H	h_1	h_2	h_3	h_4
11.7	6.70	1.43	0.98	4.70	7.92	0.50	0.42	0.12	0.50

澧河渡槽 40 m 跨跨中槽段自重荷载加大了 31 889 N/m，占纵向荷载的 2.6%。

30 m 跨槽身断面尺寸及横竖向预应力钢绞线布置形式与 40 m 跨相同，主要区别为纵向预应力钢绞线的布置。对于 30 m 跨箱梁的纵向预应力，在底板上布置 15 束 $13×\phi^s15.2$ mm 直线钢绞线，在两侧腹板各布置 3 束 $13×\phi^s15.2$ mm 曲线钢绞线，曲线钢绞线在跨中至支座范围弯起，其他预应力钢筋的布置与 40 m 跨相同。

2. 纵向结构配筋计算成果

除简化的工字形断面不同以外，澧河渡槽纵向结构内力、配筋计算方法与湍河渡槽没有本质差别；将澧河渡槽概化的工字形截面、荷载及相应的参数代入式（3.4.1）～式（3.4.4），经计算，澧河渡槽纵向钢绞线布置见图 4.4.2、图 4.4.3。

预应力材料均采用 $\phi^s15.2$ mm 高强低松弛钢绞线，对于纵向预应力，在底板上布置 21 束 $13×\phi^s15.2$ mm 直线钢绞线，在两侧腹板各布置 4 束 $13×\phi^s15.2$ mm 曲线钢绞线，曲线钢绞线在跨中至支座范围弯起。

4.4.2　横向结构计算

1. 横向结构概化

矩形渡槽横截面计算简图近似取槽顶拉杆间距中到中槽段作为计算单元，渡槽断面计算简图为槽顶设置横向连杆的矩形框架。沿渡槽横截面中轴线取对称结构的一半，其计算简图见图 4.4.4。图中，P_0 为槽顶竖向荷载，M_0 为槽顶荷载对侧墙中心所产生的力矩，X_1 为均匀化拉杆的拉力，h 为渡槽侧墙高，l 为渡槽底板半长，q_1 为槽水对侧墙的水压力，q_2 为槽水对底板的水压力。

161

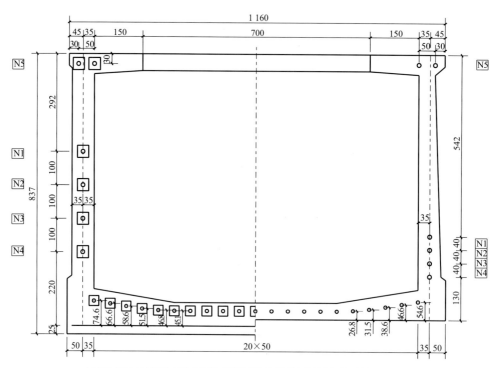

图 4.4.2 40 m 跨纵向钢绞线布置图（单位：cm）

N1 等表示钢绞线编号

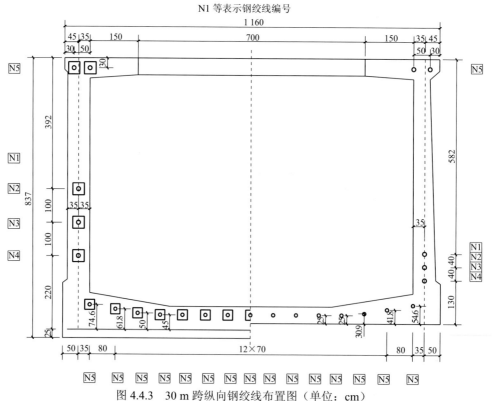

图 4.4.3 30 m 跨纵向钢绞线布置图（单位：cm）

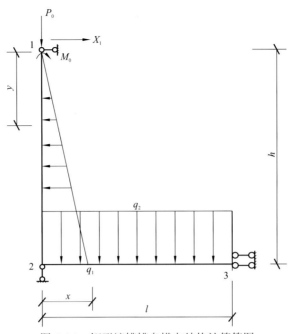

图 4.4.4　矩形渡槽槽身横向结构计算简图

为方便计算，该计算简图进行了如下偏安全的简化。

（1）根据材料力学，作用在计算单元两端的剪力将沿渡槽槽底和槽壁形成剪力流，竖向剪力主要作用于渡槽侧墙上，一般呈曲线分布，最大点位于渡槽纵向弯曲变形的中性轴上，简图中将槽段所有竖向荷载均施加在渡槽两侧墙顶部，增加了渡槽侧墙拉应力，加大配筋量，偏于安全，该简化不影响其他构件的内力分配。

（2）渡槽底板厚度沿横向是变化的，渡槽底面水深在横向上也有变化。简图将其水压力和底板自重进行合并后按均布力只加载在底板构件上，且将水荷载延伸到侧墙和底板厚度中心线的交点，这种简化加大了渡槽底板横向跨中荷载，计算所得底板跨中弯矩偏大，对于侧墙则加强了顶部横向撑杆的作用，导致侧墙底部弯矩偏大，简化后，按简图计算所得内力进行截面配筋和强度复核偏安全。

（3）节点 2 处的竖向连杆支承为结构可变性设置，实际上该连杆计算反力为零，若计算成果不为零，应复核在渡槽顶部施加的向上集中力的大小。

2. 横向结构内力计算

横向结构内力计算包括侧墙内力计算和底板内力计算，侧墙和底板的弯矩以外侧受拉为正，轴力以压力为正。

1）侧墙内力计算

设计算截面距拉杆中心线 y，该处的侧墙弯矩为 M_y，计算公式见式（4.4.1）。

$$M_y = X_1 y + M_0 - \frac{\gamma y^3}{6} \tag{4.4.1}$$

图 4.4.4 所示的结构为一次超静定结构，不计轴力及剪力对变位的影响，用力法求解可得拉杆拉力 X_1，其求解见式（4.4.2）。

$$\begin{cases} X_1 = \frac{1}{h}\left[\frac{1}{6}\gamma h^3 - M_0 - \left(\frac{M_0}{2} + \frac{\gamma h^3}{15}\right)\mu_{23} - \frac{(\gamma h + \gamma_h \delta)l^2}{3}\mu_{21}\right] \\ \mu_{21} = \frac{3J_{21}}{h}\bigg/\left(\frac{3J_{21}}{h} + \frac{J_{23}}{l}\right) \\ \mu_{23} = \frac{J_{23}}{l}\bigg/\left(\frac{3J_{21}}{h} + \frac{J_{23}}{l}\right) \end{cases} \tag{4.4.2}$$

式中：γ 和 γ_h 分别为水、钢筋混凝土的重度；δ 为底板厚度；J_{21}、J_{23} 分别为侧墙、底板的截面惯性矩，$J_{21} = t^3/12$，$J_{23} = t^3/12$，t 为侧墙厚度。

距离拉杆中心线 y 处轴力 N_y 的求解见式（4.4.3）。

$$N_y = \frac{\Delta Q}{2h^3}(3hy^2 - 2y^3) - \gamma_h t y - P_0 \tag{4.4.3}$$

式中：ΔQ 为作用于槽身横截面上的计算剪力，即沿纵向单位长度脱离体两侧截面上的剪力差，其值等于 1.0 m 槽身长的总荷载（即纵向计算中的均布荷载）。

2）底板内力计算

距侧墙中线 x 处的底板弯矩计算见式（4.4.4）。

$$M_x = X_1 h + M_0 - \frac{\gamma h^3}{6} + (\gamma h + \gamma_h \delta)\left(l - \frac{x}{2}\right)x \tag{4.4.4}$$

令 $x=0$，可得底板端部弯矩 M_2；令 $x=l$，可得底板跨中弯矩 M_3。

$$\begin{cases} M_2 = X_1 h + M_0 - \frac{\gamma h^3}{6} \\ M_3 = M_2 + \frac{1}{2}(\gamma h + \gamma_h \delta)l^2 \end{cases} \tag{4.4.5}$$

底板轴向拉力按式（4.4.6）计算。

$$N_d = \frac{1}{2}\gamma h^2 - X_1 \tag{4.4.6}$$

4.4.3 典型工况下横向结构内力

根据式（4.4.1）～式（4.4.6），分别选取设计水深和满槽水深进行横向内力计算，成果见表 4.4.2（弯矩外侧受拉为正，内侧受拉为负；轴力受拉为负，受压为正）。在槽身断面整理了侧墙和底板的弯矩与轴力值。由计算结果可以看出，满槽水深为控制工况。

表 4.4.2　澧河渡槽横向内力计算结果

内力	设计水深	满槽水深
侧墙底部弯矩/（kN·m）	−515.02	−573.46
侧墙底部轴力/kN	864.25	951.75
底板端部弯矩/（kN·m）	−515.02	−573.46
底板跨中弯矩/（kN·m）	407.48	436.54
底板跨中轴力/kN	−206.17	−239.16

4.4.4　横向结构配筋计算

对于横向预应力，在底板上靠近板顶和板底分别布置 1 束 $6 \times \phi^s 15.2$ mm 钢绞线，在两侧腹板上分别斜向布置 1 束 $7 \times \phi^s 15.2$ mm 钢绞线，横向预应力钢绞线沿纵向每隔 0.4 m 布置一组，见图 4.4.5。

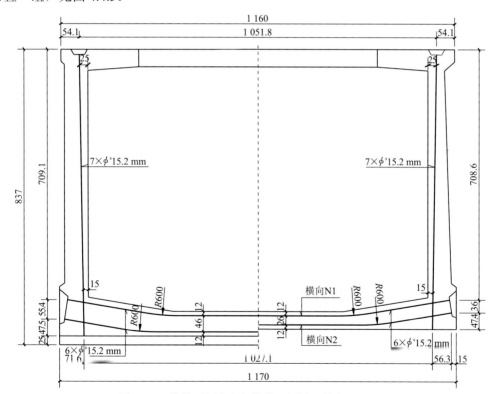

图 4.4.5　横截面预应力钢绞线配置图（单位：cm）

根据内力计算结果，取 1 m 长的槽跨，以侧墙和底板的断面为控制断面进行承载力计算，成果见表 4.4.3。由表中结果可知，澧河渡槽横向结构配筋满足规范要求。

表 4.4.3　澧河渡槽横向结构配筋计算表

断面	弯矩计算值/（kN·m）		弯矩设计值/（kN·m）	承载力安全系数		规范允许值		结果
	设计水深	加大水深		设计水深	加大水深	设计水深	加大水深	
侧墙	515.02	573.46	1278.08	2.48	2.23	1.35	1.15	满足
底板	515.02	573.46	733.89	1.42	1.28	1.35	1.15	满足

4.5　槽体结构三维有限元复核

4.5.1　计算方法

考虑到矩形渡槽结构的重要性及复杂性，以及在自重、水重、风荷载、温度荷载、预应力等荷载作用下，用常规的力学方法难以对结构应力及变形情况进行精确的分析，因此，运用三维有限元对渡槽槽身进行结构分析。鉴于结构和荷载的对称性，只取槽身结构的 1/2 部分建模。对各束预应力钢绞线分别考虑了锚具变形与钢绞线内缩损失、孔道摩擦损失、钢绞线应力松弛损失、混凝土收缩徐变损失。

4.5.2　计算模型

鉴于结构和荷载的对称性，取半跨渡槽槽身作为研究对象进行三维有限元分析。槽身混凝土采用六面体等参单元模拟，有限元模型的节点数为 78 870，单元数为 69 712。模型网格见图 4.5.1。

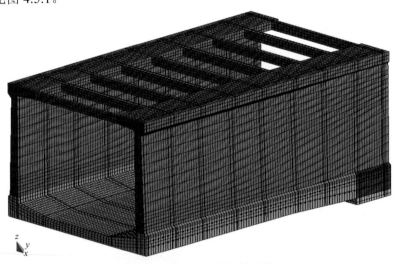

图 4.5.1　有限元分析计算网格

坐标轴 x 以横槽向右为正，y 以沿槽顺流向为正，z 以竖向向上为正。对支座处按铰接处理，支座一侧底座沿 x、z 方向约束，另一侧沿 z 方向约束；跨中施以对称约束。

直线钢绞线通过施加一对节点力模拟，曲线钢绞线以钢筋单元模拟，如图 4.5.1、图 4.5.2 所示。荷载和工况组合、结构设计控制标准与第 3 章湍河渡槽一致。

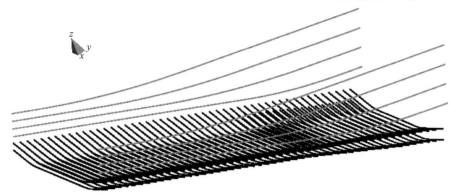

图 4.5.2　曲线钢绞线计算网格

4.5.3　控制张拉应力及预应力损失

1. 控制张拉应力 σ_{con}

钢绞线采用后张法施工，考虑到张拉过程中的不确定性因素的影响，控制张拉应力 σ_{con} 取为 $0.7f_{ptk}$，即

$$\sigma_{con} = 1\,860 \times 0.7 = 1\,302\ （N/mm^2）$$

式中：f_{ptk} 为预应力钢筋的强度标准值。

2. 预应力损失

（1）锚具变形与钢绞线内缩损失计算。锚具变形与钢绞线内缩值取 5 mm，则

$$\sigma_{l1} = \frac{a}{l}E_P$$

式中：σ_{l1} 为锚具变形与钢绞线内缩引起的预应力损失；a 为锚具变形与钢绞线内缩值；E_P 为预应力钢筋的弹性模量。

（2）孔道摩擦损失计算。按预埋塑料波纹管考虑，$\mu = 0.15$（μ 为预应力钢筋与孔道壁之间的摩擦系数），每米孔道局部偏差摩擦系数 κ 取 0.001 5，则

$$\sigma_{l2} = \sigma_{con}\left[1 - \frac{1}{e^{(\kappa x + \mu\theta)}}\right]$$

式中：σ_{l2} 为预应力钢筋孔道壁之间摩擦引起的预应力损失；θ 为从张拉端至计算截面曲线孔道部分切线的夹角。

（3）钢绞线应力松弛损失计算。槽身使用低松弛预应力钢绞线，则

$$\sigma_{l4} = 0.125 \times (\sigma_{con}/f_{ptk} - 0.5) \times \sigma_{con} = 32.55\ （N/mm^2）$$

式中：σ_{l4} 为钢绞线应力松弛损失。

（4）混凝土收缩徐变损失计算。受拉、受压区钢绞线由混凝土收缩徐变引起的预应

力损失为

$$\sigma_{l5} = \frac{35 + 280\sigma_{pc1} / f_{cu}'}{1 + 15\rho}$$

$$\sigma_{l5}' = \frac{35 + 280\sigma_{pc1}' / f_{cu}'}{1 + 15\rho'}$$

式中：σ_{l5}、σ_{l5}' 分别为混凝土收缩徐变引起的受拉区、受压区纵向预应力钢筋的预应力损失；σ_{pc1}、σ_{pc1}' 分别为受拉区、受压区预应力钢筋合力点处的混凝土法向压应力；ρ、ρ' 分别为受拉区、受压区预应力钢筋和非预应力钢筋的配筋率；f_{cu}' 为施加预应力时的混凝土立方体抗压强度。

σ_{l5} 很难估计，从保守的角度考虑，σ_{l5} 取 110 MPa。

腹板纵向钢绞线 N1～N4 和横向钢绞线 3a、3b 为含弧形钢绞线，如图 4.5.3、图 4.5.4 所示，其他钢绞线为直线。

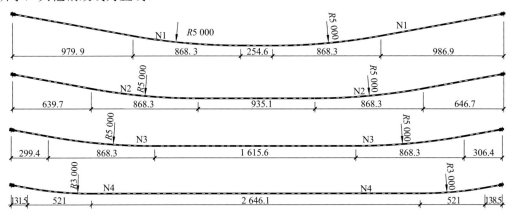

图 4.5.3　腹板纵向钢绞线 N1～N4 形状图（单位：cm）

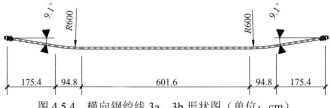

图 4.5.4　横向钢绞线 3a、3b 形状图（单位：cm）

根据以上计算及钢绞线形状，得到各钢绞线预应力损失情况见表 4.5.1，钢绞线最大预应力损失不超过 20%。

表 4.5.1　钢绞线预应力损失情况表

项目	钢绞线部位						
	纵向 N1	纵向 N2	纵向 N3	纵向 N4	纵向 N5	横向 3a、3b	竖向
控制张拉应力 σ_{con}/MPa	1 302	1 302	1 302	1 302	1 302	1 302	1 302
张拉最终力 $1.03\sigma_{con}$/MPa	1 341.06	1 341.06	1 341.06	1 341.06	1 341.06	1 341.06	1 341.06
最大预应力损失/MPa	201.9	202.97	210.59	187.25	127.07	242.35	221.87

4.5.4 计算工况与荷载组合

澧河渡槽有限元复核工况与荷载组合同湍河渡槽，分完建、检修和运行，共八种工况。

4.5.5 计算结果

1. 典型断面

根据箱梁的结构受力特点，选定槽体跨中、1/4 跨及支座附近断面作为成果整理的典型断面，在每个典型断面上又选取槽底跨中、槽底截面变化处、槽底角隅、腹板下角隅、腹板跨中、腹板上角隅、顶板角隅截面整理槽体的纵、横、竖向应力分布。典型断面位置见图 4.5.5。

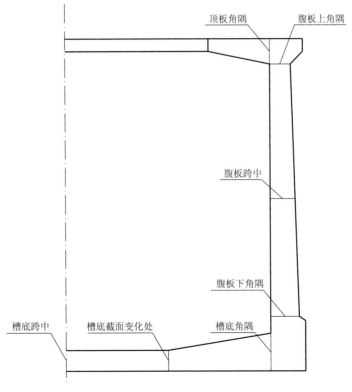

图 4.5.5 典型断面位置示意图

2. 纵向应力分布

槽身各典型断面的代表性部位槽壁内、外侧的纵向应力见表 4.5.2～表 4.5.4。表中应力符号以受压为负。

表 4.5.2　跨中断面纵向应力计算成果 （单位：MPa）

部位	分项	工况							
		工况一	工况二	工况三	工况四	工况五	工况六	工况七	工况八
槽底跨中	内壁应力	-3.84	-3.08	-4.60	-3.25	-3.15	-3.14	-2.76	-6.31
	外壁应力	-4.23	-4.89	-3.56	-1.24	-0.92	-0.79	-0.66	-0.47
槽底截面变化处	内壁应力	-3.82	-3.06	-4.59	-2.43	-2.24	-2.09	-1.39	-5.32
	外壁应力	-4.39	-5.05	-3.73	-2.08	-1.83	-1.73	-1.33	-1.44
槽底角隅	内壁应力	-4.86	-4.16	-5.56	-2.16	-1.84	-1.56	-0.46	-4.92
	外壁应力	-3.71	-4.26	-3.15	-2.05	-1.86	-1.72	-2.02	-1.50
腹板下角隅	内壁应力	-3.70	-3.06	-4.33	-1.83	-1.62	-1.43	-0.37	-4.27
	外壁应力	-2.46	-3.04	-1.88	-2.21	-2.18	-2.12	-4.02	-1.31
腹板跨中	内壁应力	-3.73	-3.09	-4.37	-4.33	-4.45	-4.49	-3.04	-7.01
	外壁应力	-3.11	-3.67	-2.55	-4.20	-4.28	-4.26	-5.85	-3.36
腹板上角隅	内壁应力	-3.87	-3.25	-4.48	-6.64	-6.99	-7.15	-5.38	-9.26
	外壁应力	-3.26	-3.77	-2.75	-6.08	-6.39	-6.54	-7.73	-5.54
顶板角隅	内壁应力	-3.49	-2.85	-4.12	-6.47	-6.82	-6.97	-5.07	-9.00
	外壁应力	-2.61	-3.13	-2.08	-6.04	-6.44	-6.67	-7.98	-5.36

表 4.5.3　1/4 跨断面纵向应力计算成果 （单位：MPa）

部位	分项	工况							
		工况一	工况二	工况三	工况四	工况五	工况六	工况七	工况八
槽底跨中	内壁应力	-3.69	-2.89	-4.49	-4.05	-4.05	-4.08	-3.67	-7.23
	外壁应力	-4.98	-5.68	-4.28	-2.33	-2.05	-1.94	-1.84	-1.64
槽底截面变化处	内壁应力	-3.71	-2.93	-4.50	-3.00	-2.88	-2.77	-2.04	-5.93
	外壁应力	-5.01	-5.69	-4.33	-3.07	-2.87	-2.80	-2.43	-2.52
槽底角隅	内壁应力	-5.15	-4.44	-5.85	-2.94	-2.68	-2.43	-1.34	-5.79
	外壁应力	-4.01	-4.57	-3.45	-2.83	-2.71	-2.62	-2.94	-2.34
腹板下角隅	内壁应力	-3.90	-3.27	-4.54	-2.40	-2.23	-2.08	-1.02	-4.91
	外壁应力	-2.78	-3.36	-2.19	-2.77	-2.77	-2.74	-4.67	-1.94
腹板跨中	内壁应力	-3.48	-2.84	-4.12	-4.10	-4.24	-4.30	-2.79	-6.76
	外壁应力	-2.88	-3.44	-2.32	-3.94	-4.00	-3.99	-5.50	-3.04
腹板上角隅	内壁应力	-3.36	-2.75	-3.97	-5.32	-5.57	-5.69	-3.92	-7.83
	外壁应力	-2.74	-3.25	-2.22	-4.76	-4.97	-5.08	-6.24	-4.09
顶板角隅	内壁应力	-2.90	-2.27	-3.54	-5.01	-5.26	-5.35	-3.46	-7.42
	外壁应力	-1.97	-2.49	-1.44	-4.37	-4.65	-4.83	-6.14	-3.57

表 4.5.4　支座断面纵向应力计算成果　　　　　（单位：MPa）

部位	分项	工况							
		工况一	工况二	工况三	工况四	工况五	工况六	工况七	工况八
槽底跨中	内壁应力	−8.46	−8.36	−8.55	−8.08	−8.04	−8.03	−8.08	−10.43
	外壁应力	0.52	0.38	0.65	0.24	0.21	0.20	0.24	0.71
槽底截面变化处	内壁应力	−6.88	−6.69	−7.06	−6.27	−6.21	−6.16	−6.22	−8.45
	外壁应力	−0.59	−0.80	−0.38	−1.13	−1.18	−1.21	−1.09	−0.74
槽底角隅	内壁应力	−2.49	−1.90	−3.08	−1.82	−1.70	−1.55	−0.34	−3.81
	外壁应力	−1.54	−1.55	−1.53	−1.19	−1.17	−1.13	−1.83	−1.40
腹板下角隅	内壁应力	−0.78	−0.36	−1.19	−0.58	−0.53	−0.45	0.42	−1.77
	外壁应力	−1.98	−2.45	−1.52	−1.71	−1.70	−1.76	−2.80	−1.11
腹板跨中	内壁应力	−2.63	−2.43	−2.83	−2.76	−2.78	−2.78	−2.29	−3.90
	外壁应力	−2.66	−2.91	−2.42	−2.56	−2.54	−2.53	−3.15	−2.50
腹板上角隅	内壁应力	−2.54	−2.02	−3.06	−2.63	−2.65	−2.64	−1.18	−4.63
	外壁应力	−1.59	−1.83	−1.35	−1.67	−1.66	−1.67	−2.30	−1.56
顶板角隅	内壁应力	−1.91	−1.33	−2.50	−1.99	−2.00	−1.98	−0.25	−4.20
	外壁应力	−0.35	−0.74	0.03	−0.33	−0.32	−0.32	−1.41	−0.68

在八种工况下，槽身内壁纵向基本全部处于受压状态，仅在工况七（温升工况）时支座断面腹板下角隅内壁出现了较小范围的拉应力，最大不超过 0.5 MPa。槽身外壁纵向在温降时会产生一定的拉应力，拉应力最大值为 0.71 MPa，出现在满槽温降工况（工况八）的槽底跨中外壁，但该拉应力不大于混凝土轴心抗拉强度设计值的 90%。槽身的纵向应力满足混凝土应力控制标准。

3. 典型断面代表性截面正应力分布

槽身各典型断面槽壁内、外侧的横向应力见表 4.5.5～表 4.5.7。表中应力符号以受压为负。

表 4.5.5　跨中断面横向应力计算成果　　　　　（单位：MPa）

部位	分项	应力方向	工况							
			工况一	工况二	工况三	工况四	工况五	工况六	工况七	工况八
槽底跨中	内壁应力	x	−7.32	−6.38	−8.26	−11.94	−12.32	−12.53	−12.09	−16.59
	外壁应力	x	−9.87	−10.81	−8.04	1.09	3.54	3.21	−3.63	−3.55
槽底截面变化处	内壁应力	x	−6.52	−5.55	−7.49	−7.08	−6.98	−6.71	−6.04	−10.80
	外壁应力	x	−10.72	−11.62	−9.83	−9.08	−9.00	−9.12	−9.72	−9.59
槽底角隅	内壁应力	x	−6.35	−6.00	−6.70	−2.75	−2.30	−1.89	−1.46	−4.57
	外壁应力	x	−3.68	−3.97	−3.39	−6.33	−6.66	−6.96	−7.28	−6.99

部位	分项	应力方向	工况							
			工况一	工况二	工况三	工况四	工况五	工况六	工况七	工况八
腹板下角隅	内壁应力	z	-6.03	-5.66	-6.41	-1.60	-1.13	-0.73	-0.26	-3.50
	外壁应力	z	0.54	0.09	0.98	-3.41	-3.83	-4.20	-4.84	-2.67
腹板跨中	内壁应力	z	-6.03	-5.62	-6.45	-4.65	-4.76	-4.85	-3.98	-7.60
	外壁应力	z	-2.40	-2.83	-1.97	-3.37	-3.21	-3.07	-3.97	-2.40
腹板上角隅	内壁应力	z	-6.57	-6.33	-6.81	-6.42	-6.53	-6.50	-5.68	-8.67
	外壁应力	z	-3.02	-3.22	-2.82	-3.10	-3.00	-2.99	-3.66	-3.28

表 4.5.6　1/4 跨断面横向应力计算成果　　　　（单位：MPa）

部位	分项	应力方向	工况							
			工况一	工况二	工况三	工况四	工况五	工况六	工况七	工况八
槽底跨中	内壁应力	x	-7.01	-6.09	-7.93	-11.03	-11.36	-11.55	-11.17	-15.50
	外壁应力	x	-9.51	-10.42	-8.60	-4.28	-3.77	-3.46	-3.79	-3.74
槽底截面变化处	内壁应力	x	-6.39	-5.44	-7.34	-6.65	-6.54	-6.27	-5.67	-10.29
	外壁应力	x	-10.44	-11.31	-9.56	-9.03	-8.96	-9.09	-9.60	-9.51
槽底角隅	内壁应力	x	-6.47	-6.11	-6.83	-3.12	-2.68	-2.28	-1.82	-5.00
	外壁应力	x	-4.35	-4.64	-4.05	-6.81	-7.12	-7.41	-7.76	-7.60
腹板下角隅	内壁应力	z	-5.91	-5.50	-6.32	-2.04	-1.61	-1.21	-0.65	-4.01
	外壁应力	z	0.41	-0.07	0.90	-2.95	-3.34	-3.71	-4.44	-2.14
腹板跨中	内壁应力	z	-5.92	-5.50	-6.35	-5.16	-5.35	-5.48	-4.57	-8.18
	外壁应力	z	-2.93	-3.37	-2.49	-3.30	-3.07	-2.88	-3.83	-2.38
腹板上角隅	内壁应力	z	-6.60	-6.37	-6.84	-6.56	-6.67	-6.63	-5.84	-8.78
	外壁应力	z	-3.05	-3.24	-2.87	-3.03	-2.93	-2.93	-3.57	-3.26

表 4.5.7　支座断面横向应力计算成果　　　　（单位：MPa）

部位	分项	应力方向	工况							
			工况一	工况二	工况三	工况四	工况五	工况六	工况七	工况八
槽底跨中	内壁应力	x	-7.02	-6.37	-7.67	-9.11	-9.27	-9.38	-9.32	-12.68
	外壁应力	x	-6.69	-7.44	-5.93	-4.92	-4.78	-4.74	-5.12	-4.48
槽底截面变化处	内壁应力	x	-6.36	-5.72	-7.01	-6.49	-6.44	-6.28	-6.26	-9.75
	外壁应力	x	-7.20	-7.87	-6.53	-7.29	-7.35	-7.61	-7.95	-7.43
槽底角隅	内壁应力	x	-6.01	-5.51	-6.51	-5.07	-4.85	-4.51	-3.84	-7.00
	外壁应力	x	-0.56	-1.59	0.47	-0.55	-0.55	-0.54	-2.21	-5.35

续表

部位	分项	应力方向	工况							
			工况一	工况二	工况三	工况四	工况五	工况六	工况七	工况八
腹板下角隅	内壁应力	z	-3.81	-3.18	-4.44	-4.87	-4.90	-4.61	-3.69	-6.79
	外壁应力	z	-5.48	-6.18	-4.78	-8.32	-8.78	-9.30	-10.39	-8.31
腹板跨中	内壁应力	z	-5.40	-4.96	-5.84	-6.47	-6.78	-6.90	-5.97	-9.07
	外壁应力	z	-3.07	-3.63	-2.52	-3.58	-3.45	-3.39	-4.48	-2.37
腹板上角隅	内壁应力	z	-8.43	-8.23	-8.62	-8.60	-8.72	-8.66	-7.70	-11.18
	外壁应力	z	-0.19	-0.27	-0.11	-0.23	-0.16	-0.17	-0.61	-0.37

八种工况下，槽身内壁横向全部处于受压状态，槽身外壁横向在空槽工况时会出现一定的拉应力。拉应力最大值为 0.98 MPa，此值出现在空槽温降工况（工况三）跨中腹板下角隅的外壁，但该拉应力不大于混凝土轴心抗拉强度设计值的 90%。槽身的横向应力满足混凝土应力控制标准。

4. 跨中槽底位移

在各种工况下跨中槽底竖向位移见表 4.5.8。表中位移以向上为正。

表 4.5.8　跨中槽底竖向位移计算成果

工况	工况一	工况二	工况三	工况四	工况五	工况六	工况七	工况八
竖向位移/mm	2.09	2.42	1.77	-5.93	-6.68	-7.00	-5.70	-6.40

从表 4.5.8 可以看出，空槽工况跨中槽底向上变形，有明显的反拱现象；渡槽充水后，槽体向下变形，槽身挠度满足 $f \leqslant L/600$（L 为渡槽跨度）的要求。

5. 计算结论

（1）在拟定的八种工况下，除支座断面局部范围外，槽身内外壁纵向全断面受压。

（2）槽身横向内侧均处于受压状态；外侧槽底局部区域会出现拉应力，最大值出现在空槽温降工况，为 0.98 MPa，其值小于混凝土轴心抗拉强度设计值的 90%。

（3）槽身在各种运行工况中，跨中槽底竖向最大向下位移为 7.00 mm（小于 $L/600$），满足规范要求。

（4）支座截面和预应力钢绞线锚固处，应力分布较复杂且应力水平较高，应加强普通钢筋。

第 5 章

青兰高速梯形渡槽设计

5.1 设计条件

5.1.1 气象条件

南水北调中线跨青兰高速渡槽工程（简称青兰高速交叉渡槽工程）位于河北邯郸南环路、西环路及青兰高速连接线互通立交桥处，为 I 等工程。

工程区属暖温带大陆性季风气候，春季干燥多风，夏季炎热多雨，秋季天高气爽，冬季寒冷少雪。年平均气温为 14.8℃，1 月平均气温为-2.3℃，7 月平均气温为 26.9℃，无霜期为 190 天左右，最大冻土层深度为 48 cm。多年平均降水量为 579 mm，降水量年际变化大，且年内分配不均，多集中在 7～9 月，占全年降水量的 70%～80%。

5.1.2 工程地质

1. 地质构造

工程区位于太行山东麓山前垄岗地带前缘，地面高程 82～86 m，总体地势西北高、东南低。工程区地处大地构造单元中朝准地台（I_2）、山西断隆（II_2^3）、太行拱断束（III_2^{11}）、武安凹断束（IV_2^{33}）的东部边缘，东部为邯郸断凹。

根据中国地震局分析预报中心《南水北调中线工程枢纽渠段地震安全性评价总结报告》，控制该区的区域性大断裂主要为邢台—邯郸断裂和磁县断裂。

邢台—邯郸断裂：在场区东约 4 km 通过，其走向北北东，倾向南东，倾角为 70°～80°，为正断层，长 150 km。该断裂是太行山山前断裂带中规模较大、活动时代较新的边界断裂，控制了太行山隆起与华北平原凹陷的构造格局，运动方式以蠕滑为主，在新近纪时期断裂活动非常强烈，两侧差异幅度大于 400 m；第四纪早中期断裂活动也很强烈，两侧差异幅度为 250 m；晚更新世到全新世时期断裂活动仍比较明显，全新统落差为 4.5 m，第四纪以来平均垂直滑动速率为 0.1 mm/a。根据历史地震资料，该断裂无发生 5 级以上地震的记载。

磁县断裂：在场区南约 20 km 处通过，走向北西西，倾向北东，倾角为 80°，为正断层，运动方式以左旋正断走滑为主，该断裂晚更新世以来有过两次错断地表的活动，累计垂直错距为 2.3 m，平均垂直滑动速率为 0.1 mm/a，水平左旋位移速率为 0.14 mm/a。

工程区东临邯郸—任县断拗带，该断拗带地震频繁，如邢台隆尧 1966 年 3 月 8 日发生 6.8 级地震，同年 3 月 22 日宁晋东汪发生 7.2 级地震，震中位于工程区东北约 90 km。

根据中国地震局分析预报中心复核的《南水北调中线工程沿线设计地震动参数区划报告（50 年超越概率 10%）》（2004 年 4 月），工程区地震动峰值加速度为 0.15g，相应地震基本烈度为 VII 度。

2. 地层及岩性

勘查范围内地层岩性有新近系中新统（N_1^l）粉细砂、黏土岩、泥质粉砂岩，第四系上更新统上段（Q_3^{3al+pl}）黄土状壤土，以及人工堆积物（Q^r）。

1）新近系中新统（N_1^l）

新近系中新统为湖相沉积，顶面高程 82～84 m，产状 130°～145° ∠6.5°～7.8°。勘查揭示其总厚大于 120 m，由粉细砂、黏土岩、泥质粉砂岩（局部砂岩）组成。

粉细砂：以棕黄色、黄色为主，湿，密实，局部稍有胶结。含泥质，砂粒较软，手搓易碎。单层厚度为 1.1～7.3 m。

黏土岩：以棕红色及浅紫红色为主，杂灰绿色、棕黄色，湿，呈硬塑—坚硬状态，无胶结或稍有胶结，局部含姜石或砾石，见斜节理，其面有蜡质光泽，偶见擦痕。失水开裂，具有弱—中等膨胀潜势，以弱膨胀潜势为主。分布连续稳定，钻孔揭露单层最大厚度为 29 m。

泥质粉砂岩：以棕黄色、黄色为主，湿，泥质粉砂结构，密实，总体胶结差，局部胶结较好，含较多泥质。岩心多为柱状，有的手可掰碎，有的锤击易碎。单层厚度为 0.5～6.1 m。

2）第四系上更新统上段（Q_3^{3al+pl}）

第四系上更新统上段为冲洪积黄土状壤土，分布在明洞两侧地表浅层，厚度为 0.5～1.5 m，棕黄色，干—稍湿，可见垂直节理、小孔洞，含姜石，粒径为 0.5～3 cm。

3）人工堆积物（Q^r）

明洞顶部回填土已经挖除，现在主要为建筑物和路面钢筋混凝土及下部少量回填土。
混凝土：青灰色，致密，坚硬，岩心呈长柱状，由水泥、砂、砾料组成，偶见泥块。
回填土：棕红色、棕黄色相杂，稍湿，硬塑，主要为黏土岩，含砂质，夹杂碎砖块、碎石。

3. 水文地质条件

场区无地表水。

地下水属孔隙水，含水层为粉细砂层，具承压性，承压水头约为 0.5 m，地下水位高程为 72.11～76.73 m。

地下水受大气降水补给，向下游潜流排泄。年内 10～11 月为地下水高水位期，并持续到次年 3 月，5～6 月为低水位期。

在 QK3、QK9 孔取地下水样，进行了水质简分析及侵蚀性 CO_2 测定。试验结果显示：地下水矿化度为 0.587～1.06 g/L，为微咸水，pH 为 7.34～7.62，为中性水—弱碱性水。QK3 孔地下水化学类型为 SO_4—HCO_3—Ca—Mg 型；QK9 孔地下水化学类型为 NO_3—SO_4—HCO_3—Ca—Mg 型。SO_4^{2-} 质量浓度为 197.4～205.8 mg/L，Cl^- 质量浓度为 31.2～99.9 mg/L，HCO_3^- 浓度为 3.2～3.76 mmol/L。

根据《水利水电工程地质勘察规范》（GB 50487—2008）环境水腐蚀性评价标准判定，地下水对混凝土无腐蚀性，对钢筋混凝土结构中的钢筋具有弱腐蚀性，对钢结构具有弱腐蚀性。

4. 土岩物理力学性质

按地层和岩性对试验成果进行了分类统计，统计分析显示，场区土岩物理力学参数在水平方向上无明显变化，在垂直方向上略有变化，按照天然单轴抗压强度的试验结果，大致以高程 63 m 为界，上部力学参数稍低，下部稍高。据此将工程区土岩层划分为两个工程地质单元，大致以高程 63 m 为界，以上为工程地质 I 单元，以下为工程地质 II 单元。

按照工程地质单元、地层、岩性对试验成果分类统计，提出范围值，计算平均值、小值平均值、大值平均值，最后根据有关规程规范并参考经验值，提出土岩的物理力学参数建议值。统计结果见表 5.1.1。

表 5.1.1　土岩物理力学参数建议值表

地层	岩性	天然含水率 ω/%	天然重度 r/(kN/m³)	饱和快剪 黏聚力 C/kPa	饱和快剪 内摩擦角 φ/(°)	压缩模量 E_S/MPa	压缩系数 a_{1-2}/MPa⁻¹	承载力基本容许值 $[f_{a0}]$/kPa	钻孔桩桩侧土的摩阻力标准值 q_{ik}/kPa
Q^r	回填土	19.0	20.6						
工程地质 I 单元 N_1^l（大致高程 63 m 以上）	粉细砂	20.3	18.8	0	23.5	5.3	0.35	200	45
	黏土岩	18.1	20.7	28.9	19.5	12.49	0.171	310	60
	泥质粉砂岩	21.5	20.3	7.8	24.8	10.2	0.157	310	65
工程地质 II 单元 N_1^l（大致高程 63 m 以下）	粉细砂	19.0	19.1	0	26.6	13.7	0.13	300	65
	黏土岩	18.5	20.8	36	22.5	14.6	0.131	350	80
	泥质粉砂岩	15.7	21.1	25	23	15.4	0.1	350	80

5. 主要工程地质问题

（1）基坑排水问题。地下水位高程为 72.11～76.73 m（为年内高水位），高于建基面，含水层为粉细砂层，具承压性，承压水头约为 0.5 m。地下水位较高，施工时基坑需要排水。施工基坑涉及的是工程地质 I 单元粉细砂，该层具弱透水性，施工排水量较小。

（2）黏土岩膨胀问题。场区黏土岩具有弱—中等膨胀潜势，以弱膨胀潜势为主。工程地质 I 单元黏土岩自由膨胀率为 5%～61%，大值平均值为 53%。工程地质 II 单元黏土岩自由膨胀率为 10%～80%，大值平均值为 61%。

将黏土岩作为地基，建议按照弱膨胀地基设计。若采用桩基础，设计施工中应考虑黏土岩胀缩性的影响。

5.1.3　总干渠设计参数

总干渠与青兰高速邯郸西出口连接线交叉工程位于河北邯郸境内，总干渠桩号为 42+912～42+986。设计流量为 235 m³/s，加大流量为 265 m³/s。渠道纵坡为 1/25 000。总干渠过水断面采用梯形断面，交叉工程所在部位渠道为全填方段，天然地面高程为 83～86 m，渠底高程为 83.602～83.606 m，渠堤堤顶高程为 91.503～91.508 m；渠道过水断面底宽为 22.5 m，内坡坡比为 1∶2.25，外坡坡比为 1∶2。渠道设计水深为 6.00 m，加大水深为 6.346 m。渠道断面轮廓见图 5.1.1。

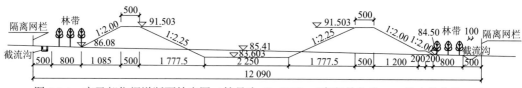

图 5.1.1　交叉部位渠道断面轮廓图（桩号为 42+970）（高程单位为 m，尺寸单位为 cm）

青兰高速交叉建筑物原设计已经考虑了交通工程在渠道下方以隧洞方式穿越总干渠，交叉部位总干渠直接自交通隧洞上方以梯形明渠方式跨越，总干渠水力设计中，未给该建筑物专门分配水头。施工过程中发现，原交通隧洞需要加固，交叉工程两端渠道及相邻建筑物均已按原方案实施。因此，按原总干渠交叉渠段耗用水头设计交叉建筑物是制约其设计的关键点。

5.2　渡槽工程布置

针对交叉建筑物无专用水头问题，处理方案研究了加固隧洞、重建隧洞、新建渡槽等方案，从公路交通和总干渠运行安全、施工工期、高速公路保通条件等方面进行技术经济比选，确定了采用新建渡槽方案。在各种常规的渡槽方案中，由于矩形渡槽、U 形渡槽均在交叉部位改变局部渠段的过水断面形式，产生额外的局部水头损失，经技术经济、施工工期、工程建设管理等综合比较，推荐非常规的梯形渡槽方案。

5.2.1　工程总体布置

总体设计中，渡槽所在部位不需要设置节制闸、退水闸等水流控制设施，渡槽的过水断面按梯形断面设计，与邻接的总干渠渠道断面相同，不需要专门设置水力过渡渐变设施等。因此，该渡槽工程主要建筑物包括：渡槽槽身段和下部结构，以及渡槽两端全填方渠道填筑体的支挡结构。顺总干渠流向依次布置进口连接段、槽身段、出口连接段，工程轴线总长 115.11 m。

渡槽沿水流方向的轴线与交通道路的轴线在平面上均呈斜向交叉布置，为连通总干渠左侧导流沟，在青兰高速交叉渡槽左侧布置小型渡槽。整个工程总平面布置见图 5.2.1。

图 5.2.1　青兰高速交叉渡槽示意图

根据交通要求，槽下三跨，与三孔交通通道对应，中孔双向四车道，跨径 25 m，两边孔为单向双车道，跨径 19 m。渡槽过水断面为与总干渠相同的梯形断面，直接与总干渠渠道过水断面相接，不设水力过渡段。渡槽槽体通过支座支承在下部板墩顶部，板墩采用桩基础。

5.2.2　槽体结构布置

渡槽输水断面形式由水力学要求确定，渡槽跨径布置由交通条件确定。根据研究，槽体采用分体式扶壁梯形渡槽，其三跨预应力承重板作为承载主体，在承重板上浇筑扶壁式挡水结构，挡水结构与承重板共同构成梯形断面的输水渡槽。承重板按照预应力钢筋混凝土结构设计，扶壁式挡水结构则采用纤维混凝土，按普通钢筋混凝土结构设计。为避免复杂的变形协调问题，挡水结构与承重结构分开浇筑，挡水结构通过底板与承重板之间的摩擦作用维持稳定。

承重板顺连接道路路线方向的宽度为 66.61 m，顺渡槽方向的总长度为 63.00 m。

承重板沿总干渠水流方向为三跨变截面简支板，沿连接线的行车方向为等截面。

扶壁式挡水结构复杂，其底板与承重板分开浇筑，并沿纵向和横向采用永久缝分块，利用施工冷缝和结构分缝减少承重板对扶壁式挡水结构的约束作用，降低挡水结构产生裂缝的风险；所有迎水面的结构缝之间均设置止水。

青兰高速交叉渡槽承重板平面布置见图 5.2.2，顺渡槽方向断面见图 5.2.3。

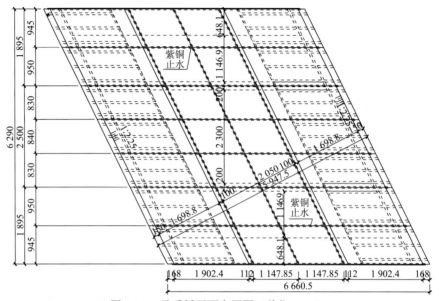

图 5.2.2　承重板平面布置图（单位：cm）

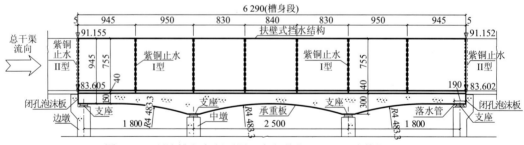

图 5.2.3　顺渡槽方向断面图（高程单位：m，尺寸单位：cm）

5.3　分体式扶壁梯形渡槽结构设计

5.3.1　挡水结构及其稳定应力计算

1. 计算方法

扶壁式挡水结构与挡水底板共同构成了渡槽的输水通道（图 5.3.1），该输水通道以平板支承结构为支承。其中，挡水底板的主要作用是挡水和将竖向水荷载传递至下部承重结构，受力简单；扶壁式挡水结构所受水荷载分别作用于挡墙趾板和挡水面板上，因挡水面板为斜坡面，水荷载对其存在水平推力，因此挡水结构应进行稳定和应力计算。

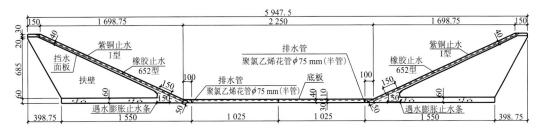

图 5.3.1　扶壁式挡水结构及挡水底板结构示意图（单位：cm）

扶壁式挡水结构与承重结构分期浇筑，并且进行了分缝分块，可以将其视为岩基上的挡墙，按《水工挡土墙设计规范》（SL 379—2007）进行结构设计，其建筑物级别同渡槽级别，稳定控制标准参照岩基上的结构取值。顺流向取延米长挡水结构进行基底面稳定计算，根据规范，挡水结构抗滑稳定应满足表 5.3.1 的要求。

表 5.3.1　扶壁式挡水结构抗滑稳定安全系数的允许值

荷载组合		按抗剪强度公式计算时			按抗剪断强度公式计算时
		渡槽级别 1	渡槽级别 2、3	渡槽级别 4	
基本组合		1.10	1.08	1.05	3.00
特殊组合	I	1.05	1.03	1.00	2.50
	II		1.00		2.30

注：特殊组合 I 适用于施工情况及校核洪水位情况，特殊组合 II 适用于地震情况。

另外，挡水结构基本荷载组合条件下的抗倾覆稳定安全系数不应小于 1.50，在特殊荷载组合条件下抗倾覆稳定安全系数不应小于 1.30。

槽身挡水结构的抗滑稳定安全系数（按抗剪强度公式计算）计算公式为

$$K_c = \frac{f\sum G}{\sum H} \tag{5.3.1}$$

式中：K_c 为沿挡水结构基底面的抗滑稳定安全系数；f 为挡水结构基底面与平板支承结构之间的摩擦系数，取 0.60；$\sum G$ 为作用在挡水结构上的竖向荷载，kN；$\sum H$ 为作用在挡水结构上的全部水平向荷载，kN。

槽身挡水结构的抗滑稳定安全系数（按抗剪断强度公式计算）计算公式为

$$K_c = \frac{f'\sum G + c'A}{\sum H} \tag{5.3.2}$$

式中：f' 为挡水结构基底面与承重结构之间的抗剪断摩擦系数；c' 为挡水结构基底面与

承重结构之间的抗剪断黏结力，kPa；A 为挡水结构基底面积，m^2。

槽身挡水结构的抗倾覆稳定安全系数按式（5.3.3）计算：

$$K_0 = \frac{\sum M_V}{\sum M_H} \tag{5.3.3}$$

式中：K_0 为挡水结构抗倾覆稳定安全系数；$\sum M_V$ 为挡水结构的抗倾覆力矩，kN·m；$\sum M_H$ 为挡水结构的倾覆力矩，kN·m。

槽身挡水结构的基底应力按式（5.3.4）计算：

$$P_{min}^{max} = \frac{\sum G}{A} \pm \frac{\sum M}{W} \tag{5.3.4}$$

式中：P_{min}^{max} 为挡水结构基底应力最大值或最小值，kPa；$\sum M$ 为作用于挡水结构上的全部荷载对基底形心轴的垂直于水流向的力矩之和，kN·m；W 为挡水结构基底对基底形心轴的垂直于水流向的截面矩，m^3。

计算工况及荷载组合见表 5.3.2。

表 **5.3.2**　挡水结构稳定计算工况及荷载组合表

计算工况		工况说明	自重	水重	内水压力	扬压力
基本组合	工况 1	施工完建期	√			
	工况 2	渡槽设计水位	√	√	√	√
	工况 3	渡槽加大水深	√	√	√	√
特殊组合	工况 4	渡槽满槽水深	√	√	√	√

槽身挡水结构底板止水若出现漏水，将形成扬压力，因扶壁墙趾设有排水管，参考《混凝土重力坝设计规范》（SL 319—2018），排水管处渗透压力强度系数 α 取为 0.25，扶壁式挡水结构底部扬压力分布见图 5.3.2。

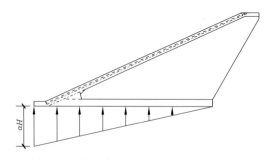

图 5.3.2　扶壁式挡水结构底部扬压力分布

H 为扶壁墙趾处水头

2. 不考虑扶壁式挡水结构底部扬压力稳定计算结果

挡水结构的抗滑及抗倾覆稳定安全系数见表 5.3.3[13]。

表 5.3.3　挡水结构稳定计算成果表（不考虑底部扬压力）

计算工况		抗滑稳定安全系数 K_c	抗倾覆稳定安全系数 K_0	基底最大应力 /kPa	基底最小应力 /kPa	基底平均应力 /kPa
基本组合	工况 1	—	237.24	84.84	1.49	43.16
	工况 2	3.85	11.07	98.19	46.27	72.23
	工况 3	3.6	9.90	103.99	46.91	75.45
特殊组合	工况 4	2.83	6.37	143.53	40.44	91.98

计算结果表明，挡水结构的抗滑及抗倾覆稳定安全系数满足规范要求。各种工况下挡水结构基底均处于受压状态。

3. 考虑扶壁式挡水结构底部扬压力稳定计算结果

考虑极端不利工况，槽身挡水结构底板止水出现漏水，扶壁式挡水结构底板形成渗透压力，因扶壁墙趾设有排水管，参考《混凝土重力坝设计规范》（SL 319—2018），排水管处渗透压力强度系数 α 取为 0.25，扶壁式挡水结构受力见图 5.3.3。

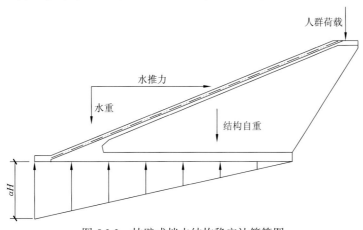

图 5.3.3　扶壁式挡水结构稳定计算简图

挡水结构的抗滑及抗倾覆稳定安全系数见表 5.3.4。

表 5.3.4　挡水结构稳定计算成果表（考虑底部扬压力）

计算工况		抗滑稳定安全系数 K_c	抗倾覆稳定安全系数 K_0	基底最大应力 /kPa	基底最小应力 /kPa	基底平均应力 /kPa
基本组合	工况 1		237.24	84.84	1.49	43.16
	工况 2	3.75	4.45	112.49	31.96	72.23
	工况 3	3.50	4.23	103.75	31.79	67.77
特殊组合	工况 4	2.76	3.45	143.24	22.44	82.84

计算结果表明，考虑扶壁式挡水结构底部的扬压力后，其抗滑及抗倾覆稳定安全系数也能满足规范要求。各种工况下挡水结构基底均处于受压状态。

5.3.2　斜向布置分体式扶壁梯形渡槽的不平衡力偶分析

1. 计算方法

渡槽与桥梁在结构形式方面有些类似，但从受力角度分析两者各有不同。桥梁主要受竖向车辆荷载，而渡槽受力有别于车辆荷载的是槽内水压力始终沿法线方向指向过水壁面，当槽身在平面上为规则的矩形时，渡槽所受水平水压力的合力为零，而竖向水压力的合力等于水体重量，总合力作用方向铅直向下，对于平面上的斜槽，槽身一边的侧墙相对于另一边侧墙，一端外延，另一端回溯，两边侧墙不能以渡槽轴线为中心轴对称布置，在水压力的作用下，水平向的水压力就会构成力偶，使渡槽在平面上有转动的趋势。南水北调中线青兰高速交叉渡槽即为此类情况。

典型的斜向布置分体式扶壁梯形渡槽的平面布置及受力见图 5.3.4，图 5.3.4（a）中渡槽轴线同总干渠轴线，渡槽在平面上呈斜向布置，底宽为 d，渡槽轴线与水平线的夹角为 α。图 5.3.4（b）为斜向布置渡槽沿水平向切薄片时，扶壁式挡水结构受到的水平向水压力的受力简图。

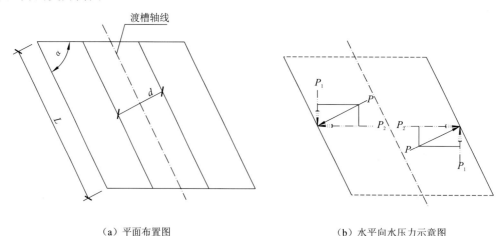

（a）平面布置图　　　　　　　　　　（b）水平向水压力示意图

图 5.3.4　具有不平衡力偶的分体式扶壁梯形渡槽

由图 5.3.4（b）可见，斜向布置分体式扶壁梯形渡槽的挡水结构所受水平向水压力 P 垂直于过水壁面，该水平向水压力 P 可以分解为两个方向上的分力 P_1 和 P_2，其中，渡槽两侧挡水结构上的分力 P_2 大小相等方向相反，作用在同一条直线上，为一对平衡力，而渡槽两侧挡水结构上的分力 P_1 构成一对水平力偶作用在渡槽上。

假设渡槽长度为 L，槽内水深为 h，渡槽扶壁式挡水结构坡面角为 β（同渠道坡面角），则距离渡槽过水面为 y 的薄切片上的不平衡力偶可以表示为

$$\mathrm{d}M = (h-y)\times L\times \mathrm{d}y\times \cos\alpha\times(d/\sin\alpha+2\times y\times\cot\beta) \tag{5.3.5}$$

对式（5.3.5）进行水深范围内的积分可得，斜向布置分体式扶壁梯形渡槽水深为 h

时的不平衡力偶大小为

$$M = (3dLh^2 \cot \alpha + 2Lh^3 \cot \beta \cos \alpha)/6 \qquad (5.3.6)$$

式（5.3.6）表明，渡槽不平衡力偶为水平夹角α的减函数。α越大表明渡槽与两侧连接渠道的同向性越好，渡槽的不平衡力偶就越小。当α为 90°时，渡槽与连接渠道同方向，在平面上呈规则的矩形，无水平向不平衡力偶。

2. 计算结果

完建期或空槽检修期，渡槽处于无水状态，槽体不会产生不平衡力偶，但运行期因水荷载，渡槽会出现不平衡力偶，并且随着输水流量和水深的增大，不平衡力偶也会增加。不平衡力偶使渡槽在平面上存在扭转的趋势，对槽体受力不利。根据式（5.3.6），满槽水工况下渡槽的不平衡扭矩为 342 270 kN·m。

抵抗分体式扶壁梯形渡槽的不平衡力偶有两个途径，一个是支座摩阻力，另一个就是在渡槽周侧下部墩身设置抗扭挡块。

一般而言，对于盆式橡胶支座，其水平抗剪承载力为其竖向承载力的 10%～20%，青兰高速交叉渡槽支座竖向承载力设计值约为 555 340 kN，故支座的水平抗剪承载力为 55 534～111 068 kN，而设计计算中得到的满槽水工况的最大水平剪力为 3 350 kN，远小于支座水平抗剪承载力，故扭力产生的剪力不会对支座产生破坏。为了减小支座的制作偏差及地震工况下防落槽，在渡槽周侧下部墩身顶部设置了抗扭挡块，单个挡块的抗剪承载力约为 22 010 kN，可确保渡槽抗扭稳定。

5.3.3　分体式扶壁梯形渡槽整体三维有限单元法计算分析

分体式扶壁梯形渡槽需进行整体三维有限单元法计算分析，主要原因有：

（1）分体式扶壁梯形渡槽结构复杂，在自重、水重、风荷载、温度荷载、预应力等荷载作用下，用常规的力学方法难以对结构应力及变形情况进行精确的分析；

（2）平板支承结构与扶壁式挡水结构、支座之间均存在非线性接触，也制约了常规力学方法的分析应用；

（3）分体式扶壁梯形渡槽纵横向尺寸都较大，渡槽下部结构如各个支座、墩柱、承台和基桩的受力也各不一样，尤其是当渡槽是具有不平衡力偶的斜向布置分体式扶壁梯形渡槽时，这种现象就更为突出。

基于以上原因，需要对渡槽承重结构、挡水结构及其下部结构整体建立考虑接触的三维有限元模型，进行有限元计算分析并优化调整，最终确定渡槽槽身段上、下部结构及其布置。

1. 有限元模型

对整个槽身段建立三维有限元模型并进行计算分析，槽身混凝土采用三维八节点六面体缩减积分单元模拟，有限元模型单元数为 30 126，其中基础的计算范围取

200 m×200 m×50 m，计算模型见图 5.3.5。渡槽挡水结构与平板支承结构之间设置摩擦单元，模拟两者之间的接触状态，摩擦系数为 0.60。平板支承结构与支座之间也设置接触单元，模拟接触，摩擦系数取 0.03；承台与土体、桩与土体之间采用自由度耦合，限制节点间的相对位移。

图 5.3.5　青兰高速交叉渡槽整体结构计算三维有限元模型

2. 荷载与工况

计算荷载包括槽身自重、水荷载、预应力、温度荷载、人群荷载和风荷载等。其中，温度荷载分温升和温降两种情况，根据当地的气候条件和渡槽上部挡水结构大敞口、下部结构半封闭的结构特性，参考邻近的漕河渡槽的温度荷载取值。温升工况受阳光照射面温度取 41 ℃，环境温度取 35 ℃，水温取 28 ℃，平板支承结构下部温度取 32 ℃；温降工况的环境温度取-10 ℃，水温取 4 ℃。

荷载与工况组合同湍河渡槽，参见 3.6.1 小节。

3. 典型工况计算成果

对平板支承结构选择具有代表性的截面，分别取顺流向结构中间截面和距边 2 m 位置的截面，整理边跨支座处、边跨跨中处、中间支座处、中间跨跨中处的结构应力；对挡水结构分别整理了挡水面板、底板、人行道板和扶壁的结构应力；同时，整理了下部支座及桩基的竖向反力。结果表明：

（1）各工况条件下平板支承结构正截面基本处于受压状态，仅在局部区域存在较小的拉应力，最大拉应力为 0.44 MPa，小于混凝土轴心抗拉强度设计值的 90%（1.54 MPa），满足正截面抗裂要求。平板支承结构主应力计算成果见表 5.3.5，结果表明，除局部应力集中点外第一主应力和第三主应力均能满足斜截面抗裂要求，应力集中点一般位于平板支承结构与支座的连接位置，其中工况六（满槽水不考虑温度荷载）平板支承结构第一主应力云图见图 5.3.6。平板支承结构跨中最大挠度为 8.49 mm，挠度满足 $f \leq L/600$ 的要求，详见表 5.3.6。

表 5.3.5　平板支承结构主应力计算成果表

应力	工况							
	工况一	工况二	工况三	工况四	工况五	工况六	工况七	工况八
第一主应力	1.74	1.82	1.66	1.71	1.71	1.76	1.97	2.14
第三主应力	-11.10	-11.50	-10.50	-11.20	-11.20	-11.50	-12.30	-11.1

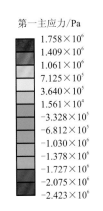

第一主应力/Pa

| 1.758×10^6 |
| 1.409×10^6 |
| 1.061×10^6 |
| 7.125×10^5 |
| 3.640×10^5 |
| 1.561×10^4 |
| -3.328×10^5 |
| -6.812×10^5 |
| -1.030×10^6 |
| -1.378×10^6 |
| -1.727×10^6 |
| -2.075×10^6 |
| -2.423×10^6 |

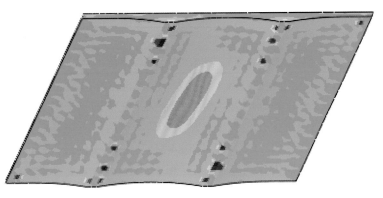

图 5.3.6　平板支承结构第一主应力云图（工况六）

表 5.3.6　平板支承结构跨中挠度计算成果表

项目	工况							
	工况一	工况二	工况三	工况四	工况五	工况六	工况七	工况八
跨中挠度/mm	4.15	4.09	4.33	7.44	7.65	8.49	8.49	8.42

（2）各计算工况挡水结构应力计算成果见表 5.3.7。挡水结构第一主应力及顺流向最大拉应力主要发生在槽墩处挡水面板的背水面和每跨跨中的挡水结构底板下表面。挡水结构顺车道向最大拉应力主要发生在每跨跨中扶壁附近的迎水面。通过普通钢筋的配置，挡水结构可以满足限裂的要求。

表 5.3.7　挡水结构应力计算成果　　　　　　　　（单位：MPa）

应力	工况							
	工况一	工况二	工况三	工况四	工况五	工况六	工况七	工况八
第一主应力	1.23	1.23	1.36	1.96	2.06	2.51	3.13	3.01
顺流向拉应力	1.02	1.11	1.09	1.80	1.90	2.29	2.54	2.67
顺车道向拉应力	0.42	0.70	0.42	0.79	0.86	0.90	1.93	1.60

（3）承台下群桩基础的基桩受力不一致，但有一定的规律。每个承台两侧各有两排基桩竖向力较大，中间基桩竖向力基本相当。中墩位承台下两侧基桩竖向力为 7.96～9.59 MN，承台中间区域基桩竖向力为 4.80～6.80 MN。边墩位承台下两侧基桩竖向力为 6.41～6.49 MN，承台中间区域基桩竖向力为 3.0～3.5 MN。据此，边墩位基桩桩长确定为 33～37 m，中墩位基桩桩长确定为 38～48 m。

（4）青兰高速交叉渡槽横向跨度近 60 m，且纵、横向跨度基本相当，为降低槽身横向跨度，渡槽采用联排支座，每个槽墩上面按 3.9 m 的间距各布置 15 个支座，通过有限单元法计算得出各支座的竖向力，见表 5.3.8。

表 5.3.8　槽身支座竖向力计算成果　　　　　　　　（单位：MN）

墩位	支座编号														
	Z1	Z2	Z3	Z4	Z5	Z6	Z7	Z8	Z9	Z10	Z11	Z12	Z13	Z14	Z15
边墩	7.3	1.7	2.3	3.6	2.9	3.4	4.0	3.4	4.1	3.7	3.5	4.3	3.4	3.2	5.1
中墩	21.1	15.1	11.7	13.6	11.2	12.3	14.1	10.9	13.6	12.6	10.7	13.5	11.7	14.1	19.4

注：支座自渡槽左侧至右侧顺次编号为 Z1～Z15。

从表 5.3.8 中数据可见，青兰高速交叉渡槽同一个墩身上的支座竖向力均不相同，这与常规渡槽或桥梁存在明显的区别。其墩身两侧支座竖向力大，中间小。中墩上两侧的支座竖向力分别为 21.1 MN 和 19.4 MN，中间支座最大竖向力不超过 15.1 MN。边墩上两侧的支座竖向力分别为 7.3 MN 和 5.1 MN，中间支座最大竖向力不超过 4.3 MN。

另外，有限元计算结果还显示，支座竖向力受温度变化影响明显，支座约束大，不仅改变槽身的受力状态，还会因平板支承结构刚度大，支座约束产生的水平剪应力过大，损坏支座。综合考虑，槽身所有支座均选择双向支座，在槽墩顶部增设挡块以限制槽身在平面上的位移。挡块可承受的最大水平剪力约为 3 350 kN。

5.3.4　渡槽的构造设计

1. 渡槽支座

因分体式扶壁梯形渡槽槽身断面同两侧连接渠道，槽身横向跨度大，为降低槽身横向计算跨度，渡槽一般采用联排支座，每个槽墩上等间距布置支座，并根据有限单元法计算所得支座反力选择支座类型。

2. 渡槽止水及渗控体系

分体式扶壁梯形渡槽止水及渗控体系至关重要，决定了结构的耐久性和工程运行安全。考虑到密封的可靠性及耐久性，渡槽扶壁式挡水结构分块之间及渡槽与两侧渠道衬砌之间的止水一般采用紫铜止水。为降低扶壁式挡水结构基底扬压力，保证扶壁式挡水结构的抗滑稳定安全，在渡槽挡水结构与承重结构间设置排水体系，并进行集中引排。图 5.3.7、图 5.3.8 为渡槽止水及渗控体系的典型布置。

3. 斜向布置分体式扶壁梯形渡槽抗不平衡力偶的设计

完建期或空槽检修期，渡槽处于无水状态，槽体不会产生不平衡力偶，但运行期随着水荷载的出现，渡槽就会出现不平衡力偶，并且随着输水流量和水深的增大，不平衡

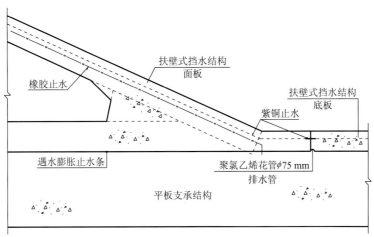

图 5.3.7　分体式扶壁梯形渡槽止水及渗控体系

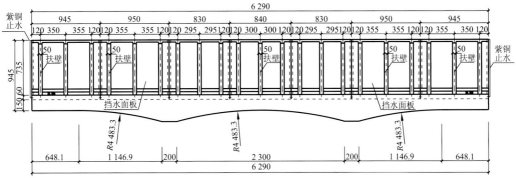

图 5.3.8　槽身结构侧立面图（单位：cm）

力偶也会增加。不平衡力偶使渡槽在平面上存在扭转的趋势，对槽体的受力不利。抵抗分体式扶壁梯形渡槽的不平衡力偶有两个途径，一个是支座摩阻力，另一个是在渡槽周侧下部墩身设置抗扭挡块。根据青兰高速交叉渡槽工程的设计经验，渡槽的不平衡力偶一般小于其重力作用下支座的摩阻力，并远小于支座的水平承载力，故槽身和支座均是安全的，但为了减小支座的制作偏差及地震工况下防落槽，在渡槽周侧下部墩身顶部设置了抗扭挡块。

5.4　下部结构与支座设计

5.4.1　渡槽下部结构

渡槽下部支承结构由支座、实体板墩、承台和桩基础四部分组成。

渡槽横向跨度近 60 m，且纵、横向跨度基本相当，为降低槽身横向跨度，渡槽采用联排支座，每个槽墩上面按 3.9 m 的间距各布置 15 个支座。中墩两端支座选用 GPZ（Ⅱ）

22.5SX 型支座，中间 13 个支座选用 GPZ（II）17.5SX 型支座；边墩两端支座选用 GPZ（II）8SX 型支座，中间 13 个支座选用 GPZ（II）5SX 型支座。

中墩位，槽墩平面尺寸为 67.255 m×2.2 m，墩身高度为 6.54 m，厚 2.2 m，承台平面尺寸为 67.255 m×12.8 m（长×宽），厚 3.0 m；ϕ1.8 m 钻孔灌注桩按 3 排布置，每排 15 根，单个承台下共 45 根，桩纵、横向间距均为 4.5 m，两侧两列基桩（12 根）长 48 m，中间基桩（33 根）长 38 m。

边墩位，槽墩平面尺寸为 67.255 m×2.2 m，墩身高度为 8.54 m，厚 2.2 m，承台平面尺寸为 67.255 m×7.9 m（长×宽），厚 2.5 m；ϕ1.8 m 钻孔灌注桩按 2 排布置，每排 15 根，单个承台下共 30 根，桩纵、横向间距均为 4.5 m，两侧两列基桩（8 根）长 37 m，中间基桩（22 根）长 33 m。

渡槽中墩位承台下两侧两列基桩长 48 m，承台中间基桩长 38 m；边墩位承台下两侧两列基桩长 37 m，承台中间基桩长 33 m。通过三维有限单元法计算，各基桩桩顶内力结果统计见表 5.4.1。

表 5.4.1 中结果显示，基桩顶部内力主要有以下规律[14]：

（1）横槽向承台两侧各有两列基桩竖向力较大，中间的基桩竖向力基本相当。

（2）中墩位承台下两侧基桩的竖向力范围为 4 690～9 590 kN，承台中间区域基桩竖向力范围为 4 440～6 780 kN。

（3）边墩位承台下两侧基桩的竖向力范围为 3 380～6 490 kN，承台中间区域基桩竖向力范围为 2 800～3 880 kN。

（4）中墩位桩顶水平向最大剪力为 584 kN，边墩位桩顶水平向最大剪力为 489 kN。

根据以上计算结果，考虑到有限元模型中基础参数的取值偏差等因素，中墩位承台两侧两列基桩竖向荷载按 9 590 kN 设计，承台中间基桩竖向荷载按 6 780 kN 设计；边墩位承台两侧两列基桩竖向荷载按 6 490 kN 设计，承台中间基桩竖向荷载按 3 880 kN 设计。

5.4.2 支座设计

1. 支座布置

考虑青兰高速交叉渡槽槽身荷载巨大，横向跨度大，且纵、横向跨度基本相当的实际情况，设计采用联排支座。支座平面布置见图 5.4.1。

2. 支座选型

渡槽槽身在平面上呈斜平行四边形，存在不平衡水平扭力，且槽身应力受温度荷载影响明显，支座约束增大，槽身应力也增大，综合考虑，槽身所有支座均选择双向支座，在槽墩顶部增设挡块限制槽身在平面上的位移。通过有限单元法对槽身段整体建模计算得到支座的竖向力分布，见图 5.4.2、图 5.4.3。

表 5.4.1 各基桩桩顶内力结果统计表

基桩编号	边墩第一排			边墩第二排			中墩第一排			中墩第二排			中墩第三排		
	轴力 /kN	弯矩 /(kN·m)	剪力 /kN	轴力 /kN	弯矩 /(kN·m)	剪力 /kN	轴力 /kN	弯矩 /(kN·m)	剪力 /kN	轴力 /kN	弯矩 /(kN·m)	剪力 /kN	轴力 /kN	弯矩 /(kN·m)	剪力 /kN
桩 1	6 490	1 207	306	6 370	1 026	338	9 370	1 779	485	7 960	1 802	452	9 570	2 065	546
桩 2	3 640	1 158	257	3 380	726	201	5 740	1 524	381	4 890	1 554	310	7 080	1 899	424
桩 3	3 210	1 146	247	2 870	516	143	5 650	1 236	322	4 590	1 169	214	6 610	1 542	332
桩 4	3 280	1 128	242	2 800	367	115	5 900	955	278	4 690	863	155	6 630	1 178	260
桩 5	3 360	1 100	241	2 860	244	93	6 150	732	249	4 770	604	109	6 700	888	211
桩 6	3 540	1 132	248	2 830	105	94	6 380	558	229	4 860	342	64	6 780	635	179
桩 7	3 620	1 144	249	2 840	135	96	6 570	498	222	4 910	92	21	6 780	476	166
桩 8	3 720	1 172	253	2 850	275	113	6 010	567	223	4 920	166	24	6 680	452	169
桩 9	3 780	1 211	260	2 860	435	131	6 740	718	233	4 880	412	68	6 570	588	191
桩 10	3 880	1 281	274	2 860	586	155	6 630	908	247	4 830	657	111	6 350	817	231
桩 11	3 800	1 34	282	2 920	737	181	6 690	1 144	274	4 690	896	153	6 060	1 083	281
桩 12	3 820	1 42	290	3 020	901	219	6 740	1 411	312	4 570	1 147	199	5 750	1 344	334
桩 13	3 800	1 52	321	3 270	1 014	244	6 630	1 724	367	4 440	1 422	254	5 390	1 635	394
桩 14	4 140	1 72	373	3 960	1 156	293	7 230	2 044	443	4 690	1 785	346	5 500	1 911	459
桩 15	6 030	2 04	489	6 410	1 328	412	9 590	2 241	560	7 560	2 075	506	8 590	2 189	584

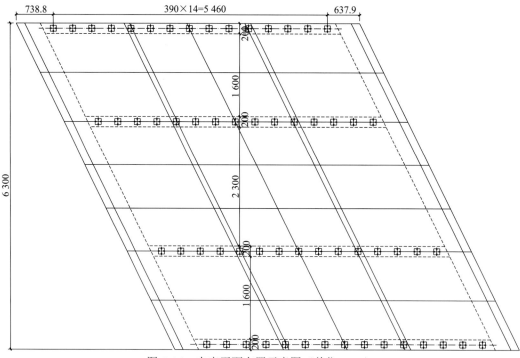

图 5.4.1　支座平面布置示意图（单位：cm）

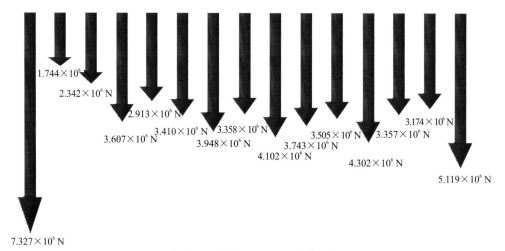

图 5.4.2　边墩支座竖向力分布

通过图 5.4.2、图 5.4.3，可得如下槽身支座竖向力的分布规律。

（1）中墩和边墩上的支座竖向力均为横流向两侧大，中间小。

（2）中墩上两侧支座的竖向力分别为 21 060 kN 和 19 420 kN，中间支座最大竖向力不超过 15 050 kN。

（3）边墩上两侧支座的竖向力分别为 7 327 kN 和 5 119 kN，中间支座最大竖向力不超过 4 302 kN。

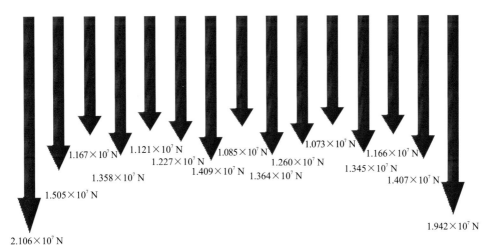

图 5.4.3　中墩支座竖向力分布

根据计算结果，中墩两端支座选用 GPZ-22 500 kN，中间 13 个支座选用 GPZ-17 500 kN；边墩两端支座选用 GPZ-7 500 kN，中间 13 个支座选用 GPZ-5 000 kN。

第6章

超大型输水渡槽施工与运行

6.1 渡槽施工

6.1.1 湍河渡槽造槽机施工

南水北调中线一期工程湍河渡槽槽身为相互独立的三槽预应力混凝土 U 形薄壁结构,是目前世界上单跨跨度和重量最大的 U 形渡槽。单槽内空尺寸为 7.23 m×9.0 m(高×宽),单跨跨度为 40 m,共 18 跨。槽体跨中壁厚 35 cm,槽体端肋壁厚 65 cm,槽体自重约 1 600 t。渡槽槽身采用三台 DZ40/1600 U 形渡槽造槽机现浇施工,施工现场见图 6.1.1。

图 6.1.1 湍河渡槽造槽机施工现场

1. 造槽机主要技术参数

湍河渡槽造槽机主要技术参数见表 6.1.1。

表 6.1.1　湍河渡槽造槽机主要技术参数

序号	名称	参数
1	施工跨度/m	40（直线、简支、正交渡槽）
2	渡槽形式	U 形槽，多槽并置，槽净间距为 3.5 m
3	渡槽自重/t	1 600
4	施工适应纵坡/‰	±0.5（与渡槽主体纵坡一致）
5	海拔/m	<2 000
6	环境温度/℃	−15～40
7	整机移位速度/（m/min）	0～1
8	设备自身过孔功效	外梁过孔需 3 天，内梁过孔需 3 天
9	移位过孔稳定系数	>1.5
10	主梁挠跨比	≤L/1 000
11	整机总功率/kW	150（不含焊接设备、混凝土浇筑及振捣设备）
12	整机重量/t	约 1 250
13	总体尺寸（长×宽×高）/m	88×13.5×16.5

注：L 为渡槽跨度。

2. 造槽机的主要构造及工作原理

湍河渡槽造槽机主要由外主梁结构、外模及外肋结构、外主梁支承及移位机构、内梁及内模结构、电气及液压系统等组成。

（1）造槽机外主梁共有两组，位于 U 形渡槽两侧翼缘上，中心距为 11.1 m，全长 45 m。外主梁作为渡槽混凝土施工的主要承重结构全部采用钢箱结合梁，下面为钢箱梁，上面为板桁架结构，刚度大、结构简单、整体性好。每组钢箱梁共分 5 节，每节长 9 m，高 5 m，采用优质 Q345 结构钢，接头采用高强度螺栓拼接。两组外主梁之间有 5 根联系梁以形成整体框架结构，并增强横向稳定性。

（2）造槽机外模和外肋悬挂在外主梁下侧，造槽机施工时的混凝土荷载通过外模和外肋传递到外主梁上。每根外肋的外侧有一个液压千斤顶来完成模架的旋转开启与闭合，外模和外肋均按照渡槽的外弧线设计加工，外肋采用钢箱梁组焊结构。

（3）造槽机外主梁支承及移位机构由前后固定支腿和前后走行支腿组成。前后固定支腿作为渡槽混凝土施工时的主要承重结构，其底部设有大吨位支承千斤顶，用来完成外主梁及外模整体结构的升降和脱模。前走行支腿底部的走行轮箱作用在内梁顶面轨道上，顶部与外主梁前联系梁连接，组成外主梁前走行机构；后走行支腿底部的走行轮箱作用在已架渡槽顶面的走行轨道上，顶部与外主梁尾部连接，组成外主梁后走行机构。前后固定支腿和前后走行支腿均采用外套管销轴连接结构，高度可调，根据支承油缸的行程确定每次的调整量为 350 mm，最大调整量为 1 750 mm，能够满足过孔走行前造槽机外主梁及外模架结构整体升降以躲开桥墩的需求。

（4）内梁为内模及外主梁和外模过孔的支承结构，并且它通过与外主梁联系梁的连接来承受部分混凝土荷载。内梁采用钢箱梁结构形式，高 2.5 m，宽 2.0 m，共分 9 节，全长 88 m。内模支承在内梁上并通过千斤顶完成其收放与精确定位。内梁共有四个支腿：前顶高支腿和前、中、后支腿。前顶高支腿底部设置有支承油缸，能够进行过孔移位后的调整工作；前支腿和中支腿顶部设有支承油缸和托辊机构，支承油缸用来完成内梁及内模的整体调整，托辊机构用来完成内梁及内模的过孔移位，前支腿和中支腿均可吊挂在内梁上完成自行过孔移位；后支腿底部的走行轮箱作用于渡槽底部的走行轨道上，用来完成内模的过孔移位。

3. 造槽机特点

（1）造槽机结构合理，受力明确，动作清晰，安全可靠，是目前国内外承载能力较强的移动模架造槽机。

（2）造槽机作业面主要在渡槽槽墩（台）的顶部，不受河滩软弱地基或水环境影响，可以节省大量的落地支架和临时基础及地基处理的费用，降低工程造价。

（3）造槽机主梁箱体结构承载能力强，抗弯刚度大，主梁工作时弹性变形小于 $L/1\,000$，渡槽混凝土浇筑前的预拱度便于控制。逐孔施工时，渡槽整体性能好，几何尺寸易于调整，使渡槽结构更合理化。

（4）内梁中间两个活动支腿可以吊挂在内梁上前移过孔，造槽机过孔全部自动完成，无须辅助设备，提高了机械化程度。

（5）模板的开合及精确对位均采用液压千斤顶完成，减少了辅助机械和人工操作。

（6）外主梁可以设置雨棚作为防雨、防寒、防晒的围护措施，可保证施工期间不受天气的影响。机内操作系统为标准化作业，施工周期短，质量好。

（7）造槽机主梁采用钢箱结合梁结构体系，渡槽工程施工完毕后可以重新组合并使用在其他工程的造槽机设备上，重复利用率高，节约成本，具有综合社会效益。

（8）造槽机主梁均采用拆装式结构，有利于渡槽首跨和尾跨的施工，造槽机施工与渡槽结构相适应，对槽墩（台）及渡槽结构无特殊要求。

4. 造槽机施工工艺

造槽机外梁主支腿支承于墩顶，主支腿支承外主梁框架，外肋及外模安装在外主梁下方形成渡槽外轮廓；内梁支腿分别支承于前方墩顶及后方渡槽底，内梁支腿支承内梁，内梁两跨长，内梁后半段安装内模系统形成渡槽内腔轮廓。外梁外模系统及内梁内模系统配合形成一个可以纵向移动的 U 形渡槽制造平台，完成 U 形渡槽的现浇施工。

槽身混凝土浇筑、养护完成后，外模横向旋转开启，外梁携外模升高使其能够通过槽墩，纵向前移过孔到达下一跨的施工部位，外梁携外模降低，外模合拢；内模折叠脱空，内梁携内模移动到外模处再次形成槽身混凝土浇筑空间，开始下一跨槽身施工。逐跨浇筑，直至渡槽上部 U 形槽身钢筋混凝土结构全部完成。

施工工艺流程为：造槽机安装→支座安装→外模调试→槽身钢筋制安→锚索下料、

安装→内模走行及调试→环向锚垫板安装及拉杆梁吊装→槽身混凝土浇筑→槽身预应力钢筋张拉及封锚灌浆→造槽机走行过孔（进入下一榀槽身，循环施工）。

5. 槽身混凝土浇筑

槽身为双向预应力结构，内部钢筋和钢绞线密集，单槽混凝土体量大，施工空间狭小，混凝土的浇筑工艺将直接影响混凝土最终的密实性和表面平整度。

1）混凝土入仓方式

槽身混凝土为 UF500 纤维素纤维混凝土，其黏聚性强，扩散度及流动度差，在槽身钢筋、钢绞线形成的"筛网"上很难流动。因此，要求槽身混凝土入仓必须"下料连续不间断、移动灵活快速"，因而采用 2 台混凝土汽车泵直接送料入仓，单台混凝土汽车泵配置 3 台 8 m^3 混凝土罐车来进行水平运输。

2）槽身混凝土浇筑工艺

综合考虑槽身钢筋密集程度、下料窗口布置、振捣影响范围等因素，制定槽身混凝土的浇筑工艺。

（1）底板浇筑。槽身底板混凝土方量约为 183.7 m^3，端部厚 147 cm，跨中厚 100 cm，分 3 层铺料。由于端部钢筋密集，所以先浇筑两个端部，再由跨中向两端均匀对称下料，以利于及时排除仓内积水。底板混凝土浇筑控制在 4h 左右完成，浇筑至距底部过流面 10 cm 位置时安装底模。

（2）反弧段浇筑。槽体反弧段浇筑主要解决混凝土排气问题，反弧段垂直高度为 4.5 m，方量约为 238 m^3，分 12 层浇筑完成，单层下料厚度控制在 30～40 cm。从下往上均匀对称从每一个下料窗口下料，振捣密实。

（3）直墙及翼板浇筑。直墙及翼板垂直高度为 2.7 m，混凝土方量约为 125.6 m^3，分 7 层下料。从 U 形槽壁顶下料，下料厚度为 40～50 cm，插入式振捣，控制槽身左右两侧对称下料。

（4）混凝土振捣。振捣方式根据浇筑部位分两种，槽身底板混凝土采用插入式振捣方式，槽身腹板、侧壁及支座部位混凝土以插入式振捣为主，用附着式振捣器辅助振捣。仓内布置 5 台 $\phi70$ mm、15 台 $\phi50$ mm 插入式振捣器，内模布置 48 台、外模布置 84 台高频附着式振捣器。附着式振捣器主要布置在通过内模下料窗口难以进行插入式振捣的部位。槽身混凝土振捣时注意振捣器不能碰击钢绞线、波纹管，在混凝土正常振捣结束后 15～30 min 内进行复振，以尽量排除混凝土内的气泡，保证表面光滑。

（5）槽身混凝土养护。渡槽槽身采用流水养护，根据工程特点，将主水管引至中槽槽顶，并布置支水管将支水管引至需要养护的部位，养护时间为 28 天。

6. 预应力钢筋张拉及灌浆

1）张拉前准备

环向预应力钢绞线张拉控制应力 $\sigma_{con}=0.70f_{ptk}=0.70\times1\,860=1\,302$（MPa）；纵向预应力钢绞线张拉控制应力 $\sigma_{con}=0.75f_{ptk}=0.75\times1\,860=1\,395$（MPa）。其中，$f_{ptk}$ 为钢绞线抗拉强度标准值。

2）张拉施工

湍河渡槽采用后张法施工。槽身纵向为有黏结预应力钢绞线，单端张拉；环向为无黏结预应力钢绞线，两端同步张拉。为保证槽身受力均匀，纵、环向预应力钢绞线采用对称张拉。钢绞线张拉前先单根预紧再整束张拉，单根钢绞线的预紧力为张拉控制应力的 10% 左右。

张拉顺序：张拉端肋环向钢绞线（23 束）→张拉纵向钢绞线（40 束）→张拉渐变段至跨中区域环向钢绞线（218 束）。

槽身预应力钢筋张拉实行"双控"，发现异常立即停止，找出原因并妥善处理方可继续。锚索张拉加载速率控制在 100 MPa/min，持荷时间不少于 5 min。

3）孔道灌浆

张拉完毕后，在 48 h 内对纵向有黏结预应力管道进行灌浆。采用真空辅助压浆工艺，压浆设备应具备压力和灌浆量记录功能。浆材采用强度等级不低于 42.5 的普通硅酸盐水泥配制，浆体强度不低于 50 MPa，水胶比不超过 0.45，浆液搅拌后 3 h 泌水率应控制在 2%，最大不得大于 3%。为增加孔道灌浆密实性，水泥浆中可掺入对预应力钢筋无腐蚀作用的膨胀剂。

6.1.2　沙河渡槽架槽机施工

南水北调中线一期工程沙河渡槽的梁式渡槽（包括沙河和大郎河两段，统称沙河渡槽）槽身均为预应力钢筋混凝土 U 形槽结构形式，全长 1 710 m（其中沙河段 1 410 m），共 57 跨，单跨 30 m，双线四槽，上部为双向预应力 U 形槽，下部支承为空心墩，每两槽共用一个空心墩，基础为灌注桩。U 形槽直径 8.0 m，净高为 7.4 m 和 7.8 m，单槽自重 1 200 t。

在南水北调中线一期工程渡槽的大规模建设之前，预制装配技术在大型渡槽施工中尚无先例，整体预制架设的架槽机技术在大型渡槽施工上的研究应用还是空白。沙河渡槽作为整个南水北调中线一期工程中唯一使用架槽机施工的工程实例，除了可解决施工难题外，也有助于提高我国大型水利渡槽设备特别是架槽机的研制能力，实现国家重大技术装备的自主化、本地化。

借鉴大吨位桥梁施工技术，沙河渡槽在制槽场内进行预制，预制好的渡槽通过提槽机转入存槽厂。渡槽架设时，首先由提槽机将渡槽从存槽厂吊运到运槽车上，然后由运槽车将渡槽运至架槽机处，最后通过架槽机进行渡槽的架设。

1 200 t 渡槽架设成套装备包括 ME1300 型提槽机、DY1300 型运槽车和 DF1300 型架槽机，沙河渡槽采用该成套装备施工，从 2010 年 12 月首榀渡槽预制开始，沙河段渡槽于 2012 年底完成全部架设，大郎河段渡槽于 2013 年 8 月完成架设。1 200 t 渡槽架设成套装备见图 6.1.2。

（a）ME1300型提槽机

（b）DY1300型运槽车

（c）DF1300型架槽机

（d）成套装备联合作业

图 6.1.2　1 200 t 渡槽架设成套装备

1. 主要技术参数

1）ME1300 型提槽机

该提槽机为门架式整体起重设备，由 2 个主梁上的 4 台起升台车共同抬吊一榀渡槽，完成渡槽在制槽场和工地跨线、跨墩、移线等位置的起吊、转移，前两榀渡槽的架设，以及为运槽车装槽等工作；同时，还可以借助其他辅助吊具实现架槽机的拼装、转线及运槽车的拼装任务。主要技术参数如表 6.1.2 所示。

表 6.1.2　ME1300 型提槽机技术参数

序号	名称	参数
1	额定起重量/t	2×650
2	跨度/m	36
3	起升高度/m	35.8
4	满载和空载起升速度/（m/min）	0～0.5 和 0～1.0
5	满载和空载起重小车运行速度/（m/min）	0～3.0 和 0～6.0
6	满载和空载大车运行速度/（m/min）	0～6.7 和 0～12.0
7	额定全部安装功率/kW	640
8	自重/t	980
9	总体尺寸（长×宽×高）/m	35.02×42.955×45.53

2）DY1300 型运槽车

DY1300 型运槽车是渡槽搬运和架设成套装备中的关键设备之一，它在已架设好的渡槽槽壁顶部（上面已预铺好钢轨）的固定轨道上运行，主要用于渡槽的水平搬运施工，同时还兼有整体驮运架槽机返回制槽场的功能。

DY1300 型运槽车由 A、B 两个运槽台车及台车联系梁组成，两个运槽台车在主结构方面完全一致，区别在于运槽台车 A 的支承梁上是两个固定支承点，以形成渡槽运输过程中的两点，运槽台车 B 的支承梁上是两个串联油路的支承平衡油缸，以形成渡槽运输过程中的一点。这样就可以保证渡槽运输过程的三点平衡。整台设备由 32 个走行小车构成，分别安装在两个运槽台车上。在运槽时，两个运槽台车通过台车联系梁固定在一起，保持两个运槽台车的固定轴距，当需要运槽台车整体驮运架槽机时，可以拆掉台车联系梁。主要技术参数如表 6.1.3 所示。

表 6.1.3　DY1300 型运槽车技术参数

序号	名称	参数
1	额定起重量/t	2×650
2	满载时运行速度/（m/min）	0～13.3
3	空载时运行速度/（m/min）	0～24
4	工作时最大允许风压/（N/m²）	250
5	非工作时最大允许风压/（N/m²）	800
6	轮轨跨距/m	8.35+1.35+8.35
7	适应纵坡/%	±0.5
8	发电机功率/kW	165
9	自重/t	240.15
10	总体尺寸（长×宽×高）/m	33.91×18.825×3.59

3）DF1300 型架槽机

DF1300 型架槽机由导梁、两台门式起重机、液压和电控系统组成。下导梁安放在已预制好槽墩的支承台座上，由两个可以形成门形的联系梁把两个导梁连接在一起，形成刚性结构，两台门式起重机的 2 个天车将运送到的渡槽起吊，依靠大车走行机构在下导梁上纵向移动到下一跨，天车横向移动实现渡槽的横向移位、安装，单跨 4 个渡槽全部安装完毕，在顶推油缸的作用下移动架槽机到下一跨。主要技术参数如表 6.1.4 所示。

表 6.1.4　DF1300 型架槽机技术参数

序号	名称	参数
1	额定起重量/t	2×650
2	跨度/m	20.8
3	起升高度/m	15
4	满载和空载起升速度/（m/min）	0～0.75 和 0～1.5
5	满载和空载起重小车运行速度/（m/min）	0～3.0 和 0～6.0
6	满载和空载大车运行速度/（m/min）	0～3.0 和 0～6.0
7	额定全部安装功率/kW	320+320
8	最大额定同时输出功率/kW	148+148
9	自重/t	1050
10	总体尺寸（长×宽×高）/m	91.451×26.9×34.16

2. 架设成套装备特点

1 200 t 渡槽架设成套装备解决了大型预制渡槽提、运、架的技术难题。渡槽专用吊具采用双层可调节刚架结构，实现了渡槽托底吊运、三点平衡及大型薄壁渡槽的安全吊运。提槽机采用半刚性支腿结构和半轴定位支承的转向装置顺利实现提槽机的定点带载 90°转向功能。运槽车采用四轨三跨结构，联系梁采用箱梁均衡结构，既降低了轮压，又确保了轮压一致，同时降低了整套装备的工作高度，有效地解决了槽顶运输渡槽的安全技术难题。架槽机采用导梁开启式后联系架结构，既保证了运槽车的喂槽，又减小了架槽机的结构尺寸。提、运、架装备采用微电控制技术，实现了渡槽精确对位吊装。该装备具有操作方便、安全可靠、作业效率高、施工质量易保证、经济和社会效益显著等特点。

3. 架槽机施工工法

架槽机施工工法是使用提槽机、运槽车、架槽机等设备整孔安装预制槽，下面以沙河渡槽架设右线为例介绍施工流程。

（1）提槽。渡槽在预制场预制完成后，采用提槽机将预制槽吊至预制场存槽台座，并在存槽台座上完成预应力终张拉、灌浆封锚。

（2）安装前两跨渡槽。在渡槽的第 1、2 跨（槽墩编号为 0、1、2），直接用提槽机将 4 个预制槽安装就位。

（3）安装架槽机。在地面组装架槽机，用提槽机将架槽机整体安放在第 1、2、3 号槽墩上，利用下部结构支承架槽机。

（4）组装运槽车。在第 1、2 跨已架槽顶敷设轨道，用提槽机将运槽车整体安放在顶轨道上，利用已架槽体承载运槽。

（5）运槽车驮梁。用提槽机将待架的槽片吊至运槽车上，并送至架槽机腹内。

（6）架槽。用架槽机抬吊待架槽体，架槽机沿导梁前行，当槽体行至第 3 跨槽墩处时，横移槽体并将其安放在右线右槽位置。

（7）运槽车返回到第 1 跨渡槽处，提槽机将下一待架槽片吊至运槽车上，用架槽机将槽体安放在右线左槽位置。

（8）架槽机过孔。右线第 3 跨安装完成后，驱动其下导梁在墩顶前行一跨，前端置于第 4 号槽墩上。

（9）运槽车返回，进行下一循环，直至全线渡槽架设完成。

4. 渡槽预制主要施工方法

1）槽体钢筋制安

由于梁式渡槽的特殊性，若按照常规施工方法施工，即先在模板内现场绑扎钢筋，再浇筑混凝土，则占用直线工期长，无法满足进度要求。经过技术论证和工期分析，选择先在特制的钢筋绑扎模具内将钢筋绑扎完成，再利用两台 80 t 门式起重机将钢筋笼整体吊入模板内，这样既满足了施工工期要求，又保证了钢筋施工质量。

2）槽体模板

根据渡槽体型特征，槽体模板委托专业厂家进行定制加工，按照槽体结构形式，模板按其部位分为外模、内模、端模。外模分为槽身模板和渐变段模板，在渡槽预制过程中，槽身模板不用拆卸和移位，而渐变段模板每次需要拆除，拆除后该部位用来安装提槽机的提槽扁担梁。槽体内模根据渡槽体型，设计为圆弧段和直线段的组合，模板利用液压启闭系统进行安装和拆除。端模根据预应力布置形式进行加工制作，施工时，在内模安装完成后再进行端模安装，模板经测量人员检测合格后进入下一道施工工序。

3）槽体混凝土浇筑

槽体混凝土使用 C50F200W8 高性能混凝土。混凝土采用制槽场布置的 2 台 HSZ120 型拌和机集中拌和，利用搅拌车水平运输。混凝土入仓采用混凝土泵和布料机配合的方式，铺料按每层不大于 30 cm 控制。混凝土振捣采用的设备由模板外挂附着式振捣器和插入式软轴振捣棒组成。采用分层连续推移的方式浇筑，一次成型，浇筑时间控制在 12 h 以内。

4）槽体养护

由于渡槽结构的特殊性，渡槽养护采用蒸汽养护和自然养护相结合的方法。渡槽预制完成 48 h 内采用蒸汽养护，之后采用覆盖洒水养护的方式养护。

5. 渡槽预制质量保证措施

1）模板粘贴模板布

为避免因混凝土表面水无法排除，而形成的混凝土表面气泡、麻面现象，经过摸索研究，最终采取了在预制渡槽的内模圆弧段粘贴吸水模板布，将混凝土泌水排除的措施，实践效果较好，不但解决了混凝土表面存在气泡的问题，而且保证了混凝土过水面的平整度和外观质量。

2）内模增加振捣窗口

为解决混凝土施工过程中槽体内部过水面出现的欠振和粗骨料集中问题，采用在内模增加振捣窗口，加密混凝土振捣点的方法来加强混凝土振捣。采取此方法后，大大提高了混凝土外观质量。

6. 预应力施工工艺流程

沙河渡槽预应力施工工艺流程见图 6.1.3。

6.1.3 澧河渡槽满堂支架施工

澧河渡槽槽身段长 540 m，上部结构为预应力箱体简支梁，按双线双槽布置，共 14 跨，两端各有一跨跨度为 30 m，中间 12 跨的跨度为 40 m。渡槽单槽净宽 10.0 m，单槽顶部全宽 11.6 m，底部全宽 11.7 m，两槽间内壁间距 5.0 m，在两槽之间架设人行道板。

澧河渡槽梁底至地面的最大高度约为 10 m，一般高度为 7～8 m，经方案比选后采用满堂支架施工方案。该方案的主要特点是安装拆除方便，搭设灵活，能适应建筑物平立面的变化，不需要大型施工设备。

1. 施工程序

槽身工程由于工期紧张，实际施工时从原方案的单端施工改为从中间向两端施工；在确保安全施工的条件下，汛期也进行了施工。2011 年 8 月 10 日，槽身开始施工，2013 年 11 月 1 日槽身完工。

单跨槽身主要施工程序如下：地基处理→立支架→立渡槽底模→支架预压→底模调整，安装侧墙外部模板→绑扎侧墙及底板钢筋，预埋管→立支底板及侧墙内模→浇筑混凝土→养护→绑扎直边墙及顶肋钢筋→立侧墙模→浇筑混凝土→养护→预应力钢筋张拉→拆除模板和支架，进入下一跨施工。

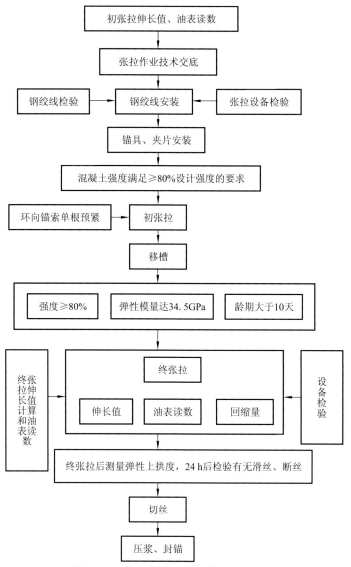

图 6.1.3 沙河渡槽预应力施工工艺流程

2. 承重支架施工

澧河渡槽承重支架采用碗扣架，模板顶采用 U 形顶托调节高度，立杆底部将 8 号槽钢作为垫板。基础在原地面压实后，回填 30 cm 厚碎石并压实，然后用 20 cm 厚 C15 混凝土找平，以便将承重支架受力均匀传递至下部地基。

根据碗扣架承载力要求，分别对槽身侧墙及底板中部进行碗扣架间距计算，根据计算结果，排架间距选用三种，即 0.3 m×0.6 m（用于侧墙底部）、0.6 m×0.6 m（用于侧墙与底板过渡段）、0.6 m×1.2 m（用于底板）。横杆间距为 1.2 m。

3. 模板设计与施工

单槽槽身外部结构尺寸为 39.95 m×11.7 m×8.52 m，模板分两层设计：第一层为槽底板内倒角以上 50 cm 处；第二层为侧墙 50 cm 以上及顶部人行道板。混凝土侧压力由对拉螺栓承受，底板至侧墙顶部横向配置 12 道螺栓。过流孔侧墙底板八字角模板采用定型模板。第二层模板在八字角以上 50 cm 处与八字角模板直段相接。

槽身第一层底板采用 55 系列钢模板，散支散拼，采用吊车配合人工运输。外侧模板由 25 t 或 50 t 汽车吊配合人工完成拆立。槽身第二层采用 85 系列小型钢模板，面板为 5 mm 钢板，边框和肋筋采用扁钢或槽钢。内侧模板和外侧模板由汽车吊配合人工完成拆立。侧墙混凝土最大侧压力按 60 kN/m² 考虑，由穿墙止水螺栓承受。

4. 混凝土施工

槽身混凝土分层施工，第一层为槽底板八字角以上 50 cm 处，第二层为侧墙及顶部人行道板。混凝土由搅拌车输送至浇筑现场，再由 2 台混凝土天泵输料进仓。

槽身第一层、第二层混凝土浇筑完毕后，侧模在至少 7 天后，抗压强度不宜低于设计强度等级值的 80%，内外温差不大于 25 ℃，横向钢绞线张拉完成后进行混凝土拆模。施工缝由人工凿毛，以清除缝面所有浮浆、松散物料及污染体，缝面处理以露出粗砂粒或小石为准，缝面打毛后清洗干净、保持清洁，在浇筑上一层混凝土前，均匀铺设一层 2～3 cm 的水泥砂浆，砂浆强度等级比同部位混凝土高一级。

混凝土浇筑完毕 12～18 h 后开始洒水养护，使表面保持湿润状态，在炎热干燥气候情况下提前进行养护。养护方法为人工洒水。养护时间不少于 28 天。在气温较低且温度梯度较大的时段内，混凝土在 28 天龄期内进行保温。混凝土的保温采取延长拆模时间、覆盖保温被等措施。

5. 预应力钢筋张拉及灌浆

1）张拉前准备

钢绞线穿束：在每根钢绞线前端套上塑料套，避免穿束时破坏波纹管，同时也便于穿束；在波纹管前端安装约束圈，然后用穿束机配合人工进行穿束，钢绞线穿束中应防止钢绞线扭转。

张拉锚具安装：将锚垫板的小头端套在波纹管上，波纹管与锚垫板的搭接长度应大于 30 mm，搭接处外缘用胶布缠紧，并用铅丝绑扎后再固定在锚垫板上。在安装锚垫板前将螺旋筋套入，安装锚具后，螺旋筋紧贴锚垫板固定在钢筋上；锚垫板的孔道出口端与波纹管中心线垂直，其端面的倾角必须符合设计要求。在端面模板立好后，用螺栓将锚垫板固定在模板上。

竖向预应力螺纹钢锚固端安装：将竖向预应力螺纹钢锚固端与预应力螺纹钢拧紧后，用钢筋架固定焊接在附近的钢筋上。

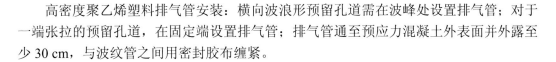

高密度聚乙烯塑料排气管安装：横向波浪形预留孔道需在波峰处设置排气管；对于一端张拉的预留孔道，在固定端设置排气管；排气管通至预应力混凝土外表面并外露至少 30 cm，与波纹管之间用密封胶布缠紧。

2）张拉施工

槽体钢绞线采用后张法单端张拉。预应力钢绞线采用高强度低松弛有黏结钢绞线，钢绞线抗拉强度标准值 $f_{ptk}=1\,860$ MPa，锚下张拉控制应力 $\sigma_{con}=1\,302$ MPa。根据锚具生产厂家提供的锚下损失系数小于等于 6%，以及控制应力不大于 $0.75\sigma_{con}$（σ_{con} 为预应力钢绞线张拉控制应力）的设计要求，预应力钢绞线张拉控制应力定为 $\sigma_{con}=0.75f_{ptk}=1\,395$（MPa），分三步张拉。

第一步，应力由 0 至 $20\%\sigma_{con}$，要求单根张拉（预紧）；

第二步，整束张拉，应力由 0 至 $20\%\sigma_{con}$，量测张拉力、钢绞线尺寸值及夹片外露量；

第三步，应力由 $20\%\sigma_{con}$ 至 $100\%\sigma_{con}$，持荷 3 min，量测张拉力、钢绞线尺寸值及夹片外露量，锁定。

3）孔道灌浆

预应力钢筋张拉后，孔道应尽快灌浆。灌浆材料采用普通硅酸盐水泥 P.O52.5。灌浆采用真空辅助灌浆工艺，采用一端压浆另一端抽真空的方法，对于峰谷形曲线孔道，峰顶应增设排气管，配合排气。一端张拉方法：钢绞线水平布置时，由张拉端灌浆孔压浆，固定端排气管抽真空；钢绞线竖向布置时，由张拉端灌浆孔抽真空，固定端排气管压浆。

6.2 渡槽运行基本情况

南水北调中线干线工程通水运行前，根据部署，所有渠道渡槽均进行了充水试验，试验水位均达到了加大水位，部分渡槽经历了满槽水的考验，试验过程中主要发现了部分渡槽存在裂缝渗水、伸缩缝漏水和部分测点数据异常等问题，经过研判处理后，安全性基本达到了设计要求。

2014 年 12 月 12 日，南水北调中线干线工程正式通水，总干渠渡槽全面投入运行，从运行过程中的监测及巡视检查来看，渡槽均运行平稳，工作性态正常。

6.2.1 渡槽运行安全监测

各渡槽的设计中，根据建筑物的实际情况均选择了具有代表性的典型部位设置重点监测断面，其他部位也按工程需要适当布设了变形测点或渗流测点。监测数据以人工采集、自动采集、半自动采集相结合的方式获得，所有监测数据输入计算机进行统一管理和分析，并从施工期开始就进行巡视检查，对各项观测资料及时进行整理分析，并将分析结果及时反馈给设计、施工及管理部门。

渡槽运行监测的项目包括渡槽槽身段及进出口连接建筑物的监测，监测的内容主要包括环境变量（温度、水位、流量等）、变形（垂直位移、水平位移和倾斜角度）、应力、应变和渗流等。

巡视检查是安全监测的重要环节，运行期初期巡视检查一般每星期进行 3～5 次，渡槽移交后正常运行期逐步减少次数，但每月不少于 1 次。每年在汛前、汛后及发生有感地震后必须进行巡视检查。巡视检查的内容主要包括渡槽混凝土建筑物有无裂缝及渗水情况、伸缩缝开合情况和止水工作状况、两岸结合部位及相邻槽身之间的错动、进出口岸坡或渠坡有无渗水和滑动迹象，以及观测和通信设施是否完好、畅通等。

6.2.2　渡槽工程安全性评价

南水北调中线工程渡槽已安全运行近 10 年，还经历了充水试验高水位考验，从监测数据和巡视检查结果来看，渡槽的应力、变形数值和规律与理论计算分析结果基本吻合，槽身钢筋基本处于受压或拉应力不大状态，渡槽工作性态正常，结构是安全的。渡槽充水试验及运行期间发现了部分渡槽存在裂缝渗水或伸缩缝漏水现象，进行处理后安全性能满足要求。考虑到工程的重要性，后期仍应加强监测和巡视检查。

参 考 文 献

[1] 长江勘测规划设计研究有限责任公司, 南水北调中线干线工程建设管理局, 中国葛洲坝集团第一工程有限公司, 等. 南水北调中线渠道工程关键技术技术总结报告[R]. 武汉: 长江勘测规划设计研究有限责任公司, 2017.

[2] 南水北调中线干线工程建设管理局. 南水北调中线一期工程总干渠初步设计梁式渡槽土建工程设计技术规定(试行): NSBD-ZGJ-1-25[S]. 北京: 南水北调中线干线工程建设管理局, 2007.

[3] 郑光俊, 张传健, 游万敏. 大 U 型双向预应力渡槽断面设计研究[C]// 中国水利水电勘测设计协会调水工程应用技术交流会论文集. 北京: 中国水利水电出版社, 2009: 369-374.

[4] 长江勘测规划设计研究有限责任公司, 中国葛洲坝集团第一工程有限公司, 南水北调中线干线工程建设管理局, 等. 超大型渡槽设计与施工关键技术报告[R]. 武汉: 长江勘测规划设计研究有限责任公司, 2016.

[5] 潘江, 吕国梁, 郑光俊. 陶岔至鲁山段大型输水矩形渡槽跨度研究[J]. 人民长江, 2010, 41(16): 28-31, 38.

[6] 朱文婷, 颜天佑, 郑光俊, 等. 气温变化对"U"形薄壁渡槽表面应力的影响分析[J]. 人民长江, 2012, 43(23): 39-42.

[7] 钮新强, 谢向荣, 吴德绪, 等. 南水北调中线一期工程湍河渡槽 1∶1 仿真模型试验研究报告[R]. 武汉: 长江勘测规划设计研究有限责任公司, 2015.

[8] 钮新强, 谢向荣, 吴德绪, 等. 南水北调中线一期总干渠与青兰高速连接线交叉工程变更设计报告[R]. 武汉: 长江勘测规划设计研究有限责任公司, 2012.

[9] 谢向荣, 郑光俊. 南水北调中线渠道工程关键技术研究[J]. 水利水电快报, 2020(2): 32-39.

[10] 吴德绪, 廖仁强, 郑光俊, 等. 南水北调中线一期工程总干渠陶岔渠首至沙河南段湍河渡槽设计单元工程完工验收工程设计工作报告[R]. 武汉: 长江勘测规划设计研究有限责任公司, 2019.

[11] 郑光俊, 吕国梁, 张传健, 等. 南水北调中线湍河渡槽设计与施工研究[J]. 人民长江, 2014, 45(6): 27-30, 34.

[12] 吴德绪, 廖仁强, 颜天佑, 等. 南水北调中线一期工程总干渠陶岔渠首至沙河南段澧河渡槽设计单元工程完工验收工程设计工作报告[R]. 武汉: 长江勘测规划设计研究有限责任公司, 2020.

[13] 钮新强, 谢向荣, 吴德绪, 等. 南水北调中线一期工程漳河北至古运河南总干渠与青兰高速连接线交叉工程合同项目完成验收设计工作报告[R]. 武汉: 长江勘测规划设计研究有限责任公司, 2015.

[14] 郑光俊, 张传健, 吕国梁, 等. 南水北调中线青兰高速交叉渡槽结构设计研究[J]. 人民长江, 2014, 45(6): 38-42.